低空安全与无人机系统系列教材

Theory and Application of
Safe Aerial Corridor in
Low Altitude Airspace

U0210245

低空安全走廊

理论与应用

冯登超 主 编

陈春林 曾 湧 副主编

化学工业出版社
·北京·

内 容 简 介

本书结合低空安全领域发展现状和存在的问题，阐述了构建低空安全走廊（低空高速公路）的必要性，论述了低空安全走廊的基础理论与技术支撑、应用平台设计与构建、产业生态与规划。本书基于低空安全走廊理论与应用方面的研究成果，以低空安全走廊理论知识为主线，以阐述设计思想为核心，从系统、平台、生态到产业规划，逐层阐述，综合多学科知识，理论框架合理，应用平台与产业生态结合紧密，既有较强的理论性，又有鲜明的实用性。

本书适用于低空安全领域的本科及研究生人才培养，也可为低空安全产业从业人员提供基础理论参考和工程应用借鉴。

图书在版编目（CIP）数据

低空安全走廊理论与应用/冯登超主编. —北京：化
学工业出版社，2021.4
ISBN 978-7-122-38567-3

Ⅰ.①低…　Ⅱ.①冯…　Ⅲ.①无人驾驶飞机-低空
飞行-安全技术　Ⅳ.①V279

中国版本图书馆 CIP 数据核字（2021）第 030771 号

责任编辑：葛瑞祎　韩庆利　　　　　　装帧设计：刘丽华
责任校对：李　爽

出版发行：化学工业出版社（北京市东城区青年湖南街 13 号　邮政编码 100011）
印　　装：三河市延风印装有限公司
787mm×1092mm　1/16　印张 13¾　字数 352 千字　　2021 年 9 月北京第 1 版第 1 次印刷

购书咨询：010-64518888　　　　　　售后服务：010-64518899
网　　址：http://www.cip.com.cn
凡购买本书，如有缺损质量问题，本社销售中心负责调换。

定　　价：58.00 元

十四万年前，人类先祖走出非洲大峡谷，迁徙到世界各地，繁衍生息。从此，人类开始不断改造自然，开创了农业文明、海洋文明。元末明初，万户利用火箭飞天；1903年，莱特兄弟发明了世界上第一架飞机；1914年，第一架无人机在英国问世，人类逐步开始探索空间文明。低空空域是人类极其重要的资源，低空空域资源的开发和利用，架起了地表和高空之间的一道桥梁。随着人工智能、大数据、云计算等技术成熟，无人机在交通、农业、水利、物流、警用等领域被广泛应用，低空空域理论研究与技术开发成为研究热点，合理开发及使用低空空域成为维护空域安全急需解决的问题。

建设低空安全走廊，需要基础理论支撑，技术瓶颈突破，产业顶层规划和标准规范建立。为此，本书以低空安全走廊理论知识为主线，以阐述设计思想为核心，由长期从事低空安全走廊理论研究与应用的专业人员编写，内容包括系统设计、平台集成、生态建设和产业规划等，叙述了低空安全走廊的基础理论，给出了较为丰富的技术应用实例。本书既有较强的理论性，又有鲜明的实用性，可以作为低空安全走廊开发者和关注者的参考用书。

本书由冯登超博士担任主编，陈春林、曾湧担任副主编。冯登超编写了设计大纲并进行了统稿。具体编写分工如下：冯登超编写了第2、4、5章，陈春林编写了第6、7章，曾湧编写了第8、9章，阳光学院马秀荣、中国水利水电科学研究院杜振坤共同编写了第1章，山东省淄博人民警察训练基地车颖、长江空间信息技术工程有限公司（武汉）王喜春、云南警官学院刘杰共同编写了第3章，广东省法制教育所齐霞、南京森林警察学院历开平、中国人民警察大学朱红伟共同编写了第10章，天津理工大学王瑶、山东省公安厅许新华共同编写了第11章。

由于时间有限，加之低空安全走廊产业发展变化迅速，书中难免存在疏漏或不足之处，敬请广大读者批评指正。

编者

2021 年 5 月

目 录

第4章
空间交通路由规划 / 044

第5章
飞行动态监视 / 058

第6章
飞行器飞行控制 / 094

第7章
综合服务平台关键理论 / 110

第**1**章

低空空域概述

1.1 低空空域现状

低空空域是指真高 3000m 以下的空域，是人类重要的资源之一。农业文明标志着人类从原始部落向农业社会的转型，土地成为人类生存的资源，人类迁徙、战争、王朝的更迭都围绕着土地开展；海洋文明标志着人类进一步扩展生存领域，欧洲开启大航海时代，推动近代资本主义萌芽、发展与强大，海洋成为各个国家争夺的重要资源；信息时代，网络空间的发展使人类社会从现实世界向虚拟世界扩展，云计算、人工智能、大数据、5G 通信等先进技术打破时空限制，推动社会朝着新的空域文明前进。2020 年初，新冠疫情暴发，给全人类带来灾难，购物、交流、探索知识的需求从物理世界转向虚拟时空，无人机替代部分物流运输，在运输领域开创先河，低空空域进入大众视野，成为新兴资源。

当前，我国正在逐步开放真高 1000m 以下的低空空域。随着低空空域的逐步开放，人类可利用的资源从陆地、海洋向低空探索，低空空域开发建设成为这个时代的标志，未来三十年将带动人类迈向空域文明。

低空空域是世界各国正在开发的重要新兴战略资源之一，低空空域是通航活动的主要区域，是空域资源中最接近地表的区域，在其开发和利用过程中呈现出空间资源的宝贵价值和紧迫的市场需求。随着低空空域资源的不断开发和应用领域的不断扩大，各类低空飞行器，特别是无人驾驶航空器（无人机）发展快速且其普遍应用已呈现井喷式增长。无人机系统已广泛应用于国防和经济建设等多个领域，并为社会公共服务和日常生活带来了巨大的改变。

低空飞行器在低空空域飞行高度较低，可能会严重威胁到民航运转、敏感设施、大型集会等安全。敏感区域的低空飞行，对正常的航空运转甚至涉及国家安全的敏感设施会造成潜在危害。因此，低空空域资源开发及应用面临严峻挑战。在通航产业快速发展的时代，开展低空安全走廊研究，确保各类航空器在低空空域进行健康、合理、有序的安全运营已刻不容缓。但是，相关的管理规定、法律法规还未完善，尚未形成健康有序的低空空域环境。为了最大限度地盘活低空空域资源，我国逐步开始了对低空安全走廊的探索工作。

低空安全走廊是指在低空空域建立低空飞行标准体系，修建低空高速公路，制订相应的交通规则，设定虚拟交通灯，监测低空飞行流量，为各类飞行器提供通信、导航、空域监视、气象及飞行情报服务，确保低空高速公路中的飞行器相互之间留有足够的安全距离，可安全有序地开展飞行任务。开展低空安全走廊研究符合当前我国的基本国情，也是国家新基建战略发展的需要。

低空空域是通用航空活动的主要区域，安全便捷的低空空域资源是通用航空产业繁荣发展的前提。适时开展低空安全走廊研究，可为通用航空产业的发展提供一个安全的空域环境，以适应通用航空产业快速发展的需求。构建服务便捷、运转高效的管理模式和运行机制，牢固树立安全发展理念，可确保低空空域安全稳定，积极稳妥推进低空空域交通管理，最大限度盘活低空空域资源，促进通用航空事业健康有序发展，为经济建设、国防建设和社会发展提供有力支撑。同时，低空安全走廊也是我国低空安全走廊战略发展的紧迫需求，对推动我国低空安全走廊产业的健康、有序、可持续性发展具有重要意义。

1.2　国外研究进展

国外低空产业发展的主要做法是，在完善低空空域分类划设和管理基础上，建立综合有效的低空安全走廊运行管理和保障服务体系，从而构建低空产业活动发展的良好空域环境和运行管理服务机制。

据不完全统计，截至 2020 年，全球在低空安全走廊领域开展相关项目研究的国家及地区共有 23 个，研究项目共计 73 项。在北美洲，美国的相关研究项目 32 项，加拿大 3 项；欧洲的相关研究项目主要以欧盟 2020 年水平线计划为牵引，德国 5 项，比利时 2 项，法国 7 项，英国 2 项，荷兰 1 项，意大利 1 项，瑞士 2 项，拉脱维亚 1 项，波兰 2 项，奥地利 1 项，以色列 1 项；在亚洲，新加坡 1 项，日本 3 项，泰国 1 项，阿拉伯联合酋长国 1 项，印度 1 项，韩国 1 项，中国 1 项；在大洋洲，新西兰 2 项，澳大利亚 1 项；在非洲，肯尼亚 1 项。

相比之下，2017 年，全球有 13 个国家开展低空安全走廊研究，研究项目共计 24 项。其中，美国的相关研究项目总计有 9 项，包括 NASA 牵头的 UTM 计划，即组织 Google、Intel、ATT 等公司在 6 个州同步启动该计划，并于 2019 年 6 月和 8 月分别完成了无人机低空安全走廊的飞行测试。在欧洲，德国相关研究项目有 2 项，比利时 2 项，法国 2 项，英国 1 项，荷兰 1 项，意大利 1 项，瑞士 1 项。在亚洲，中国 1 项，新加坡 2 项，日本 1 项，泰国 1 项。在大洋洲，新西兰引进美国的研发项目 1 项，即采用美国 AirMap 公司的低空管理策略开展低空安全走廊试验工作。

图 1-1 是 2017 年和 2020 年期间，全球开展低空安全走廊项目研究的国家及地区分布图。

由图 1-1 可知，历经 3 年左右，参与低空安全走廊项目研究的国家及地区从 13 个增加到 23 个，地域覆盖广，研究项目也由最初的 24 项增加到 73 项。由以上分析可看出，低空安全走廊的研究已经成为一个全球性的研究课题。

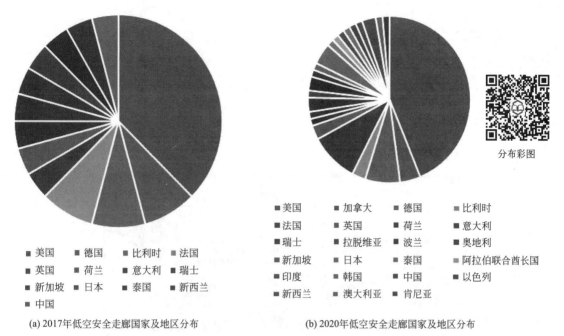

(a) 2017年低空安全走廊国家及地区分布　　　(b) 2020年低空安全走廊国家及地区分布

图 1-1　低空安全走廊项目研究分布

1.3　国内研究进展

低空安全走廊产业、低空经济正在成为区域高质量发展的新引擎。我国作为无人机制造大国，正在积极开展低空安全走廊产业相关理论和实践探索工作。2015 年，我国率先提出了低空安全走廊概念及结构设计方法；同年，我国民航局提出并倡导建设针对无人机空中管理的无人机云系统。目前，我国各类无人机云系统正在快速发展，出现了一批由企业牵头建设的基于云系统的无人机低空安全监管服务平台。广播式自动相关监视（Automatic Dependent Surveillance-Broadcast，ADS-B）系统是国际民航组织确定的未来主要监视技术，在低空安全走廊领域具有重要作用。2017 年 7 月，我国民航局启动全面推进 ADS-B 航行新技术的应用发展工作，对于低空空域无人机监管提供了一项重要的技术保障。此外，随着低时延、高可靠的 5G 网络标准的逐渐形成，我国的 5G 通信技术将在低空安全走廊运营管理中具有积极的支撑作用。2018 年，我国民航局发布了低空联网无人机安全飞行测试报告，对利用现有蜂窝网络对低空轻小无人机进行监管的技术可行性进行了分析。2020 年 10 月，首届中国低空安全走廊与低空产业创新发展高峰论坛在南京成功举办；同年，低空安全走廊产业被列为我国科技部的要点工作计划。2020 年 10 月 21 日，我国民航公布首批 13 个民用无人驾驶航空器试验基地，构建城市场景、海岛场景、支线物流、高原环境运行和综合应用拓展五大试验区。2020 年 11 月，我国民航局空管局召开低空飞行服务国家信息系统工程项目领导小组第二次会议。当前，我国低空安全走廊产业正在从理论探索逐步向产业落地阶段过渡。

低空安全走廊产业发展的时代已经来临，低空资源将成为新的战略资源。低空安全走廊产业的发展，将会进一步促进低空资源的开发，带动航空基础设施建设，创造一定的社会价值和经济价值。

1.4 低空空域建设思路

低空空域管理是伴随人类航空活动、空域开发利用活动等的开展，逐渐形成的一种公共管理行为，是一种公众管理服务，并与社会行政关系、管理组织模式、技术发展水平等密切相关。我国低空空域管理包含空域的防卫、空域的管理以及空域的使用三个层面，示意图如图 1-2 所示。

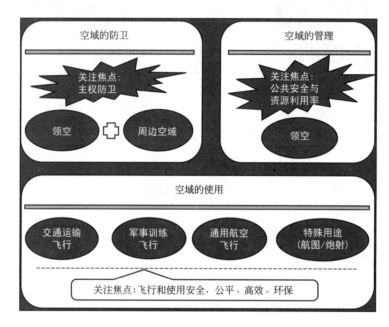

图 1-2 低空空域管理示意图

低空空域资源保护是指围绕国家领空主权，组织开展低空空域的空情目标查证、划设防空识别区和禁飞区等有关的低空空域空中防卫活动，并依据空域管辖权，针对低空空域相关违法犯罪行为和公共安全进行管理，包括空中反恐、空中安保，以及危害社会安全的非法航空活动管理。低空空域资源开发是指围绕拓展低空空域的使用范围，所进行的通信、导航、监视及相关的系统建设，为低空空域运行提供各类设施设备保障。低空空域资源管理是指围绕空域用户需求，开展低空空域结构的规划与调整、空域使用的申请与批复、空域运行的协调与监管等工作，实现空域资源安全、经济、高效、公平利用。低空空域资源使用是指围绕国家经济社会发展和国防建设需要，进行一系列的低空空域使用活动，实现低空空域资源向各类使用价值的转换。

国家低空空域管理主要关注两个方面，一是低空安全，包括国家安全、公共安全和飞行安全；二是低空产业效益，包括经济效益和军事效益。同时，这两个方面又是相辅相成的，只有在保证低空安全的前提下才能使低空产业效益得到保障；只有通过低空空域资源开发管理使用获取效益，才能更好地支撑低空安全保障。

我国低空空域管理具备以下特点：

① 涉及多方责任主体和多方利益群体　低空空域管理涉及的责任者包括军航、民航、国家空管与公安部门等，涉及的利益群体包括航空器拥有者、空管服务提供者、对空射击部

门和机场等。为此，需以立法的形式理清低空空域保护、开发、管理、使用中产生的复杂社会关系，明确有关责任主体、利益群体的权责利关系，统筹做好各项衔接配套工作，实现与周围系统的有效对接。

② 国家低空空域管理拓展了空管概念范畴　国家低空空域管理围绕低空空域资源利用，建设空中交通服务、空中导航服务、航空气象设施服务、机场场面运行、空中计划规划和资源规划等系统，按照资源要素、信息要素、业务要素对低空空域资源保护、开发、管理和使用四个方面进行有机集成并形成体系。为此，需根据一个国家的空管实际情况，扩充相关的系统要素，不断充实完善国家低空空域管理的概念体系，实施国家主导的各项建设工作。

③ 低空空域管理涵盖的内容多、复杂度高　国家低空空域管理概念涵盖了公共运输航空、军事航空、低空产业、对空射击、航天发射、重要目标空域保护等内容，与空防作战指挥等系统紧密关联，是一个要素众多、关系复杂的大系统工程。为此，应统筹兼顾空域多方要求，建立涵盖法规标准、设施设备、业务运行、教育培训和科技创新等体系，支撑国家低空空域管理运行。

1.5　低空安全隐患

低空空域是世界各国重要的战略资源。近年来，国外一些主要发达国家和我国相继开放了低空空域的部分试点区域，开展了低空资源挖掘和市场应用探索。无人机、无人浮空器以及跨介质无人飞行器等各类无人机系统与通航飞机在试点区域的低空空域开展飞行作业，活动日益频繁。然而，随着无人机系统制造、运营及应用技术的快速发展，飞行器的数量和飞行频率剧增，无人机系统的操作人员水平参差不齐，无人机系统操控员培训体系尚未健全，违法、违规飞行等现象不断出现，严重扰乱飞行秩序，极大地增加了低空空域的运营复杂度，对低空空域资源的科学开发和有效应用带来了巨大的挑战，也对相关安全带来了很多潜在的威胁。

当前，全球正进入无人机时代。无论是在军事领域，还是商业、农业、娱乐等领域，无人机的应用都呈爆炸式增长。随着无人机的快速发展与普及，在被不同领域广泛应用的同时，由于缺乏相应的法律法规和管控手段，无人机的使用逐渐暴露出严重的安全隐患和管理漏洞。若无人机被没有受过专业训练的、为了满足个人兴趣的、无飞行法律法规意识的用户以及不法分子等利用，将会对公众隐私、财产、生命安全造成巨大威胁。

大多数的通用航空作业和无人机爱好者们的私人飞行活动主要集中在低空空域，低空安全走廊是推广通用航空发展的重要保障。2016 年 6 月，迪拜国际机场由于无人机入侵被迫临时关闭。2016 年 7 月，英国航空公司客机在希思罗机场进场时，险些与无人机相撞。2017 年 1 月，莫桑比克一架客机在接近 Tete 市时，与一架无人机相撞。2017 年 4 月，成都双流国际机场遭遇无人机干扰，导致数十架航班延误，大量旅客滞留机场。2017 年 12 月，一架印度无人机入侵中国领土并坠毁。2017 年 12 月，在日内瓦举办的联合国特定常规武器公约会议上，专家展示了蜂群无人机采用人脸识别技术攻击人类的视频。2019 年 11 月，沙特阿美石油公司、世界最大的石油加工设施遭到无人机袭击，之前基地组织曾多次开展人肉炸弹进行袭击，均未能成功。2020 年 9 月，某起军事冲突中，无人机成为大众热议的焦点，号称"陆战之王"的坦克被无人机从高空锁定目标，轻松摧毁。由此可见，低空安全飞行问题一直是低空空域改革的重点和难点。低空飞行安全包含了飞行者的安全和地面人员的安全两个方面，这两个方面都需要重视。另外，由于低空飞行的飞行器很难被雷达发现，因此国家的空防安全也是低空安全的组成部分之一。

随着无人机航空活动的增加，低空安全问题已经逐步突显。近年来，我国发生了多起小型无人机未经审批的非法飞行活动。2019年2月，西安上空发生多起无人机扰航事件，致使多架民航班机避让延误。2020年6月，杭州萧山国际机场发生无人机扰航事件，导致多架航班无法正常降落。此外，一些商用无人机还被不法分子用来偷运违禁品（比如把手机和武器运进监狱），盘旋在私人住宅上方进行拍照活动，这些非法的飞行活动带来了公共安全和隐私方面的威胁和隐患。

从空防安全方面讲，通用航空器飞行高度相对比较低、体积小、飞行速度相对较慢。低、慢、小的飞行目标探测、识别以及防御，对于各国空军都是比较棘手的问题。如果低空空域管理不当，低空航空器或不明飞行物就很难控制。2000年初，一名美国人驾驶租用的塞斯纳-172飞机，超低空飞行145km，躲过古巴雷达探测，闯入首都哈瓦那，撒下传单，后遭古巴空军拦截被迫返回美国。2010年2月18日，一名美国软件工程师驾驶单引擎4座小飞机撞击得克萨斯州国税所，大楼一、二层被撞出一个大洞，整栋楼损坏严重。上述这些事例，已充分说明低空空域管理不当会直接危及重要目标安全的问题。

从防相撞方面讲，飞行器在低空飞行时，防相撞任务十分艰巨。据统计，2002~2005年，在我国主要航路附近，失控气球影响民航飞行事件高达70余起。其中，严重影响飞行安全的事件有20起。2003年6月5日，温州机场附近突然出现不明气球，导致部分航班备降其他机场，十余个飞往温州的航班被迫取消。2004年3月10日，武汉管制区航路上出现一个巨型气球，致使4架航班改变航线绕飞。2010年5月19日，在河北保定，某通用航空公司未经申请，擅自执行防虫作业，闯入空军某机场空域，致使空军军事训练飞行被迫停止。类似这样的很多事例，都是在空域管理部门严密管控下出现的安全问题。我国低空空域一旦全面开放，由于从事私人飞行活动的人群鱼龙混杂，而相关执法监管职责不明确、防范处置工作薄弱，可能会带来极大的安全隐患。这对国家的空防安全、重要目标安全带来巨大挑战。

我国通用航空的迅猛发展，使空域使用与空域管制之间的矛盾更加突出，因此，维护空中秩序、确保安全飞行是必不可少的工作。当前，我国通用航空飞行还存在一定的薄弱环节，如飞行范围广、高度低，飞行区域地理条件差异大等问题，大多数通用航空器机载设备差，不能及时、准确通报本机位置。另外，低空飞行器运营的协同查证处置环节多，空管部门缺乏对低、慢、小航空器的强制管理权限。因此，从促进通用航空发展的角度来看，低空空域管理改革十分重要。

随着消费级无人航空器的不断发展，由于监管的漏洞和不法使用，无人机造成的安全事件时有发生。消费级无人机甚至已经成为用于军事行动的"物美价廉"的攻击载具。2018年1月5日，俄军驻叙利亚赫迈米姆空军基地和驻塔尔图斯海军基地先后遭13架无人机的攻击。此事件开辟了消费级无人机袭击军事目标的先河，引起了广泛关注，在低空安全方面是一个重要的警示。在我国，无人机的产销量十分巨大，这种价格低廉且容易购买和改装的"玩具"很容易被不法分子利用，滋生恐怖活动和间谍活动，如果不加以有效管制，将会造成极大的威胁。

无人机入侵民航航线事件屡次发生，使得民航系统航班延误，造成了巨大的经济损失，给人身安全带来严重隐患，也对国家重点要害部位防护、军民航飞行安全和社会安全稳定带来前所未有的挑战。随着无人机系统制造行业及人工智能技术的快速发展，低空安全问题已经成为国际上急需解决的研究难题。

1.6 低空安全处置

目前，国际民航空管的空域监视主要使用一次雷达和二次雷达，以及正在推广的广播式自动相关监视系统（ADS-B 系统）。低空无人机飞行高度低，受地球曲率和地物遮蔽的影响，雷达波可能无法照射到目标。在雷达探测过程中，大量的地杂波会同时进入雷达接收机，探测到的目标时隐时现，难以形成连续航迹，对雷达探测真实的无人机目标带来一定难度。其中，一次雷达对有效截面积较小、飞行高度较低、飞行速度较慢的无人机目标的探测难度较大。二次雷达和 ADS-B 系统，需要在飞行器上装有相应的应答设备。由于无人机缺乏相关政策法规，二次雷达应答机或者 ADS-B 自动相关监视设备尚未要求强制安装，使得无人机很难实现被传统低空监管平台实时动态监视。低空无人机的飞行速度普遍较慢，容易与气象杂波和鸟群等目标形成慢动杂波混淆，导致目标识别困难。在环境感知方面，无人机系统主要采用全球定位、惯性导航的组合导航方式，机载传感器的探测范围较小，环境感知能力有限，难以及时规避障碍物，数据链存在时间延迟、信号干扰等问题，致使地面操作员往往无法及时察觉并判明空域情况。此外，许多无人机操作人员高度依赖卫星导航信号，缺乏对无人机现场真实位置情况的判定，对无人机在低空空域的使用带来了极大的安全隐患。对闯入低空空域管辖的边境区域的攻击型低空无人机进行探测、跟踪、识别、管理和打击存在一定的技术难度。采用地空导弹和防空火炮对低空无人机进行杀伤摧毁，代价过高。城市区域的政治、经济目标较多，人群密集，由于缺乏科学有效的监管处置措施，在城市低空区域闯入的非法无人机，对城市环境及公共安全会带来一定的安全风险。

由于低空安全研究关系到国家战略安全保障，世界各国相继开展了相关法律法规建设，以及一系列的理论与技术保障研究。

在面向低空安全的法律法规建设方面，部分国家开展了大量的民意调研及规范试行探索工作。2015 年 12 月 15 日，美国联邦航空委员会 FAA 发布实施无人机登记制度。2016 年 6 月，FAA 宣布完成首部小型无人机的管理规则。2016 年 7 月，我国民航局飞标司正式下发《民用无人机驾驶员管理规定》。2017 年 7 月，我国民航局飞标司发布了《无人机围栏征询意见稿》。2018 年 1 月，为实现对无人驾驶航空器的依法管理，国务院、中央军委空中交通管制委员会办公室组织起草了《无人驾驶航空器飞行管理暂行条例（征求意见稿）》。2020 年 10 月 29 日，国家发布十四五规划纲要和 2035 年远景规划目标，在"促进国防实力和经济实力同步提升"部分明确提出，推进空中交通管理改革。2021 年 3 月 31 日，中央空中交通管理委员会在公开报道中首次亮相，提出加快提升国家空中交通管理水平。

在低空安全走廊领域，我国正在研究民用无人机数字身份识别规则、技术方案，争取实现"一机一码"；引导企业通过加装通信模块、飞控软件升级、预留接口或采用国家制定的统一传输协议等技术手段，将产品纳入国家统一管控；利用移动通信网络、广播式自动监视系统或卫星通信等方式，实现民用无人机可识别、可监视、可管理；推动企业建设产品基础信息数据库及企业级产品监控服务平台，确保全部产品信息登记，实现民用无人机全生命周期管理。

为了保障低空空域安全，需推动建立各省级安全管理平台，做好与企业级监控服务平台的管理衔接和数据共享，强化本区域内民用无人机的安全监管工作；加快建设基于民用无人机身份识别和飞行状态的国家级管控平台，建立安全防护体系，强化管控平台自身安全保障能力；加强基于移动通信网络的民用无人机设备进网许可管理；加快民用无人机反制、监测预警技术研究和装备研制，严格控制和规范反制设备使用。

在面向低空安全走廊的理论与技术保障方面，部分国家纷纷开展了多项具有前瞻性的理论探索工作，积极研发针对低空无人机目标的新型探测和管控技术与装备，主要手段包括利用声音特性进行目标探测和识别、对导航和数据链路进行干扰压制和欺骗压制、通过赛博攻击手段接管或劫持非法无人机系统，以及研制专用的雷达提高对低空无人机的探测和识别效能。低空安全走廊体系是集成了软硬件及人工智能技术的综合信息服务体系，在低空安全走廊产业领域具有重要应用价值。低空安全走廊体系建设，旨在通过对低空空域的无人机系统进行可视化监视并提供飞行情报信息服务，对低空空域监测范围内的无人机进行探测、发现、识别、评估、处置，对非法入侵的无人机，采用威胁评估及决策分析，并进行相应处置；对合作式无人机，低空安全走廊的可视化综合服务平台可反馈低空空域内的空情信息，提高低空域、高密度无人机系统操作的模式切换能力，指导合作式无人机系统实现任务自主智能化；对进入探测区域的非法无人机，采用威胁评估分析与智能决策，最终保障低空安全走廊的健康运营环境。

低空安全走廊的理论与技术方面的主要研究工作如下。Rabbath 等人于 2010 年开展了合作式无人机系统的安全性与可靠性研究。Fatih 等人于 2015 年研究了面向微型无人机系统的视觉检测和距离估计。冯登超等人于 2015 年提出低空安全走廊告警航图的技术构建策略，并于 2016 年探索低空安全走廊及应急管理可视化研究技术的实施路线。Soler 等人于 2016 年研究了燃料电池飞机避碰的混合最优控制方法。Fadlullah 等人于 2016 年研究了无人机辅助网络中提高通信吞吐量及减少时延的动态轨迹控制算法。Feng 等人于 2016 年采用激光扫描技术探索了面向美国 G 区空域的无人机导航的空中走廊自动构建设想。樊邦奎于 2017 年将无人机系统与人工智能技术相结合，分析了无人机系统的智能化，畅想了未来无人机对人类生活、生产方式和军事带来的巨大影响。冯登超于 2017 年提出了面向低空安全三维数字化空中走廊体系的飞行器交通管理平台构建方法。卢倩等人于 2017 年探讨了无人机在低空空域的监管策略。冯登超等人于 2018 年提出了基于离散激光点云的空中走廊自动构建方案。2019 年，车颖等人探讨了对无人机反制系统加强监管的方法。2020 年，王瑶等探索了无人机集群威胁与警用应对策略。2021 年，樊邦奎提出开启低空智联网新基建，打造数字经济新业态。

总之，研究低空安全风险与防范策略，开展低空安全走廊产业建设，探讨低空产业创新发展的思路，聚焦低空安全、通用航空和无人机系统的相关技术与应用，融合新基建、大数据、5G＋互联网等领域的创新发展，对于实现低空空域监、管、控、服务一体化，推动我国低空产业的健康、有序、可持续发展具有重要意义。

本 章 小 结

低空空域资源是世界重要新兴资源之一。建立可持续发展的低空安全走廊产业生态是这个时代的历史使命。本章介绍了我国低空空域现状以及国内外低空安全走廊的研究进展，分析了低空空域的建设思路，阐述了低空安全隐患，描述了低空安全处置的主要方法。总之，随着低空空域的开放，开展低空安全走廊研究与建设已经成为国家的战略需要，同时也会带动通用航空产业的发展，给国家和社会带来一定的经济和社会价值。

第2章
低空安全走廊划定

2.1 低空安全走廊划定基本原则

随着低空空域的逐步开放，以及我国无人驾驶航空器系统制造业的快速发展，无人机系统的应用进入了蓬勃发展期，呈现出多元化应用趋势，使得低空空域的飞行环境变得更加复杂。低空安全走廊的科学划定是确保低空安全飞行环境的关键要素。开展低空安全走廊划定技术研究，应遵循统筹配置、灵活使用、安全高效原则，结合国家安全、社会效益和公众利益，科学区分低空空域中不同类型无人机的飞行特点，以隔离运行为主、兼顾部分混合飞行需求，对飞行空域的水平范围、垂直范围和使用时限进行明确划分。

在低空安全走廊划定中，对于无人驾驶航空器系统的低空应用环境，设计时应该避开国（边）境地带、空中禁区、全国重点防控目标区等重要地区划设的管制空域，包括航路航线、进近（终端）、机场管制地带等民用航空使用空域，确保重要目标及民航航班运行安全。表2-1是低空安全走廊划定中应避开的主要空域列表。

▣ 表 2-1 低空安全走廊划定中应重点避开的主要空域列表

序号	主要空域
1	空中禁区
2	空中危险区
3	机场、临时起降点围界
4	国界线、边境线
5	军事禁区、军事管理区、设区的市级（含）以上党政机关、监管场所
6	射电天文台、卫星地面站(含测控、测距、接收、导航站)等需要电磁环境特殊保护的设施
7	气象雷达站
8	生产、储存易燃易爆危险品的大型企业和储备可燃重要物资的大型仓库、基地
9	发电厂、变电站、加油站、大型车站、码头、港口、大型活动现场
10	高速铁路及两侧，普通铁路和省级以上公路及两侧
11	军航低空、超低空飞行空域
12	省级人民政府会同战区确定的管控空域

在低空安全走廊划定过程中，表 2-1 中描述的主要飞行空域的水平和垂直范围的参数值设置方法，可参考《关于促进通用航空业发展的指导意见》《无人驾驶航空器飞行管理暂行条例（征求意见稿）》，根据无人驾驶航空器系统的不同类型，进行相应的参数赋值。

此外，无人驾驶航空器通常与有人驾驶航空器隔离运行，需划设隔离空域，并保持一定间隔。依据《民用无人驾驶航空器系统空中交通管理办法》指示，对于民用无人驾驶航空器系统，只允许在隔离空域内飞行。根据《无人驾驶航空器飞行管理暂行条例（征求意见稿）》可知，对于执行特殊任务的国家无人机飞行、经过充分安全认证的中大型无人机飞行、轻型无人机在适飞空域上方不超过飞行安全高度飞行，以及具备可靠被监视和空域保持能力的小型无人机在轻型无人机适飞空域及上方不超过飞行安全高度飞行的情况下，可不划设隔离空域。因此，针对低空空域的复杂飞行环境特点，结合我国颁布的低空空域管理及无人驾驶航空器系统管理办法等相关文件，开展低空安全走廊划定技术研究具有深远的现实意义。

低空安全走廊划定应依据相关的法律法规，利用不同类型的传感设备和算法模型，获取地面高程数据及数字地表模型，采用地形测绘、空间映射变换、计算机图形图像处理等多种技术手段，对低空空域覆盖的目标区域的地形地貌进行分析，参照表 2-1 所示的低空安全走廊划定中应避开的主要空域，结合低空空域的绝对垂直高度、低空飞行器（含无人机）在活动区域的相对高度、密度统计规律，最终实现对低空安全走廊的空间划定。

以下将分别介绍空域单元符号绘制、网络电子围栏以及基于激光点云的空中走廊空间划定技术。

2.2 空域单元图形符号

在低空安全走廊的划定中，需要结合我国空域单元的标准图形符号进行绘制。空域单元符号主要面向机场数据、飞行程序、民航数据、军航数据、地标点和地理信息数据。我国的空域单元符号如表 2-2 所示。

⊡ 表 2-2 空域单元符号

序号	数据分类	数据名称	图形类型	图形符号（颜色可设置）或文字说明
1	机场数据	机场	点	军民合用：◎，民用：○ 直升机：Ⓗ，其他：○ 军用一级：◐，军用二级：◑，军用三级：◒，军用四级：◍ 符号中线方向与机场参考方向一致
2		机场跑道	线	以跑道中心为中心点，线条长度与跑道长度一致
3		障碍物	点	⋀

序号	数据分类	数据名称	图形类型	图形符号（颜色可设置）或文字说明
4	飞行程序	进场航线（含进近）	线	按节点顺序连接的线条
5		离场航线	线	按节点顺序连接的线条
6		复飞航线	线	按节点顺序连接的线条
7		等待空域	面	
8		航路点	点	飞越：；旁切：；其他：同旁切
9		保护区	面	按业务规则生成的面
10	民航数据	导航台	点	DME（测距台）： NDB（无向导航台）： VOR（全向信标台）： VOR/DME（VOR 测距台）： TACAN（塔康）： VORTAC（VOR 塔康）： MARKER（指点标）： 其他：
11		报告点	点	强制报告点：▲ 非强制报告点：△
12		航路	线	 线条有宽度，与航路实际宽度一致
13		航线	线	双向航线： G212 单向航线： W64 航线上方为航线代号样式，可显示或不显示
14		班机航线（城市对航线）	线	按节点顺序连接的线条
15		空中走廊	线	按节点顺序连接的线条 线条有宽度，与走廊实际宽度一致

序号	数据分类	数据名称	图形类型	图形符号（颜色可设置）或文字说明
16	民航数据	限制区	面	
17	民航数据	危险区	面	同限制区，通过设置不同颜色加以区分
18	民航数据	禁区	面	同限制区，通过设置不同颜色加以区分
19	民航数据	放油区	面	按各边界点顺序连成封闭面
20	民航数据	飞行情报区	面	
21	民航数据	民航区域（民航区管范围）	面	按各边界点顺序连成封闭面
22	民航数据	终端区	面	按各边界点顺序连成封闭面
23	民航数据	进近区	面	按各边界点顺序连成封闭面
24	民航数据	区域管制扇区	面	
25	民航数据	进近管制扇区	面	
26	军航数据	训练航线	线	按节点顺序连接的线条
27	军航数据	飞行空域	面	按各边界点顺序连成封闭面
28	军航数据	靶场	面	按各边界点顺序连成封闭面
29	军航数据	进出空域航线	线	按节点顺序连接的线条
30	军航数据	转场航线	线	按节点顺序连接的线条
31	军航数据	管制区域（军区空军范围）	面	按各边界点顺序连成封闭面
32	军航数据	管制分区	面	按各边界点顺序连成封闭面
33	军航数据	机场管制区	面	按各边界点顺序连成封闭面
34	地标点	一级地标点	点	实心圆点＋名称，如：
35	地标点	二级地标点	点	
36	地标点	三级地标点	点	
37	地标点	四级地标点	点	
38	地标点	五级地标点	点	
39	地理信息数据	国境线	线	
40	地理信息数据	海基线	线	线条

2.3　电子围栏

电子围栏是目前应用较为广泛的一种周界防范报警系统。电子围栏分为传统电子围栏和网络电子围栏两大类。

（1）传统电子围栏

传统电子围栏主要包括以下四种：

① 电子脉冲式电子围栏。它是最为常见的电子围栏设备，兼具防盗、报警的功能。这种围栏由带脉冲的电子线缆构成，当电子围栏触发时，电子线缆可以产生非致命脉冲高压来击退入侵者，实现防盗的功能。同时，系统会将入侵信号发送到终端，提醒工作人员，从而实现报警的功能。

② 张力式电子围栏。它由金属丝线和张力探测器组成。当电子围栏遭受外力影响时，会根据力的不同转换成不同的电子信号，从而达到报警的目的。

③ 振动式电子围栏。它是由振动感应线缆和振动感应器组成。当设备有外力作用时，振动感应器会接收到振动传感信号，从而实现报警功能。由于其感应设备对不同力的感应十分敏感，使得其监督十分高效、灵敏。

④ 埋地式感应设备。它由埋地式电缆和入侵探测器组成，通过埋藏在地下的探测传感器形成的磁场来实现报警功能。

传统电子围栏主要应用在传统周界防范报警系统当中。然而，传统的周界报警系统一直以来都无法实现分级别、跨地域的远程控制及管理。大部分的周界报警系统功能都还一直停留在前端报警或者单一设备的本地控制管理之中，如果要实现跨地域远程控制及管理，只能通过日常汇报反馈，无疑会对信息的及时传递产生严重的延误。另外，由于各种安防系统产品的技术功能不尽相同，大部分厂商无法提供开放协议和接口，也就难以形成统一的系统集成平台，致使本应统一筹划的安防系统只能分散管理。

（2）网络电子围栏

网络电子围栏，是一种结合传统电子围栏技术与网络技术所产生的新一代电子围栏系统，它主要由电子围栏主机、智能控制键盘和管理软件组成。用户通过网络即可监管电子围栏，实现用户信息实时传递、数据交互和远程监管功能。网络电子围栏越来越多地应用到伴随虚拟边界的场景当中，如基于移动终端的电子围栏系统、共享单车电子围栏系统、无人机电子围栏系统。

网络电子围栏具有如下特点：

① 集中式分级化管理。网络电子围栏将通过整合与兼容各安防子系统设备（如电子围栏、视频监控、门禁、巡更等）而形成一个统一的管理平台。所有报警信号及状态信号通过模块接入管理中心的终端控制机，工作人员坐在办公室中就可以对其进行统一的管理及调节。如对电子围栏进行布防与撤防、高低压转换；对摄像头预置位设定、镜头切换等。系统还能够根据实际情况进行权限划分，实现分级化管理。

② 跨地域状态查询。终端控制机将报警及设备信息转换为基于 TCP/IP 网络标准的数据包，通过网线或光纤传输至管理计算机，获权限管理者不仅仅可以在本地查看，还可以在其他终端通过网络进行访问，突破了地域的障碍。

③ 实时管控，应对及时。网络电子围栏系统可以实现二十四小时不间断的实时数据采集及管控。面对突发情况时，系统会主动提醒管理人员实施处理，大大提升了处理的效率，降低了损失扩大的风险。

鉴于网络电子围栏的优势，在低空安全走廊的电子围栏设计中，主要采用网络电子围栏技术。低空安全走廊中的网络电子围栏，是指为防止低空飞行器飞入或者飞出禁飞区域，在相应电子地理范围中划出虚拟地理边界，并配合飞行控制系统，保障区域安全的软硬件系统。它能够有效地解决低空飞行器（含无人机）监管过程的问题。其中，网络电子围栏基础数据库是低空飞行器电子围栏信息系统的数据源。低空飞行器的网络电子围栏模型一般采用包含经度、纬度、限制高度、有效时间的四维空间结构。

在低空安全走廊中，不同的飞行区域有不同的网络电子围栏模型。根据网络电子围栏模型在水平面上投影的几何形状的不同，可以分成以下三种：

① 民用航空机场障碍物限制面；

② 多边形电子围栏；

③ 扇区电子围栏。

其中，民用航空机场障碍物限制面模型如图 2-1 所示。民用航空机场障碍物限制面范围为 A1-A2-C2-弧 C2B2-B2-B3-弧 B3C3-C3-A3-A4-C4-弧 C4B4-B4-B1-弧 B1C1-C1-A1 各个点坐标、弧线范围内，圆弧半径为 7070m，面的相对高度为 120m。最外圈的连线所围成的区域为民用航空机场障碍物限制保护范围，即民航机场的网络电子围栏。

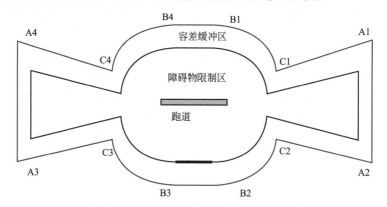

图 2-1　民用航空机场障碍物限制面模型

根据《中华人民共和国民用航空行业标准》规定，多边形网络电子围栏空间几何构型由不同海拔高度的底面和顶面组成的立方体构成。无人机多边形电子围栏示意图如图 2-2 所示。空间几何模型的一个面是由同一平面上的 N 个空间顶点构成的空间区域，构成顶面和底面的顶点数量相等。

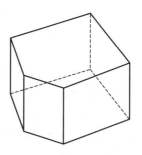

图 2-2　无人机多边形电子围栏示意图

根据《中华人民共和国民用航空行业标准》规定，扇区形网络电子围栏空间几何构型由不同海拔高度的扇区形底面和顶面组成的立方体构成。扇区网络电子围栏示意图如图 2-3 所示。一个空间的扇区面由同一个平面上的扇区原点、扇区半径、扇区起止方位角构成的闭合的空间。扇区原点由该地理点的经纬度坐标定义，扇区半径以扇区原点为圆心，扇区起止方位是指扇区开始和结束的方向，扇区高度是指禁止进入该区域的相对高度。

飞行区域电子围栏是指底面为多边形的柱体空间，它由四个维度构成，即底面多边形顶点的经度和维度、飞行限制高度（柱体空间的高）、有效飞行时间。低空安全走廊中的低空飞行器（含无人机）飞行区域电子围栏模型如图 2-4 所示。

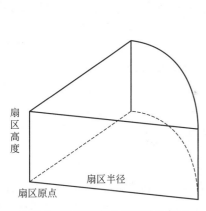

图 2-3　扇区网络电子围栏示意图

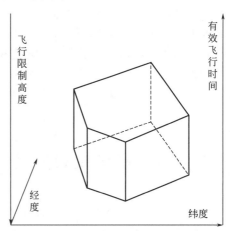

图 2-4　低空飞行器（含无人机）飞行区域电子围栏模型

低空飞行器（含无人机）的网络电子围栏基础数据库是网络电子围栏设计的核心内容。该电子围栏的用户主要面向低空监管部门和低空飞行器（含无人机）的拥有者。网络电子围栏基础数据库系统，不仅是用户进行低空飞行器（含无人机）实名认证的重要平台，也是监管部门进行低空飞行器（含无人机）监管的基础。网络电子围栏基础数据库系统主要用于低空飞行器用户的基础网络电子围栏数据信息管理、飞行计划的申请与审批以及飞行状态的监控。

低空安全走廊中的网络电子围栏数据库，将以无人机为例进行阐述。无人机的网络电子围栏数据库是实现无人机电子围栏规划的基础。为了实现无人机信息管理和无人机飞行状态实时监控，需要根据无人机飞行区域电子围栏几何模型、无人机飞行区域拓扑关系判断要求，来设计无人机电子围栏数据库。低空安全走廊中的无人机电子围栏数据库结构如图 2-5 所示。

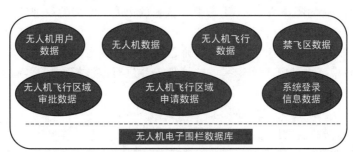

图 2-5　无人机电子围栏数据库结构

由图 2-5 可知，无人机电子围栏数据库包括无人机用户数据、无人机数据、无人机飞行区域申请数据、无人机飞行区域审批数据、无人机飞行数据、禁飞区数据和系统登录信息数据七个实体。无人机电子围栏基础数据实体，主要是描述无人机禁飞区域的数据。禁飞区又称禁航区，是指某一空域中禁止任何未经特别许可的飞行器飞入或飞出的空域，如军事禁飞区、机场禁飞区等。禁飞区的主要属性是禁飞区数据属性、边界经纬度以及禁飞区高度。此类数据由民航主管部门确定，包括所有机场数据、军事管控区数据、敏感区域数据以及其他数据。

目前，国内缺乏统一的网络电子围栏数据库作为无人机管理的基础，从而出现无人机制造商自主设计电子围栏，或为用户直接开放电子围栏设置功能。由于手动设置电子围栏，为用户提供了可以不设置电子围栏的选择，一定程度上增加了飞行安全的风险。尽管2015年国际民航组织（ICAO）的GIS信息部门，针对飞行电子围栏数据库建设、电子围栏动态设置进行了相关的研究与讨论，形成了比较完整的信息系统。但是，该信息系统庞大的功能和电子围栏设置过程的复杂性，对于系统存储容量小、计算速度有限的无人机，无法达到预期使用价值。因此，对于低空安全走廊中的网络电子围栏设计需要做进一步研究。

2.4 激光点云数据与低空安全走廊划定技术

基于激光点云数据的低空安全走廊划定技术，采用离散激光扫描数据获取非地表目标的高程数据，结合数字滤波算法，进行低空安全走廊的空间划分。首先，通过激光扫描点云数据，生成数字地表模型，估计数字地表模型的噪声水平，采用基于噪声水平的数字滤波器对噪声区域进行噪声抑制；然后，采用经验分解模型对滤波后的数字地表模型进行处理，结合基于坡度阈值模型和形态学开运算操作，生成数字地势模型；最后，根据生成的数字地表模型和数字地势模型，结合低空空域的高程数据上限值，采用空间映射技术，对低空空域进行空间立体分层。

激光点云数据，是采用激光在同一空间参考系下，获取被探测目标表面的每个采样点的空间坐标，在采集过程中经常引入大量的噪声数据。地面物体高程数据值越大，低空飞行器（含无人机）在低空空域飞行的安全风险越大。数字表面模型的噪声水平估计方法如下：

$$\hat{\sigma} = \lambda_{\min}\left(\frac{1}{N}\sum_{i=1}^{N} \boldsymbol{y}_i \boldsymbol{y}_i^{\mathrm{T}}\right) \tag{2-1}$$

$$y_i = x_i + n_i \quad i = 1, 2, \cdots, N \tag{2-2}$$

式中，$\hat{\sigma}$ 是估计后的噪声方差；x_i 是中心位置的第 i 个像素的纹理碎片；n_i 为第 i 个区域的噪声；N 是噪声分布区域编号；$\lambda_{\min}$ 是噪声分布区域矩阵的最小特征值。

根据式（2-1）计算得到噪声水平，从而确定数字地表模型中的噪声分布区域。采用高斯滤波器对数字表面模型中的每个噪声区域的纹理碎片进行滤波操作。高斯滤波器中的尺度因子按照如下公式进行计算：

$$M_{\mathrm{scalar}} = 2\lceil 2\hat{\sigma}_n^2 \rceil + 1 \tag{2-3}$$

式中，$\hat{\sigma}_n^2$ 是高斯核函数的参数。

为了生成准确的数字地势模型，需要对数字地表模型中的非地表目标进行检测。对于滤波后的数字地表模型，采用基于经验模型分解的方法进行分解，公式如下：

$$Y(i,j) = \sum_{l=1}^{L-1} X_l(i,j) + N(i,j) \tag{2-4}$$

式中，$Y(i,j)$ 是滤波后的数字地表模型；$X_l(i,j)$ 是固有模态函数；$N(i,j)$ 是残差信号；$L-1$ 是经验模型分解中固有模态函数的分解次数。经验模型分解是对与各种内在时间尺度相关的能量信息进行提取，通过筛选处理，生成固有模态函数。经验分解模型分解次数由固有模态函数决定，即 $X_l(i,j)$ 根据固有模态函数的最大次数进行分解。在筛选处理中，采用基于代价函数的形态学开运算获取残差信号 $N(i,j)$。

代价函数 F 如下：

$$F = \frac{\sum [Z(i,j) - Z_{\mathrm{avg}}(i,j)]^2}{\sum Z(i,j)^2}, F \in [0,1] \tag{2-5}$$

式中，$Z(i,j)$ 是坐标 (i,j) 位置滤波后数字地表模型的幅值；$Z_{\mathrm{avg}}(i,j)$ 是在相同位置滤波后的数字地表模型的幅度均值。当代价函数值大于阈值时，停止迭代。残差矩阵判别规则如下：

$$J = \frac{V_{\mathrm{th}}}{V_{\mathrm{dsm}} - V_{\mathrm{residue}}} \rho \tag{2-6}$$

式中，V_{th} 是预设阈值；V_{dsm} 是数字地表模型幅值；V_{residue} 是残差矩阵的幅值；ρ 是尺度因子（$\rho \in [0,1]$）。如果 $J \leqslant 1$，该点被标记为地面。

为了获得非地表目标，采用如下基于坡度的高程阈值计算公式：

$$R = R_{\mathrm{ini\_thr}} + S_{\mathrm{slope}} C \tag{2-7}$$

式中，$R_{\mathrm{ini\_thr}}$ 是初始高程阈值；S_{slope} 是地面坡度；C 是设置的网格大小。如果数字表面模型和数字地势模型的高程计算差值大于阈值 R，则矩阵中相应的网格被标记为非地表目标。

在数字地势模型和数字地表模型构建完成后，开始进行空间分层设计。为了构建低空飞行器的低空安全走廊，空间分层设计依据低空空域的空间高程上限要求进行划分，包括顶层区、安全区和起降区空域。顶层区为高于地面的固定值空域（如美国 G 区对小型无人机系统采用 150m 高度作为上限）。顶层区的形状采用加入固定值高程数据的数字地势模型的相同区域。安全区是介于顶层区和起降区的空间区域。起降区是包含原始自然障碍物和人工障碍物的地表区域，采用数字地表模型进行设计。通常，低空飞行器（含无人机）在起降区域危险系数比其他两层空域大。由于受地面障碍物及各种不确定环境因素和人为因素干扰较大，低空飞行器在起降阶段的安全风险系数相对较高。

设 $H_1(i,j)$、$H_2(i,j)$ 分别是地理位置坐标 (i,j) 处的数字地表模型和数字地势模型的高程数据值，H_{constant} 是低空飞行器（含无人机）在低空空域的最大允许高程数据值。低空空域中每层空间的高程数据值，按照如下公式进行计算：

$$H_{\mathrm{bottom\_zone}}(i,j) = H_1(i,j) \tag{2-8}$$

$$H_{\mathrm{up\_zone}}(i,j) = H_2(i,j) + H_{\mathrm{constant}} \tag{2-9}$$

$$H_{\mathrm{safe\_zone}}(i,j) = [H_{\mathrm{bottom\_zone}}(i,j), H_{\mathrm{up\_zone}}] \tag{2-10}$$

式中，$H_{\mathrm{bottom\_zone}}(i,j)$ 是起降区的高程数值；$H_{\mathrm{safe\_zone}}(i,j)$ 是安全区的高程数值范围；$H_{\mathrm{up\_zone}}(i,j)$ 是顶层区的高程数值。

基于上述公式，采用测试数据开展了低空安全走廊的空间划分，其相关仿真实验结果如图 2-6 所示。由图 2-6（a）可知低空空域被分成三层，即顶层区、安全区、起降区。根据式（2-9），采用数字地势模型构建的顶层区如图 2-6（b）所示。根据式（2-10）构建的安全区如图 2-6（c）所示。根据式（2-8），采用数字地表模型构建的起降区如图 2-6（d）所示。

低空安全走廊划定技术的研究，是低空安全走廊体系的空间结构设计的关键内容。基于激光点云数据的低空安全走廊划定技术，是低空安全走廊划定技术中的一类快速构建方案。此外，采用倾斜摄影测量技术、卫星遥感技术、实时摄影测量技术以及多源数据处理等多种技术手段，开展快速地形测绘和三维空间变换，也是实现低空安全走廊划定的主要方法。

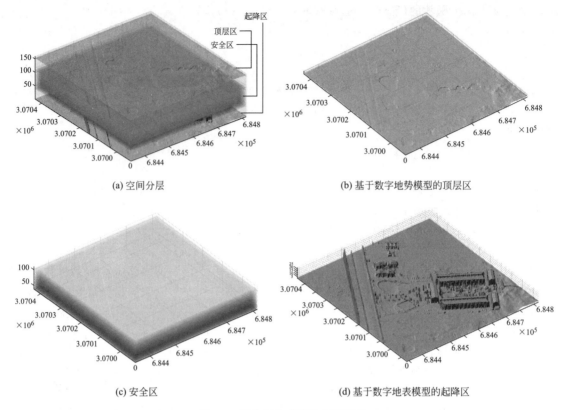

(a) 空间分层

(b) 基于数字地势模型的顶层区

(c) 安全区

(d) 基于数字地表模型的起降区

图2-6　低空安全走廊的空间划分

本 章 小 结

　　低空安全走廊划定是低空安全走廊体系的关键内容。本章介绍了低空安全走廊的划定原则，阐述了低空安全走廊的空域单元符号、低空飞行器（含无人机）电子围栏模型和网络电子围栏基础数据库设计思路，并在此基础上，介绍了基于激光点云数据的低空安全走廊划定技术。

第**3**章

空间交通网络生成

3.1 空间交通网络动态更新

低空安全走廊的空间划定后，需要结合低空飞行器（含无人机）在低空空域的不同空间区域内飞行的水平范围、垂直范围和使用时段，生成适合低空空域环境的空间交通网络。对于民用无人机系统，在空间交通网络生成过程中，还应考虑采用无人机网络电子围栏等技术，在电子地图中自动绘制出动态区域边界，配合飞行控制系统，避开飞行密集区、人口稠密区、重点地区、繁忙机场的周边空域。空间交通网络的总体构架，应结合低空飞行器的通信导航监视能力、飞行器性能、应急程序等因素，对低空飞行器的飞行间隔进行分析，生成覆盖低空飞行区域的空间交通网络。

空间交通网络的生成技术，包括低空安全走廊要素动态更新、城市路网快速三维重建、空间交通网络中复杂网络与网络动力学研究、空中交通流结构特征分析、多层网络的时间演化特性及多层网络融合演化特性研究、蜂群无人机系统的统计特性分析及其航线水平间隔划分等。其中，空间交通网络中的低空安全走廊要素的动态更新是确保空间交通网络高效、安全运营的关键因素。

研究低空安全走廊的线状要素动态更新技术，对于提高低空空间交通网络地图的信息更新速度，提升平时应急救援、战时防护抢险的能力具有重大的现实意义和深远的战略意义。在应急救援和防护抢险中，信息时效性强，内容准确全面的目标地形、地图数据，将发挥关键的辅助作用。地图信息更新是对陈旧地图内容纠正的行为，在地图学中起到提高地图时效性与可靠性的关键作用，更新后的地图能够反映出目标地理信息的变化情况。

随着计算机技术飞速发展，地图修测与更新逐渐向数字化和自动化方向发展。如，挪威研制出一种半自动修测系统，该系统由预处理及建筑目标提取模块、图像判读模块和地图处理模块组成；日本的航摄测绘公司——帕斯科公司，对日本全国的城市内地图进行定期更新，其更新成果出售给本地汽车导航服务公司、政府部门和行业应用部门等。国内利用遥感影像技术采集数据，进行变化检测，从而实现变化要素的更新，是目前的研究热点。例如，基于高分辨率卫星遥感数据，使用适当控制点信息对影像进行纠正后，再与原始地图数据叠加，实现遥感数字影像对 1∶10000 地形图的数据更新；通过现势高分辨率遥感影像获取正射影像 DOM 与 DLG 的套合，经作业员人工判读识别出发生变化的地物，从而达到对原有地图信息的快速更新等。

国内外对于地图数据的更新技术一直都在深入研究中，但是对于增量信息符号转化为地图产品，并应用在低空安全走廊的空间交通网络地图的研究相对较少。本节的研究目标是通过定义合适的增量信息模型，设计出不同情况下低空安全走廊的线状增量信息的符号化策略，在尽量不改变原有地形数据的情况下，通过增量信息的符号化，采用面向对象思想，结合实体时空变化类型，对低空安全走廊的原始地图信息中的线状要素进行更新。

3.1.1　数据变化类型分析

空间交通网络中的线状要素数据变化类型分析，包括线状实体变化和地理事件类型分析两部分内容。其中，线状实体变化，包括空间实体的基本特征、空间实体数据分类，以及低空安全走廊的廊道变化类型。地理事件类型分析，包括低空安全走廊覆盖区域的地理事件与单个实体变化类型之间的关系。

（1）线状实体变化

空间实体的基本特征有三类：

① 空间特征：空间特征是描述地理实体或现象的空间位置信息和空间形态信息的一种特性，如坐标位置信息、形状描述等。

② 属性特征：属性特征是表达地理实体或现象的描述性特性，如编码、类型、颜色等。

③ 时间特征：时间特征是描述地理实体变化过程的一种特征戳，表达了实体或事物随着时间迁移发生变化的情况，如规划建设、在建、建成和废弃等。

空间实体数据归为三类：

① 属性数据：用以描述空间数据属性特征的数据，也称非几何数据。它具有两方面含义：一为它是什么，即它有何种特性，划分为哪一类地物；二为实体的详细描述信息，例如水准点的建造时间、等级等，此类属性须经过详细调查。

② 几何数据：用以描述空间特征的数据，也称位置数据、定位数据。它用来说明所在地方，即"在哪里"，如可用 X、Y 坐标来表示。

③ 关系数据：用以描述空间数据之间空间关系的数据，如空间数据的相交、包含等，主要是指拓扑关系。拓扑关系是一种对空间关系进行明确定义的数学方法。

此外，还有元数据，即描述数据的数据。在地理空间数据中，元数据用以描述空间数据的内容、状况、质量以及其他有关特征的背景信息，以助于数据生产者与用户之间的交流。

依据空间、属性和时间这三种特征，可将空间交通网络中的空间变化类型归纳为变形、移动、旋转、扩大、缩小（空间）、出现、消失、重现（时间）和属性变化这九种基本类型，如图 3-1 所示。

为了便于后续说明，本书将地物的变化类型总结到六种变化中，即新建、变形、重现、消失、稳定、持续。以下将以城市低空安全走廊的廊道网络生成为例进行阐述。

① 新建：是地理实体或现象从无到有的过程，例如对应新的低空安全走廊的出现。

② 变形：对应图 3-1 中的扩大、缩小、移动、旋转和变形，是地理实体和现象空间几何形态发生变化的过程，变更的实例有廊道加宽、廊道改线、廊道延长等。

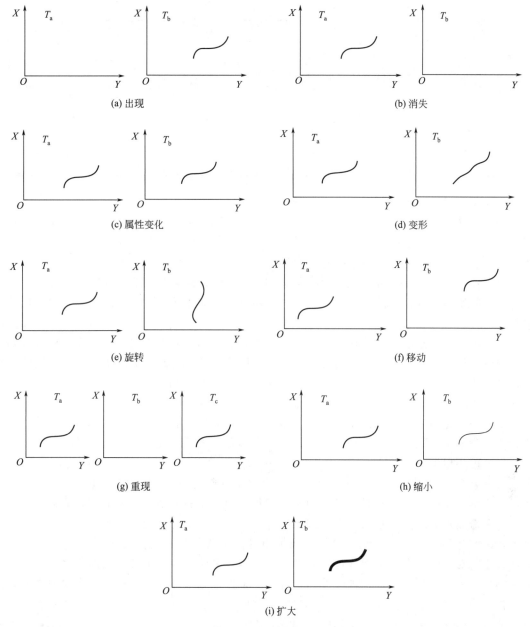

(a) 出现   (b) 消失

(c) 属性变化   (d) 变形

(e) 旋转   (f) 移动

(g) 重现   (h) 缩小

(i) 扩大

图 3-1 单个实体的基本空间变化类型

③ 重现：重现是一个双重的过程，表达了消失之后重新出现的状态，如封闭取消了的廊道又在原有路线上重新开放等。

④ 消失：消失和新建正好相反，表示了地理实体或事物消亡的过程，例如对应廊道的取消等变化。

⑤ 稳定：稳定是地理实体或现象随着时间的推移，在空间形态上没有发生变化，但在属性上有变更，例如低空安全走廊中的双向廊道变为单向廊道等。

⑥ 持续：是对地理实体或现象没有变化的一种描述，表达了在空间和属性特征上未发生任何变化，例如对应廊道维持原有状态。

廊道变化类型分析如表 3-1 所示。

□ 表 3-1　廊道变化类型分析

变化原因	变化类型
出现一条新的廊道	新建
廊道明显扩宽或变窄、廊道移位、廊道变形	变形
廊道先消失后还原	重现
廊道消失	消失
廊道属性信息变化，图形无变化	稳定
廊道无变化	持续

（2）地理事件类型分析

1984 年 Copeland 和 Maier 引入了事件概念，即事件能引起对象的特性发生变化，它与变化后生成的特性值之间有着必然的因果关系。事件的发生是在某一时间段或某一时刻。因此，在对事件进行描述时，应包括时间属性。

定义：事件是改变客观世界中要素状态的原因，使得要素与先前存在状态差异，从而产生了不同的快照。假设 $O_i(t_1)$ 和 $O_i(t_2)$ 是某个对象变化前后的两个快照，引起变化的原因即事件，用 Event 表示。

地理事件指的是能引起地理实体生亡、地理状态、属性或者位置发生改变的事件。如果将空间变化信息以及这些事件的信息按照一定的格式一起提交到数据库中，那么就能同时获得该事件所涉及的空间对象的生命周期及变化过程等，此为时空数据库更新所必需的信息。因此，对于时空数据更新，事件是一个非常重要的组成部分。

事件往往是与一系列对象相关。一个地理事件可能只影响一个对象，也可能影响一个对象集合，为简单起见，将一个对象也看作是一个对象集合，即地理事件与对象的集合相关。一个集合可用以下方式表示：$C=\{O_1,O_2,\cdots,O_n\}$，其中 $O_1,O_2,\cdots,O_n$ 是集合 C 的有限个成员，$d(C)=n$ 是集合的度（也就是集合中成员的个数）。因此，区分地理事件类型，是通过判断事件发生前后两个对象集合的关系和集合中对象的关系来完成的。影响多个对象的事件，会造成对象之间关系的改变。如果事件发生前的一个对象受事件影响而改为多个新的对象，则称这种事件为"分裂"事件；如果事件发生前的一个对象受事件影响产生新的对象，但是此对象继续存在，则称这种事件为"分割"事件；如果事件发生前的多个对象受事件影响合为一个对象，则称这种事件为"合并"事件；如果事件发生前的多个对象并入到已经存在的一个对象中，称这种事件为"并入"事件。

分析和研究各类地理要素变化事件和变化类型之间的关系（表 3-2）具有重要意义。从表 3-2 可以看出，离散空间变化事件与单个离散空间对象的空间变化存在 $1:n$ 的对应关系。依据地理要素变化事件与变化类型之间的关系，可以更合理地设计数据采集策略，以便于减少数据采集、存储的工作量。

□ 表 3-2　地理事件与单个实体变化类型之间的关系

事件	新建	变形	重现	消失	稳定	持续
维修					√	
扩建		√				
部分拆除		√				
整体移动		√				

事件	新建	变形	重现	消失	稳定	持续
整体旋转		√				
新建	√					
拆除				√		
语义变化	√		√	√	√	√
重构	√	√	√			

3.1.2 增量信息模型建立

（1）线状实体变化

依据面向对象的思想，可以将增量定义为：$O_\Delta = O_{t_1} - O_{t_0}$。地形数据库是由元数据元素、数据集元素和模式元素组成的。其组成元素的变化产生地形数据库的增量信息。因此，地形数据库的增量是采用元数据元素、数据集元素以及模式元素的集合来表达的，元数据元素包括元数据项和元数据值，数据集元素包括地理对象及其链接，模式元素包括要素类及其关系。由于地理对象及其链接、要素类及其关系具有多种不一样的描述属性，其增量也需要利用属性、属性值、地理对象类和图形的集合来表示。

地形数据库增量信息可分为两个层次：第一层是增量（由对象集合组成）；第二层是利用属性集合表示的属性层。地形数据库 $TerrainDB = \{DS, Mod, MD\}$，其中 DS 表示数据集（Dataset），Mod 表示模式（Mode），MD 表示元数据（Metadata）。因此，地形数据库的增量信息可定义为：

$$TerrainDB_{\Delta 1} = \{DS_\Delta, Mod_\Delta, MD_\Delta\} \tag{3-1}$$

地形数据库的增量信息是由地形数据库中的组成部分发生变化引起的，包括新增元素、删除元素和变化元素，从这个角度看，地形数据库的增量信息可定义为：

$$TerrainDB_{\Delta 2} = \{A_\Delta, D_\Delta, M_\Delta\} \tag{3-2}$$

其中，A 表示新增元素；D 表示删除元素；M 表示修改元素。

地形数据库的增量信息可表示为上述地形数据库增量的两个集合的笛卡尔积：

$$TerrainDB_\Delta = TerrainDB_{\Delta 1} \times TerrainDB_{\Delta 2} = \{DS_A, DS_D, DS_M, Mod_A, Mod_D,$$
$$Mod_M, MD_A, MD_D, MD_M\} \tag{3-3}$$

其中，Δ 表示新增数据元素，其他项的含义与上述公式相同。

从式(3-3)可以看出，地形数据库的增量信息是采用这九个集合级元素来表达的，各以两个字母表示：第一位为数据类型，第二位为变化类型。因此，可以利用组成元素的集合来表达这九个集合级元素的增量。

根据以上分析可知，地形数据库中的增量信息之间也具有非常复杂的关系，包括非层次关系（比如地理对象和要素类的关系）和层次关系（比如地理对象和数据集的关系）。利用超图数据模型（Hypergraph-based Data Model，HDM）既可以描述层次结构也可以描述非层次结构。因此，本书以超图数据模型为基础来建立地理信息数据库增量信息的概念模型。

本书提出的模型可以划分为两个部分：基本增量类型和增量信息的组成元素。基本增量类型细致地描述了地形数据库中增量信息的具体类型，构造了具有非层次结构和层次结构的增量信息类型体系。而体系的构造必须依靠地形数据库的组成元素类型和产生增量的原因。其中，$\{DS_A, DS_D, DS_M, Mod_A, Mod_D, Mod_M, MD_A, MD_D, MD_M\}$ 是集合级元素组成的增量，即地形数据库增量信息的第一级表达。

（2）增量信息描述

XML 是一种应用广泛的标记性语言，该语言具有高度结构化的特性，拥有良好的可移植性，在数据交换和共享领域中一直被广泛应用。

低空安全走廊中地形数据库中的图层，在更新过程中会产生增量信息，可以将其定义为 OEM 中的一个复杂对象。OEM，即 Object Exchange Model，它是一个利用对象的集合表达数据的简单的自描述模型。在 OEM 数据模型中，每一个对象都包含一个标识符、一个类型、一个标签和一个值。标识符主要用于区分不同的对象。类型指的是对象值的数据类型，标签是指表达对象含义的一个字符串，对象值可以是对象的集合甚至一个原子类型（如字符串或者整型）。相比于面向对象模型，利用 OEM 处理半结构数据具有一定的优势。通常可以用一个有向图来表示 OEM，其中节点对应对象，叶节点是原子对象具有的一个原子值，非叶结点表示复杂对象，指向它们的子对象，边是赋予对象的标签。有向图有一个特定的对象，用有向图的根表示，对于图中的每一个节点，都必须保证其可以通过根到达。

可通过 XML 格式语言来完成对低空安全走廊中的地图增量信息数据包的描述。整体设计结构如图 3-2 所示。

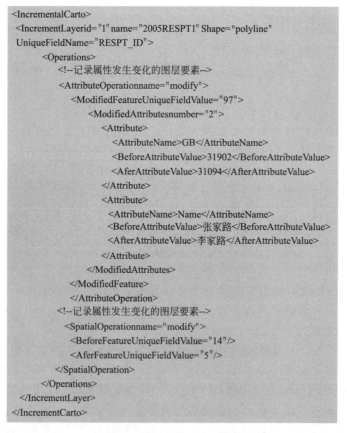

```
<IncrementalCarto>
<IncrementLayerid="1" name="2005RESPT1" Shape="polyline"
UniqueFieldName="RESPT_ID">
    <Operations>
        <!--记录属性发生变化的图层要素-->
        <AttributeOperationname="modify">
            <ModifiedFeatureUniqueFieldValue="97">
                <ModifiedAttributesnumber="2">
                    <Attribute>
                        <AttributeName>GB</AttributeName>
                        <BeforeAttributeValue>31902</BeforeAttributeValue>
                        <AferAttributeValue>31094</AfterAttributeValue>
                    </Attribute>
                    <Attribute>
                        <AttributeName>Name</AttributeName>
                        <BeforeAttributeValue>张家路</BeforeAttributeValue>
                        <AfterAttributeValue>李家路</AfterAttributeValue>
                    </Attribute>
                </ModifiedAttributes>
            </ModifiedFeature>
        </AttributeOperation>
        <!--记录属性发生变化的图层要素-->
        <SpatialOperationname="modify">
        <BeforeFeatureUniqueFieldValue="14"/>
        <AferFeatureUniqueFieldValue="5"/>
        </SpatialOperation>
    </Operations>
</IncrementLayer>
</IncrementCarto>
```

图 3-2　增量信息 XML 描述

IncrementLayer 为操作图层，参数 id 定义为图层的编号。参数 name 定义为图层名。参数 Shape 定义为数据的类型，内容可选为"point"、"polyline"和"polygon"，分别代表点状要素、线状要素和面状要素图层。参数 UniqueFieldName 定义为图层增量的唯一标识属性字段名称，用于定位该图层中发生增量变化的数据。

Operations 项中包含增量变化信息 AttributeOperation 和 SpatialOperation 项的全部内容，代表数据库中更新的属性信息和空间信息，分别对应写入相应的属性和空间数据表中。

AttributeOperation 项为属性更新的内容，参数 name 定义为增量变化类型，其值可以记录为"Add"、"Modify"或"Delete"，分别代表地图数据中的新建、修改和删除的内容。ModifiedFeature 项为发生增量变化的要素，若 name 对应为"Add"或"Delete"，则为 AddFeature 和 DeleteFeature 项。参数 UniqueFieldValue 定义为发生增量改变要素的唯一标识字段值，用于定位需要变化的要素。ModifiedAttributes 项为修改的属性内容，参数 number 定义为发生变化的数量。

属性更新的内容由 Attribute 项表示，Attribute 项为多变项，由<GB>、<Name>、<Length>等子项构成，对应为国标编码发生变化、名称发生变化、长度值发生变化等。

SpatialOperation 项为空间要素更新的内容，参数 name 定义为增量变化类型，其值可以记录为"Add"、"Modify"和"Delete"，分别代表空间数据操作中新增、更新和删除的内容。BeforeFeature 和 AfterFeature 分别为变化前的要素和变化后的要素，参数 UniqueFieldValue 定义为发生增量改变要素的唯一标识字段值，用于定位需要变化的要素。

3.1.3 线状要素增量更新制图

（1）增量更新制图要素关系处理

低空安全走廊中的地图兼具时态和尺度特性，在地图用途的驱动下，还具有多重表达特性。与具有连续性的地图时间维和尺度维相比，用途维呈现离散性的特点，如土地覆盖图、人口图、交通图等。通常，地图多尺度对应离散的尺度点，比如国家基本比例尺的系列地图。同理，地图时态由离散的时间点地图组成。这些离散的值就为地图对象增量更新提供了依据。地图增量更新涉及三个基本概念，分别是基态、增量和快照。基态指数据的初始状态；增量是相对于前一状态所发生的变化量；快照是基态与增量的逻辑和，它能初始化基态。

基于低空安全走廊的地理数据库的地图表达机制，支持将地图表达结果存储在数据库中。增量信息存入数据库后，在原地图的表达结果中也要加入相应的增量更新要素的地图表达结果。建立低空安全走廊的地理数据库，涉及一个很重要的概念，即空间数据模型，它是数据库设计的基础。而要实现基于基础地理信息数据库的地图表达，离不开一定数据模型的支持，模型中从概念到逻辑模型的映射源于对基础地理信息数据库分层的规定。因此，基态数据库可分为十个要素集、三十五个要素类。此外，考虑地图整饰的需要，再增加一个"伪要素"集（该集合中含有整饰点、线、面和注记四个要素类）。在进行数据库增量更新时，需输入增量的要素类，建立增量关系表。

线状要素是由一系列带坐标值的点组成的线段，通过唯一的关键字与该线状要素的属性值相连。这种记录方式避免了直接使用简单线在屏幕上表示线状要素坐标而导致的难以区别要素所代表的具体含义的问题。改变要素特性，可通过生成不同形式的线符号来实现，如改变线的颜色、宽度、线型以及多层线型叠加等。

由于在进行增量更新时，增量数据往往会和原始线状数据产生压盖，因此，为了清晰地反映路网结构和关系，更新时需考虑如何表达同等级道路内和不同等级道路间在交汇处的关系。本节提出用 joint 和 merge 两个概念对道路交汇处的线状地物关系加以描述。

joint 描述同等级道路交汇时的情况，它表明道路间是连通的，且位于同一平面。实现原理如图 3-3 所示。

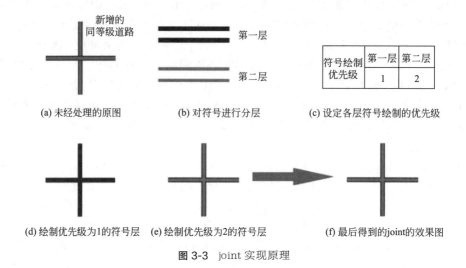

图 3-3　joint 实现原理

merge 描述不同等级道路间（拓扑关系表现为相交）的关系，它表示道路间是连通的，且位于同一平面。此外，还反映了道路间的等级。实现原理如图 3-4 所示。

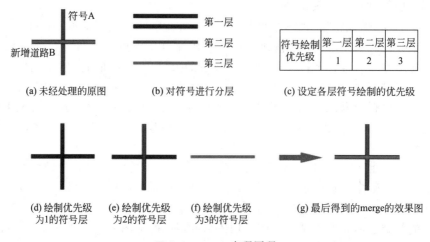

图 3-4　merge 实现原理

joint 和 merge 是道路相交时必须考虑的一个问题，具体的实现过程还要考虑线符号的组成方式。为了解决这两个问题，必须对线符号的每一部分进行分层。通过层次之间的先后绘制，来实现 joint 和 merge 效果，可以很好地解决地图上增量数据与原始数据交通网之间的相交与压盖关系。

根据以上原理，道路、管线（含城市低空廊道）、境界线等线状要素在增量更新制图中的几种增量情况，均可得到较好的解决，即完成数据库增量更新向地图符号增量更新的转换。

（2）图形冲突检测和处理

把制图功能融入 GIS，有两个矛盾亟待解决：①地图表达自主性与自动性的统一，其中，"自主性"指对要素的实例化；②地理数据模型与地图表达模型的统一。站在高度"自动化"的角度，地图表达模型要求在统一的地理数据库模型的基础上，制订制图规则，确定符号关联属性、预期达到的几何效果及点、线、面要素的表现方式等，并把这些信息汇总到数据库，满足制图中重复使用的需求。然而，站在"自主性"的角度，地图表达更侧重于个性化的需求，要求针对同一要素要有不同的地图表达效果，这就造成了对普通规则的覆盖。

为了解决上述矛盾，需要进行要素类的属性扩充。也就是说，当对某个要素类进行普通规则覆盖时，在数据库中的相应要素类就要增加两个字段，仅以少量用以存储统一表现规则和单个要素图形覆盖的信息，与数据库的地理要素类关联。这样，不仅节省了时间和存储空间，而且不会在系统的分析功能上产生影响，因为并没有修改原始数据的几何信息。

实际情况中，地理实体或现象变化的类型多种多样，但是从计算机数据操作的角度来看，基本都可以归纳成以下三类，即新增、更新和删除。从逻辑层面上来说，更新又可以看作是删除和新增的组合变化。增量更新对地图信息表达的影响见表3-3。

⊡ 表3-3　增量更新制图对基态地图表达的影响

增量类别	冲突描述	预处理	消解方法
增加	与基态图形占位冲突或相连、相交关系错误	图形输出控制	允许占位（合理压盖）；压断处理；冲突检测后移位
修改	基态中的制图表达覆盖需要保留	覆盖检测	若无覆盖，则先删除再增加；若有，保留覆盖修改要素
删除	基态中受该要素影响的移位要素不需再移位	关联移位要素检测	移位要素归位

地理要素进行符号化之后，符号的宽度和不同要素符号之间不合理的压盖情况称之为冲突。增量更新制图研究中，依照"增加"、"修改"与"删除"这三种变化方式进行分类，冲突处理流程如图3-5所示。

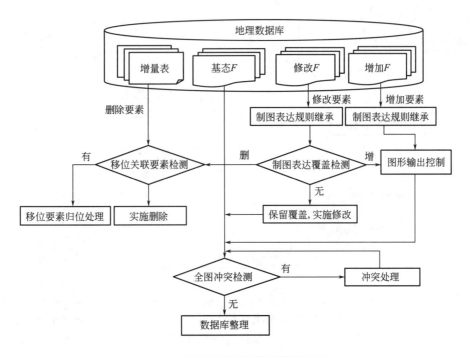

图 3-5　增量更新制图冲突处理流程

3.1.4 增量信息制图设计与实现

为了验证前述的增量制图的方法与模型，在 Windows 环境之下，使用面向对象的方法和组件式技术，使用 C# 语言作为开发语言，设计实现了线状要素增量更新制图的原型系统，并进行了相应实验。

增量数据分为空间数据变化和属性数据变化两种，增量更新流程如图 3-6 所示。

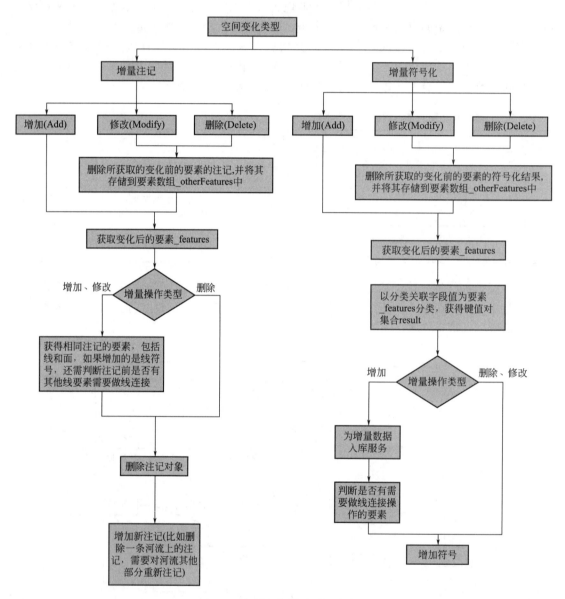

图 3-6　空间变化增量更新流程

线状要素符号化以后可能产生各种各样的冲突。冲突检测模块通过检索符号依附规则库、符号压盖规则库、符号距离规则库等组成的知识库，判定各类符号冲突情况，并标记出来，然后根据各种相应规则所对应的解决方案——消解冲突，从而完成冲突的检测和处理。冲突检测和处理的关键技术方案如图 3-7 所示。

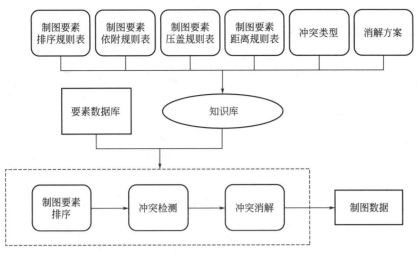

图 3-7 冲突检测和处理技术方案

选取最常见的两种线状道路（含低空廊道）和水系作为实验数据，对所提出的更新方法进行实验。实例说明见表 3-4。

⊡ **表 3-4 增量数据变化类型及实例说明**

变化类型说明	更新前后对比
增加一条河流且河流一端与其他河流相连	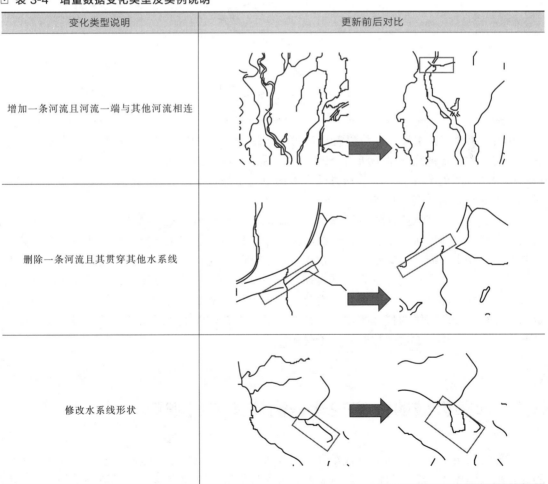
删除一条河流且其贯穿其他水系线	
修改水系线形状	

变化类型说明	更新前后对比
增加的低空廊道,GB 码相同	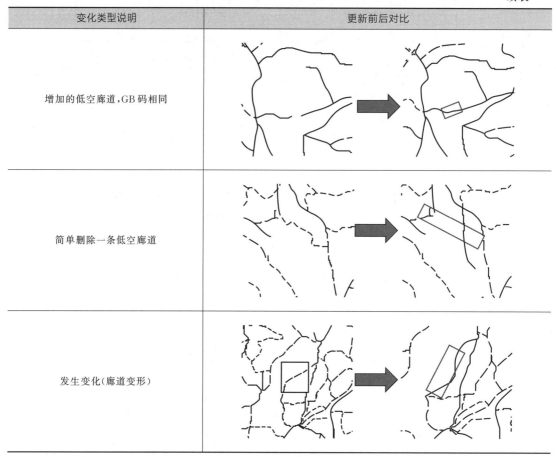
简单删除一条低空廊道	
发生变化(廊道变形)	

从表 3-4 的实验结果对比可以看出,对于地图变化的要素,不需要对整个要素都进行更新,只需要对局部的变化部分进行修改,来完成整个地图的更新工作。相比于没有使用增量信息模型的地图更新方法,本节的方法在地图更新工作量上会有较大的减少,可节省地图更新工作的成本,同时提升效率。

综上所述,本节以空间数据库基础下的制图表达理论为前提,结合增量信息的形式对低空安全走廊中的地图进行更新;设计线状要素增量模型,能满足低空安全走廊中线状要素应急制图中的需求,同时也满足对泛在地理现象变迁的研究。本节提出的增量信息地图制图更新的具体理论概念和解决方案,能够实现增量信息的自动化更新制图,同时可实现在更新时仅仅对要素变化部分进行局部更新,而免去将整个要素全部更新的麻烦。本工作为低空安全走廊体系空中交通网络的快速生成研究开辟了新的思路,做出了成功的试验,有利于增强低空安全走廊平时应急救援、战时防护抢险的能力。

3.2 起降区域的低空安全走廊快速三维建模

在低空安全走廊中,低空飞行器(含无人机)起降区域的地面道路建模是计算机图形学和虚拟现实领域的一个热门话题,高精度、现实性强的三维道路信息对于道路维护、交通管理、城市规划等具有重要的作用。已有的研究成果主要存在以下四个方面的问题：

① 利用 AutoCAD 或 3ds Max 等三维建模软件制作静态模型，不仅需要高度的专业化和熟练的技巧，还需要大量的手工劳动，且模型仅能实现三维显示，而不能进行三维设计。

② 地物与地形分开建模，难以无缝融合和进行多细节的层次（LOD）表达。

③ 建立的三维模型是表面三维而非实体三维，无法实现有效的空间分析与量算，且难以高效衔接而生成道路网。

④ 未考虑道路设计标准和规范，侧重于视觉效果，而不是几何和结构的真实度，不能满足一些对模型精度要求较高的应用领域，如道路设计、交通模拟和设施管理等。

这些局限严重限制了低空安全走廊设计中道路模型的适用性，也对低空飞行器（含无人机）在起降区域的操作带来了一些飞行安全隐患。

技术的进步使空间数据的数量飞速增长，高效、低成本的数据获取技术使远程传感器数据得到了广泛应用。当前车载或机载激光雷达（Light Detection and Ranging，LiDAR）扫描技术已广泛应用于数字高程模型（Digital Elevation Model，DEM）生成、城市环境三维建模、灾害调查与环境监测等领域。基于 LiDAR 的移动测量技术能快速获取大面积、高密度、高精度的三维点云数据，是目前采集大范围地形原始数据最理想、最有效的手段之一，也是低空安全走廊设计中最主要的地形数据来源。

低空安全走廊设计中的道路自动三维建模技术已经引起广泛关注。三维建模领域由传统工具软件制作逐渐过渡到基于真实地理数据的场景构建，后者使用专门设计的算法或程序来创建低空飞行器（含无人机）起降区的道路模型，以减少烦琐的手动编辑。但是，由于低空飞行器，尤其是无人机，其起降区道路呈现多样性（城市、农村等），及其周围环境呈现复杂性（车辆、树木、建筑等遮挡），面向无人机起降区的道路三维建模依然很具有挑战性。方程喜等使用 2D GIS 道路中心线数据按照道路规范生成具有高度真实感的 3D 道路网络模型，所生成的模型不仅逼真而且结构合理，能处理道路相交的情形。但这种方法对道路数据精度要求高，而且要求地形平坦。马小龙等以机载激光扫描数据为基础，研究自动获取 3D 拓扑对象，并对道路和建筑物进行三维重构。由于纹理渲染是一项繁杂、耗时的工作，该研究仅限于对象的几何重构，不包括对象的纹理渲染。Lawson G 等在评价不同类型的 GIS 数据及其生成 3D 环境的案例的基础上，开发了一个采用 DEM 数据、正射影像和道路矢量数据以及 LiDAR 点云生成纹理地形和道路几何的原型系统。由于未能解决点云分割过程中的最小化假阴/阳性的优化问题，该方法导致边界处理能力较弱。Elberink S O 等利用 GIS 数据重构真实的道路网进行实时交通模拟和自动导航。为保证实时计算出车辆的位置和方向，该方法对道路进行了简化，只用直线和圆曲线对道路进行拟合，而不包括缓和曲线，模型的精确度也没有讨论。Orvar S 提出一种面向地势平坦、弯曲少、路网密集的城市三维路面模型构造方法，实现了基于路面主方向构建、优化和路面空间形态调整的城市道路三维路面模型空间面片构建，但对于起伏度大、路面曲折、路网稀疏之类的复杂情形缺乏验证，存在道路端点处的空间面片高程异常、衔接处的未能无缝拼接的问题。Wilkie D 等基于车道对道路网络进行三维建模，将二维道路中心线与 GPS 轨迹数据中的高程信息结合生成三维道路中心线，根据车道信息采用缓冲区生成算法构建三维道路表面模型，实现三维道路表面模型的快速生成，但车道表面不能随各路段车道数量不同而自动生成。倪皓晨提出了一种利用模板的三维道路动态建模方法，结合道路横、纵方向的结构化特征和地理环境实现道路的三维实时可视化设计，但纵断面模板未考虑更复杂的定向。

本节详细论述了将指定区域的矢量道路数据转换为三维道路网的过程，重点解决了复杂道路元素的自动/半自动生成问题，如平面交叉和立体交叉。该方法能够实时生成视觉效果良好、几何真实度高的三维道路网，成果可用于多种对三维模型的精度要求严格的低空安全走廊起降区应用场景，如起降区的真实道路重构、道路规划设计和模拟驾驶等。

3.2.1 系统设计

低空安全走廊的起降区设计，可以参考地面路网的设计思想。《城市道路设计规范》描述了道路设计的各个方面，如道路横断面、纵断面、平面交叉、立体交叉、路基、路面等，相关参数包括道路功能等级、车道数、速度、车道宽、荷载等。不是所有的应用场景都需要完全精确的道路参数信息和所有附属设施，应该根据实际需求，适当简化模型的复杂度。本节提出的自动化道路建模方法仅针对低空安全走廊中的部分重要道路结构和参数进行建模和模拟。

本节的目的是利用多源 GIS 数据自动生成符合设计规范的飞行器起降区的低空安全走廊三维道路场景，建模的技术流程如图 3-8 所示。系统的输入包括 LiDAR 点云数据、2D 矢量路网、道路设计规则和规范，输出是该方法生成的低空安全走廊中的三维道路模型。其中，矢量路网和由 LiDAR 点云数据提取的地形、高程数据又构成道路规范的参数。系统的核心是道路自动生成部分，包括数据和算法两部分，其中的主要算法包括低空飞行器起降区道路表面建模算法、立体交叉建模算法和平面交叉建模算法。

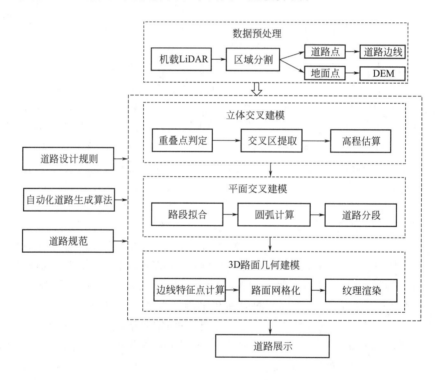

图 3-8 三维道路自动建模流程

（1）地面建模

地形模型是支撑整个三维场景的基础，其他三维模型都是放置在地形模型之上的。建好地形模型，不仅能使其他模型更好地贴合地面，并且地形模型的精度直接影响到模型之间的空间分析。

在地形模型建立中，需要对原始点云数据进行滤波，得到城市地面点。由于点云数据的海量特征，直接用原始点集构成不规则三角网（Triangulated Irregular Network，TIN）来表征地形会影响渲染效率。实际上，根据计算机图形学原理，当三角网模型数据量非常大时，每一个独立的三角形在屏幕空间上的投影只占很小的面积，多个三角形可能被压缩到一个屏幕像素中。从视觉效果来看，它们对最终图像的影响可以忽略不计，因此，可以将点集抽稀以避免重复计算和绘制。本节采用三维可视化路网模型对点云构建的 DEM 进行抽稀。

（2）道路表面建模

低空安全走廊的低空飞行器起降区设计，可以参考地面道路交通路网。现实道路由一系列的行车路段组成。一条路段可以根据道路中心线（分割带）分成两个平行带，每个平行带包含若干单向道路实体，称为行车道，如图 3-9 所示。现实道路的组成大致可分成以下几个部分：分割带、行车道、车道中心线、交叉路口和行车方向。根据道路的组成，本节从两个方面对道路进行建模：几何表面模型和道路网络模型。

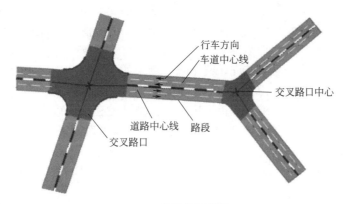

图 3-9 道路结构模型

三维道路表面由一系列车道表面与交叉路口连接而成，车道表面由道路矢量线数据按照工程规范计算获得。具体过程为：首先对点云数据进行道路提取，生成道路轮廓线，根据路宽估算道路等级，按照一定间距提取道路中心线和轮廓线上的特征点，再根据道路等级判断车道数目，结合之前的特征点生成每个车道中心线上的特征点，最后将所有特征点作为点集添加到地形 TIN，形成地物一体化的三维道路表面模型。为避免轮廓线上的特征点改变其周围地形，应将道路轮廓线作为地形 TIN 的硬隔断线进行约束。生成的道路表面模型如图 3-10 所示。

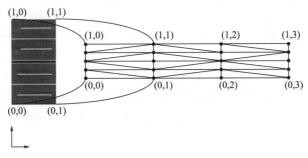

图 3-10 道路表面模型及其纹理匹配关系

纹理和几何表面一样，是三维可视化必不可少的要素。本节采用 Multipatch 几何类型来生成纹理模型。Multipatch 中存储组成要素的纹理、颜色、透明度和几何信息，其中几何信息可以是三角形、三角扇、三角条带或坏。当采用三角形时，很容易与道路模型中的三角网节点建立对应关系。

根据道路模型的几何特征，建立低空飞行器起降区的纹理道路模型的步骤为：

① 以道路轮廓线上的四个相邻特征点为渲染单元；

② 将纹理节点和几何节点一一对应；

③ 重复这一操作直至映射完所有路段，即可生成详细的道路纹理模型。

平面交叉口采用另一种纹理图像，周边地形则利用叠加数字正射影像图的方法进行渲染。

（3）立体交叉

立体交叉是包含匝道和立交桥的特殊路段，用于减少和排除交通冲突，提高驾驶安全，增加通行能力。由于立体交叉几何结构复杂，且道路数据通常不包含高程信息，传统道路建模一般采用二维城市道路网模型。本节将立体交叉作为低空飞行器起降区道路三维模型中的关键组件进行研究。由于道路立体交叉时不形成实际的交叉点，本节将立体交叉路段在二维平面上的重合处定义为重叠点，立体交叉区域则被抽象为重叠点和道路弧段。

拓扑关系决定建模的完整性与准确性，也有助于优化建模的速度。为确定点与弧段、弧段与弧段之间的空间拓扑关系，首先，确定道路网中的重叠点及这些点所在的弧段，并将其按所属的交叉口分组；其次，为这些重叠点及其所在的弧段分配高程，确保包含这些重叠点的弧段不存在平面交叉或者与道路规范冲突。立体交叉建模包含以下三个步骤。

① 重叠检测。确定道路重叠点及包含这些点的道路弧段。对于二维矢量道路数据，平面交叉口仅出现在道路中心线的末端。因此，当两条道路中心线相交，且交叉点不是线段的端点时，该点即为两条道路的重叠点。本节利用矢量道路数据的这一特征检测两条或多条道路的重叠点。

② 立体交叉区域提取。将重叠点分组到特定的交叉区域，并筛选出相关的道路弧段，组成完整的交叉区域。由于道路网中可能存在多个立体交叉路口，因此需要将重叠的道路点划分到特定的交叉口，然后分别处理每一个交叉口。基于重叠点的空间位置，本节采用一个类似于 K-means 的聚类算法对其进行分组。不同于传统的 K-means 聚类，该算法不需要初始化分组的数量，而是从一个组开始划分。随机挑选一个重叠点作为聚类中心，对于每个点 x，计算到最近的聚类中心的距离 $D(x)$，并保持在一个数组里，最后对数组进行排序，若重叠点距离聚类中心的距离小于预定的阈值（本节中取 2km），则将其归为该组。如果超过这一阈值，则重新生成一组。当一个新的重叠点加入该组后，更新该组的中心点坐标。根据重叠点所在的组别，对包含这些点的道路弧段进行分组。

③ 绝对高程计算。将重叠点在 DEM 上插值获得高程后，利用线性插值法计算任意相邻两点之间弧段的高程值，插值过程应满足道路坡度规范。立体交叉区域的道路点的高度层次的估算基于以下两个道路规范：

a. 坡度：任一路段的坡度应小于道路设计规范中要求的最大值，以免道路标高的剧烈变化。因此，同一路段上两个相邻重叠点应具有相同的高度层。

b. 凸/凹变坡点：一个路段在一定的距离内只有一个变坡点（本节中取 150m）以减轻频繁上下变坡引起驾驶员身体不适。

基于拓扑关系和高程插值建立立体交叉模型如图 3-11(a) 所示。图中，圆点所在的线代表重叠点处位于下层的道路结构，三角点所在的线代表位于上层的道路结构。将该模型导入 SketchUp 中建立的实体模型如图 3-11(b) 所示。

(a) 立体交叉拓扑关系判定

(b) 基于拓扑建立的立体交叉模型

图 3-11 立体交叉三维建模

（4）平面交叉

① 圆曲线的计算。根据《城市道路交通规划设计规范》及《城市快速路设计规程》，各级道路圆曲线对应的转弯半径如表 3-5 所示。

⊡ 表 3-5　各级道路的转弯半径

道路等级	设计速度/（km/h）	转弯半径/m
快速路	60～100	50～85
主干道	40～60	35～50
次干道	30～50	25～40
支路	20～40	20～35

从道路类型推出转弯半径，根据转弯半径重建连接两条道路的圆曲线。给定两条中心线 L_1、L_2，其宽度为分别为 W_1、W_2，相交处转弯半径为 $r = \max(r_1, r_2)$，转弯处的圆曲线中心的确定可抽象为图 3-12 所示的模型。

圆曲线中心的确定基于实体间的形态和布尔运算，即路面缓冲与相交。根据定义，圆曲线的中心在距 L_1 为 $d_1 = W_1 + r$、L_2 为 $d_2 = W_2 + r$ 的所有位置上。确定圆曲线

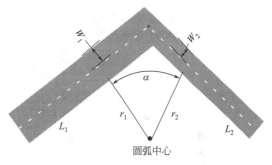

图 3-12 确定圆曲线中心的问题

中心的具体步骤为：首先，将中心线 L_i 按距离 d_i 进行缓冲，形成缓冲区 i；其次，确定缓冲区边界的交集，通常是一组点，也可能是一组点和曲线，所有这些地方都可能是圆曲线的中心，取交集中最接近交叉中点的点作为中心。确定圆曲线中心的流程如图 3-13 所示。

(a) 建立道路缓冲区

(b) 取缓冲区的交点作为圆曲线中心

图 3-13 确定圆曲线中心流程

图 3-14 平面交叉区域的轮廓

② 交叉区域。一旦找到圆曲线中心，通过将圆心投影到中心线 L_i 按路宽 W_i 计算出的两边上，按照两点和圆心确定的圆弧作为圆曲线。接着，将圆心投影到道路中心线上，以这些投影点作为交叉路口的候选边界点。交叉路口的每个轴上至少有两个边界点。根据本节的交叉路口模型，每个中心线上仅需保留一个候选点，即选择离交叉中心最远的候选点作为边界点。为生成交叉区域，在每个边界点处作道路中心线的垂线，用这些垂线截取道路边线以获取边界线，再将边界线与圆弧连接以构造交叉区域的轮廓，如图 3-14 所示。

对于复杂的道路交叉口，如道路分支有偏移的情况，直接当作 T 字形交叉口建模的话容易造成车道重叠。这种情形需要对道路交叉点进行简化，即将两个交叉点合并成一个，并连接两条偏移的道路中心线，如图 3-15 所示。

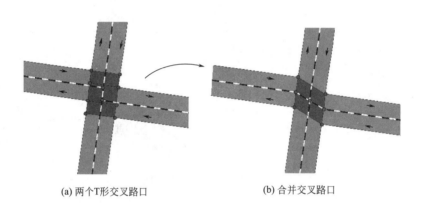

(a) 两个T形交叉路口   (b) 合并交叉路口

图 3-15 道路分支有偏移的交叉路口建模

一些道路交叉口会增加右转专用车道，因此比普通路段宽一两个车道。可变缓冲区可以解决这一问题。可变缓冲区的优势在于能够控制在哪边进行缓冲（左、右或两边）。每个路段对应一个缓冲半径，不同路段的缓冲半径可以相同也可以不同。可变缓冲区的一种简单有效的实现方法是将各路段分别缓冲，中间路段用圆头缓冲，两边用平头缓冲，再将缓冲得到的面要素合并。图 3-16 为交叉路口处利用可变缓冲区增加车道。

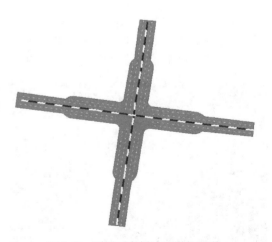

图 3-16 利用可变缓冲区增加车道

3.2.2 实例分析

（1）数据来源

本节以美国费城（局部）为实验区，该区域面积为 $2.2 \times 10^6 \text{m}^2$。原始数据包括该区域的 LiDAR 点云、二维矢量道路网、遥感影像、道路纹理图片及道路规范资料。模型系统的开发平台为 Visual Studio 2015 和 ArcEngine 10.1，系统配置如下：Intel 处理器（i5 3230M CPU @ 2.6GHz 4 核）、8G 内存、Windows 7 操作系统。

（2）实现方法

建模流程分为以下两大步骤：

① 数据处理。对于点云数据，首先剔除影响点云三角网构建的噪点和错误点；其次通过 Alpha-shapes 算法提取边界点；然后，建立二维格网对原始点云进行分割，采用移动曲面拟合滤波法渐进式提取道路轮廓和地形特征点；最后，将平面冗余点剔除。

对于道路矢量数据，已知等级的道路按照道路等级赋予宽度属性，道路属性未知的则手动测量后添加到属性表。对道路数据进行拓扑检查，剔除伪结点和悬挂结点。将道路中心线和轮廓线进行概化以删除共线节点及造成转弯角度过小的节点。

② 算法应用。数据加载到系统后，循环遍历每条道路中心线，利用线段相交分析及语义规则自动检测平面交叉点和立体交叉重叠点。将道路线在这些点处打断，以便划分普通路段、平面交叉区域和立体交叉区域。

针对普通路段，按照道路参数（路宽、车道数）获取车道边缘特征点，将这些特征点按所属车道连成车道边线，再将特征点以离散点、车道边线以隔断线的形式添加到地形 TIN。针对平面交叉区域，按照上述交叉区域建模方法建立交叉口模型并以替换多边形的形式添加到地形 TIN。针对立体交叉区域，确定各道路弧段的高程后，导入第三方建模软件建立三维模型，将其叠加到地形上即可。最后，对普通路段、平面交叉口和道路周边环境进行纹理渲染。

编程实现表明，对于普通路段，从 2D 道路中心线到三维道路模型平均每千米只需要 0.3s。单个平面交叉区域的三维建模需要 1.5s，单个立体交叉区域将 2D 线要素转换成 3D 线要素需要 0.5s，后续导入 SketchUp 中，根据复杂程度不同建立实体模型需要数十分钟至数小时。最后将所有道路元素组合到一起建立场景模型，如图 3-17 所示。

(a) 地形DEM与路网

(b) 三维路网与地形和影像集成

图 3-17　建模数据与建模后的效果

本节对低空安全走廊中的低空飞行器起降区的道路结构进行了细分，提出了一套有效的低空飞行器起降区道路三维建模算法。在设计过程中，参考道路工程技术规范和标准，基于 LiDAR 点云和 2D 道路中心线等 GIS 数据，对城市道路的三维自动化建模进行了研究，重点分析了平面交叉和立体交叉的建模流程，实现了快速建立实验区三维道路模型的目的，极大提高了低空安全走廊中的低空飞行器（含无人机）起降区域的地面道路 GIS 数据的可使用性和 3D 道路建模的工作效率。

本节仅是从视觉角度对无人机低空飞行区域覆盖的地面道路进行了重构，模型精度具有一定的局限。由于线路在空间上并非一条直线段，而是一条三维空间曲线，对精度要求较高的道路建模需要综合考虑平面线形和纵断面设计线。其中，平面线形包括直线、缓和曲线、圆曲线三部分；纵断面设计线包括直线和竖曲线。此外，由于本节侧重于研究低空安全走廊中无人机起降区的复杂道路元素，对道路附属设施的考虑不足，后续工作应完成包含绿化带、人行道等设施的建模，以提高沉浸感和真实度。道路主体采用了地物一体化的整体建模的方法，便于道路景观的无缝集成及多细节层次（LOD）模型的简化表达。不足之处在于难以进行道路模型属性的管理以及局部更新操作，需要关联原始矢量道路数据才能实现对道路的精确定位和查询分析等操作，从而确保低空安全走廊中无人机系统在起降区的飞行安全。

3.3　低空空域三维坐标

低空空域的三维坐标，包括水平经纬度坐标和高程坐标。水平经纬度坐标普遍采用卫星导航系统获取。高程坐标是地面经纬度对应的飞行器的高度信息及地面障碍物高度信息，通常采用激光雷达获取高程数据。此外，在三维坐标系赋值的同时，通常还包括低空飞行器运行的时间坐标。时间坐标是指低空飞行器在指定空域的运行时刻信息，通常采用授时系统获得当前时刻的时间数据。

卫星导航系统坐标系属于地心大地坐标系，因为基于它的点位坐标易于获得，所以越来越得到重视。WGS84、PZ-90是主要使用的卫星导航系统坐标系，其中WGS84是GPS采用的坐标系，PZ-90是GLONASS采用的坐标系。

卫星导航系统坐标参考框架由卫星导航系统的地面监测站组成，地面监测站的数目一般较少，如GPS有五个地面监测站，GLONASS有四个地面监测站，这些监测站的坐标通过卫星大地测量方法获得。任一点在卫星导航系统坐标系中的坐标通常有两种表示方式，一种是三维直角坐标，另一种是参考于某一参考椭球的大地纬度、大地经度和大地高程。卫星导航系统坐标系除用于制图外，还用于导航。卫星采用广播星历，以广播星历计算的导航卫星空间位置为基准，通过对导航卫星的距离观测，得到用户在空间的位置，即地心坐标。导航卫星数目较少，且卫星存在信号被干扰和被摧毁的可能，它所保持的坐标系易被破坏，不适合战时使用。依据导航系统接收机，用户很容易得到点位坐标，要求的技术含量较低，因此在平时工作中卫星导航系统坐标系被大量使用。以下将介绍两种主要的坐标系。

WGS84坐标系的原点是地球的质心，是一个地固（地心固连）坐标系。WGS84的空间直角坐标系的 Z 轴指向 BIH 1984.0 定义的地极（CTP）方向，即国际协议原点 CIO，它由 IAU 和 IUGG 共同推荐。X 轴指向 BIH 定义的零度子午面和 CTP 赤道的交点，Y 轴和 Z 轴、X 轴构成右手坐标系。WGS84 是修正 NSWC9Z-2 参考系的原点和尺度变化，并旋转其参考子午面与 BIH 定义的零度子午面一致而得到的一个新参考系。

GLONASS 系统采用 PZ-90 坐标系。PZ-90 亦属地心坐标系，它的原点位于地球质心，Z 轴指向与 IERS 协议地球极重合，X 轴与地球赤道面和 BIH 零子午面的交线重合，Y 轴完成右手坐标系，同 WGS84 一样，PZ-90 定义了自己的重力场模型。PZ-90 坐标系由地面 26 个点的地心坐标实现，这些点的地心坐标由这些站对 Geo-IK 卫星的多普勒、激光测距、卫星测高，以及对 GLONASS 和 Etalon 卫星的微波、激光观测数据通过卫星大地测量方法计算得到。这 26 个点包括了 GLONASS 的地面监测站。GLONASS 卫星经过这些监测站上空时，每个站跟踪 2 个或多个 10min 时段，实际上每天每个卫星能跟踪 8～10 个时段，距离测量的精度约 1m。

经度泛指球面坐标系的纵坐标，定义为地球面上一点与两极的连线与 0°经线所在平面的夹角，以球面上的点所在辅圈相对于坐标原点所在辅圈的角距离来表示。通常经度指地理坐标的经度，即两条经线所在平面之间的夹角。国际上规定，通过英国首都伦敦格林尼治天文台原址的那一条经线定为 0°经线，也叫本初子午线。从 0°经线算起，向东、向西各作 180°，以东的 180°属于东经，习惯上用 "E" 作代号，以西的 180°属于西经，习惯上用 "W" 作代号。东经的 180°和西经的 180°重合在一条经线上，即 180°经线。在地图上判读经度时应注意：从西向东，经度的度数由小到大为东经度，经度的度数由大到小为西经度。除 0°和 180°经线外，其余经线都能准确区分是东经度还是西经度。不同的经线具有不同的地方时。偏东的地方时要早，偏西的地方时要迟。每十五个经度便相差一个小时。

纬度可分为地心纬度、大地纬度、天文纬度。地心纬度是指某点与地球球心的连线和地球赤道面所成的线面角，大地纬度是指某地地面法线对赤道面的夹角，天文纬度指该地铅垂线方向对赤道面的夹角。通常说的纬度指的是大地纬度，其数值在 0°～90°之间。位于赤道以北的点的纬度叫北纬，记为 N；位于赤道以南的点的纬度称南纬，记为 S。赤道纬度定为零度，向南向北各为 90°。北极就是北纬 90°，南极就是南纬 90°。纬度的高低标志着气候的冷热，如赤道和低纬度地区无冬，两极和高纬度地区无夏，中纬度地区四季分明。

对于时间坐标，采用授时系统获得相应数值。我国的授时系统通过原子时系统 AT（CSAO）和协调世界时 UTC，得到精密的时钟信号，为科研、航天、航空、航海战略武器发射、民用各行业生产生活等各个领域，提供标准可靠的时钟信号。

综上所述，在低空安全走廊中，通过上述水平经度、纬度数据及高程数据等三维坐标，再结合飞行器飞行的时间数据，可以满足各类低空飞行器（含无人机）在低空安全走廊中的飞行坐标数据需求。

3.4 低空空域区域划分

空域分类标准是国际民航组织（ICAO）在空域组织和管理方面的重要标准。空域分类的目的是为了满足公共运输航空、通用航空和军事航空三类主要空域用户对空域的不同使用需求，确保空域得到安全、合理、充分、有效的利用。空域分类标准是一项复杂的系统性标准，包括对空域内运行的人员、设备、服务、管理的综合要求。ICAO 为其成员国制定了统一的空域分类标准，建议成员国依据此标准选择需要的空域类型，从而实现全球空域分类标准的统一。ICAO 标准中把空域分为七类，分别为：A 类、B 类、C 类、D 类、E 类、F 类和 G 类。

我国空域分类体系尚未完善，还未实现严格意义上的低空空域分类，缺少非管制空域，不能完全满足通用航空运输的需求，从一定程度上限制了我国通用航空的发展。美国的低空空域为 E 类和 G 类空域，欧洲的低空空域为 K 类和 U 类空域，相当于 ICAO 标准中的 E、F、G 类空域，澳大利亚的低空空域为 E、G 类空域。这些国家低空空域的划设满足了通用航空飞行的需求。我国未来低空空域可以主要从 E、F、G 类空域中选择。国外一般把 B、C、D 类空域划设为机场附近终端区空域。我国机场附近空域可以依据机场飞行流量的等级从这三类空域中选择。我国低空空域划设可以同我国低空空域改革计划相结合，充分考虑空域用户的需求。此外，我国进行空域分类时，需要合理考虑我国国情，确定各类空域的服务等级，提高我国低空空域运行安全水平。

依据低空安全走廊的设备保障能力不同，不同地区分类标准存在一定差异性。如澳大利亚地广人稀，人口居住密集地区都分布在沿海，内陆地区都为荒漠，低空活动也主要集中在沿海，所以只实现了部分沿海地区的雷达覆盖。澳大利亚对于雷达覆盖地区和无雷达覆盖地区的空域分类标准不一样。对于无雷达覆盖地区，降低了低空空域的限制等级，扩大了非管制空域的范围。采取差异化的分类标准，可以节省空域分类的成本，减少不必要的设备。如美国西部落基山地区，由于人口稀少，航空活动量小，通信导航监视设施少，因此扩大了非管制空域的范围。我国空域分类也存在类似的情况，我国西部地区也处于高原地区，低空飞行量稀少，所以对于不同地区可以采用不同的分类标准，通常东部地区空域限制程度比西部要高一些。

国外空域分类的发展和实施比我国早，且得到实际应用检验，证明了空域分类能够促进低空安全走廊产业的发展。国外空域分类技术，对于我国的空域分类具有很好的借鉴意义。同时，我国低空安全走廊产业的发展有自己的特点，充分考虑我国国情，结合我国空域管理特色，建立我国空域分类标准，实现同国际接轨，从根本上解决空域资源紧张的局面，对促进我国低空安全走廊产业健康快速发展具有非常重要的意义。

3.5　低空交通网络

3.5.1　城市低空交通网络

与相对成熟的陆路、水路以及民航运输相比，基于城市低空安全走廊的空中交通尚处探索阶段，未来发展空间较大。开展低空安全走廊建设，发展城市低空交通，对于有效开发利用低空资源，提供多样化、个性化交通解决方案，真正打造基于低空安全走廊的立体综合交通网，提供了全新的设计思路。

发展面向城市空中交通网络的低空安全走廊运营体系，有助于高密度城市的进一步发展。当前城市地面空间日益紧张，城市不断向空中和地下纵向发展，需要拓展新的增长空间。城市空中交通工具起降对城市用地占用较少，可以以较小的起降场地实现较高效率的运输需求，符合高密度城市对交通进一步发展的导向。

建设低空安全走廊，发展城市低空交通网络，是进一步打造城市低空立体综合交通网的需要。城市低空交通网络将发挥灵活、方便、快捷的特性，充分利用低空资源提供点对点的便捷出行方式，覆盖交通不便地区，提供更多高品质、个性化交通解决方案，打造基于低空安全走廊的空地一体化立体综合交通体系。

另一方面，发展城市低空交通网络也是完善应急救援、医疗救护等公共服务的需要。城市低空飞行的速度优势将为抢险救灾及医疗救护赢得更多的宝贵时间，同时城市飞行不受地面条件的限制，可以在例如疫情道路封锁、灾后交通设施受损等紧急或极端条件下保证公共服务的可达性。

在低空安全走廊的运行过程中，对于城市低空交通网络，飞行器要实现从一个地点到另外一个地点，首先需要从飞行器起降平台起飞。而当飞行器即将起飞，直至起飞以后，飞行器需要接入城市低空安全走廊综合服务平台，在低空交通管理系统中接受统一管理，避免与其他飞行器产生冲突。同时，飞行器还需要从城市低空交通管理系统获得到相应的定位和导航服务（引导飞行器顺利到达目的地）。城市低空交通体系由飞行器、地面基建设施和低空交通网络信息层及多元化应用场景等组成，如图 3-18 所示。

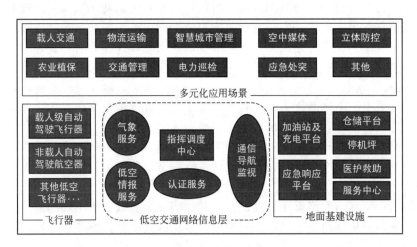

图 3-18　城市低空交通网络

随着无人机技术的发展，飞行器已经在动力安全性、系统稳定性、航程与电池、飞行噪声等方面有了很大提高。很多飞行器通过冗余系统提高了可靠性和安全性。自动化飞行系统支撑无人驾驶运行，可避免工作失误造成的风险。飞控的稳定性提升了飞行器的飞行安全；油电混动技术，提升了飞行器的航程；旋翼叶尖速度控制，从根本上降低了噪声；垂直起降飞行器以其较好的垂直起降性能及低能耗、零排放的特点，降低了未来城市低空交通的地面基建压力。

城市起降设施方案不断创新，使得低空飞行器（含无人机）停机坪设施选择范围更广。目前大部分城市直升机起降场地都可以满足垂直起降飞行器的需求。但是，要实现城市空中交通，当前的直升机起降场地还远远不够。基于低空飞行器的飞行起降场地对净空的需求，此类起降场地将主要从周边障碍物较少的地点寻找。目前，国内有部分企业及科研单位已经开展了面向无人机的移动式停机坪和基于铁塔基建设施的蜂窝式固定停机坪的设备研制。

除了在高层建筑顶层及铁塔上设立起降场地外，还有两种新型的无人机起降场地建设方案。一种是在海边城市建设浮动式驳船垂直起降场地，从水面完成飞行器的起飞爬升和进近，避免飞行器对周边居民的干扰。另外一种是在高速公路的立交桥设立垂直起降场地。通过利用立交桥的空余场地，加建增高的直升机停机坪结构，并通过电梯连接地面，满足乘客的立体交通接驳需求。

低空交通网络系统设计中，采用中心化与分散式设计共存的理念，通过空域协调提前解除冲突。城市低空安全走廊的交通管理模式，在国际上有以下两种方向。

① 中心化管理：将所有的交通信息集中到一个系统，由系统向每一个低空飞行器发出飞行动作指令，所有飞行器按照指令执行。

② 分散化管理：低空安全走廊的飞行服务机构提供信息共享，鼓励低空飞行器操控者按照管理机构设立好的规则，了解相互间的意图并避免可能的冲突。

集中式低空交通管理方式可以最大限度地避免空中可能的冲突，并通过指挥中心调配好每一架飞行器的飞行线路和时间，可以在有较大飞行量时，保证低空空域的安全运行。但此种管理方式将需要考虑低空飞行器的反应速度以及相应的裕度，因需增大相互的间隔而导致低空空域利用效率下降。

分散式低空交通管理的主要理念是根据所在低空空域的飞行流量采用相应的管控方式。无人机操作人员可以通过低空安全走廊运营平台的飞行服务机构获取空中交通相关的共享信息，通过低空飞行服务机构进行时间以及飞行区域的相互协调达到战略上冲突解除，以及基于设定好的规则在战术上解除冲突，从而最大程度上利用低空空域。但基于自主冲突解除的管理方式将无法应用于大飞行量的低空空域，且需要飞行器操控者具有良好的安全意识。

城市低空空域若采用有人飞行与无人飞行方式，实现低空空域的融合运行，应用场景将会更加丰富。目前，城市低空交通主要为通航飞行提供服务，城市低空交通管理方式主要以有人飞行为考虑重点。但随着无人航空器在性能上的优势逐渐显现，无人飞行将部分取代现有的有人飞行应用。因此，在建设城市低空安全走廊时，需要融入有人飞行与无人飞行融合运行的理念，研究无人飞行器融合运行的相关规则和运行方法。低空飞行服务体系应预留与无人飞行管理平台融合的端口，并在未来实现低空安全走廊中的有人机和无人机的信息共享与冲突协调等功能。

此外，城市低空交通网络采用分类优化，其运行安全和效率将不断提高。分散式低空交通系统可以更好地利用低流量区域的空域资源，避免因过度管控而导致空域浪费。但是，分散式空中交通管理难以满足大流量下的低空交通运行需求。因此，城市低空交通管理系统需要采用融合集中式与分散式两种管理观念。低空空域资源的管理方，需要根据不同空域的空中交通流量和活动量，按高度或者按区域采用不同的城市低空交通管理方法。在流量较小的区域，主要采用分散式空中交通管理理念，以用户基于规则自主协调解决冲突为主。在流量大的区域，需要采用集中式空中交通管理，要求用户按照统一的调配进行飞行。随着北斗、5G 等先进通信导航方式的应用，低空飞行器间隔将随着技术提升而相应减小，低空空域利用效率也将随之提升。

科学地规划设计低空飞行线路以及无人机的起飞降落操作流程，可以避免城市飞行噪声对城市生活的影响。此外，需要在相关的生态敏感区域划设保护区，要求城市飞行器通过设置不同的飞行高度，或者设置安全距离的方式，减小噪声对保护区的影响。城市低空飞行器的起降设施，建议以现有的直升机起降场地和高层建筑顶层为基础加以改造，建立可回收装置以实现起降场地的多用途资源复用，从而实现起降场地的动态高效利用。另一方面，可以将城市低空安全走廊的飞行空域作为城市资源，对低空空间利用设置一定的保护机制，对低空飞行密集区域的超高建筑新建项目设立相关的审查程序，以保护城市低空安全走廊的安全运用。

对于复制互联网交通运营模式，定制化交通服务将成为主流趋势。城市低空交通将与地面交通相互融合，通过低空安全走廊为乘客提供定制化一站式服务。在用户选择低空交通服务的同时，系统将为用户智能提供接驳空中飞行的地面出行选择，实现无缝式定制化交通服务。例如，美国的 Uber 公司已经开始计划为使用低空出行服务的乘客提供从家门口到乘机地点的地面服务，根据乘客出行需求，提供专车或指引乘客骑车前往最终目的地。法国的 Airbus 已经在巴西圣保罗推出了直升机"即时服务"业务，为乘客提供一键打"飞的"服务。2020 年 10 月，我国民航局公布了首批 13 个民用无人驾驶航空试验基地，用于开展我国低空空域的无人机试点示范工作。城市低空安全走廊的空中交通网络，融入城市交通体系，通过出行平台在线完成乘客出行需求整合、交通出行工具调度、空中地面出行方式无缝接驳等一站式出行服务内容，将会与其他交通方式一起为出行者提供更为便捷舒适的定制化低空出行服务。

总之，无论是市场层面，还是政策层面，低空安全走廊体系的研究已经从最初的科研探索阶段逐步过渡到试点应用阶段。通过开展低空安全走廊试点示范运行，可以在建筑、人口密集分布的城市应用场景下，利用 5G、物联网、人工智能等现代技术，在低空安全运行的基础上，拓展无人驾驶航空商业运营模式，构建城市低空安全走廊的运营管理体系，划设低空飞行公共航线，统筹开发低空资源，真正实现城市交通由地面、地下向全方位、立体式综合发展。

3.5.2　沿海地区低空交通网络

沿海地区具有独特的气候特点，相应的低空安全走廊的交通网络建设也具有鲜明的地域性。对于低空飞行器，机载设备在使用中发生的故障有 52％是由环境因素引起的，其中振动、温度、湿度和盐雾引起的故障较多。国内的统计数字也表明，机载电子设备的故障中，因产品受潮造成的故障占 80％，因霉菌造成的故障占 10％～15％。在沿海地区，飞行器在低空飞行及作业时，大部分时间处于地面待命和维护状态。

沿海地区常见的飞行器故障包括：

① 降水引起的无人机及地面基建设备受潮　这种影响比较直接，主要是使设备内部积水引发故障。这种故障一般容易排除，排水干燥后，设备一般能恢复正常。

② 空气相对湿度大引起的无人机设备受潮　长时间高湿度作用使设备内部凝露，引起故障。盐雾对机载设备（特设和无线电）影响较大，含盐分的大气进入直升机内部，加上潮湿的影响，容易在设备和结构件的表面形成含盐的水膜，加速金属材料的腐蚀。

③ 霉菌引起的飞行器及地面基建设备故障

根据上面的分析，在建设沿海地区低空交通网络时，应重点关注飞行器及配套基建设施的设备故障因素，结合沿海建筑物特点和地形地貌综合构建低空安全走廊的交通网络，避开危险因素，提高沿海地区低空交通网络的生成和重构速度，便于确保低空飞行器在低空安全走廊中的安全作业。

3.5.3　无人区低空交通网络

无人区是特殊的地形地貌，具有很多潜在风险。首先，无人区的自然条件极端恶劣。这对低空飞行器及操作人员提出的要求更为苛刻。通常，即使受过专业训练的队伍，若没有做好充分准备，也很难走出无人区，所以无人区的飞行器通常采用无人机进行作业，减少对人的潜在威胁。其次，各类野生猛兽众多，对无人区的作业提出了新的挑战。例如，曾有无人机在低空近距离拍摄熊，被熊袭击导致无人机损毁。最后，无人区一旦遭遇事故，搜索救援难度极大。无人区面积广阔，人员及飞行器一旦失联后往往难觅踪迹。此外，擅闯无人区除了会付出生命的代价，还会对无人区的自然生态造成不可修复的破坏。

因此，对于无人区低空安全走廊的交通网络设计，需要结合特定的任务需求，动态调整无人机作业覆盖区域的低空交通网络，自动调整作业策略，确保该区域的低空空域正常作业。同时，在无人区的低空安全作业过程中，也需加强对无人区自然生态的保护。

本　章　小　结

本章阐述了低空安全走廊体系中的空间交通网络生成技术，包括空间交通网络动态更新、飞行器在起降区域的地面道路快速三维建模、低空空域三维坐标生成、低空空域区域划分等，并简要介绍了城市低空交通网络、沿海地区低空交通网络以及无人区交通网络，对于拓展低空安全走廊中交通网络的多元化覆盖具有积极的现实意义。

第**4**章

空间交通路由规划

4.1 复杂低空环境下的飞行器路径规划

空间交通路由规划技术是低空安全走廊体系中的关键技术，内容覆盖无人机系统飞行类型或目的、飞行规则、操控方式、预定的飞行日期、起飞地点、降落地点、巡航速度、巡航高度、飞行路线和空域、飞行时间、飞行次数、飞行规则等。空中交通路由规划技术的应用，覆盖了在恶劣天气环境或低空安全走廊容量受限环境的低空空域最优飞行廊道选择，以及在威胁分布环境下的无人机系统飞行的最优廊道选择等路径规划问题，为无人机系统的低空飞行和地面人群及设施安全提供低空虚拟通道，确保低空安全飞行环境。

在低空安全走廊的空间交通路由规划中，精确的任务规划非常重要。在无人机系统接受低空飞行任务后，需要进行飞行任务分析、任务规划以及飞行准备、飞行作业、数据处理等步骤。任务规划过程中，需要结合已知的地形信息、气象数据、威胁数据、目标数据等基础数据，在建立的三维空间模型中输入威胁信息，再根据无人机的性能（水平转弯角、爬升率等）、飞行速度、飞行高度、障碍信息等影响因素，按不同的优先级、不同的比例进行组合设计，初步生成一条最优参考航迹。若是在参考航迹周围出现最新的动态威胁信息，比如飞鸟、风筝等不确定因素，则需要对威胁信息进行快速分析，在三维场景模型中生成威胁数据，并存入基础数据库，完成对参考航迹的动态优化，实现无人机在威胁空间范围附近时，进行危险告警。合理的三维实时航迹可以缩短无人机飞行时间，节省燃料，保证无人机安全起降和飞行任务的快速完成。无人机系统与地面运动物体具有显著不同的运动特点，随着规划空间的增加，求解愈加复杂，规划准确度愈低。在传统的航迹规划中，采用在进行航迹节点扩展时设定固定步长的策略，对在低空威胁区域附近进行精细搜索有一定难度，很难达到低空安全走廊的航迹快速规划目的。

因此，在空中交通路由规划过程中，综合运用地理空间数据、目标数据、威胁数据等多源信息进行三维航迹的快速规划，绘制低空空域的告警航图，完成航迹规划，实时显示三维可视化态势、飞行中的导航告警信息、偏离判别、距离显示以及完成无人机指挥控制的辅助决策，对于减少低空飞行事故风险具有积极意义。

4.2 多机协同任务规划与决策

在低空安全走廊中，无人机任务规划的目的是找出一条从基地到目标点满足某种性能指标的最佳飞行航线，并在众多约束条件下完成各项任务。任务分配和路径规划是无人机任务规划的核心问题。低空安全走廊的协同任务分配，是综合考虑多架无人机自身的性能、任务的重要性，将不同的子任务分配给合适的无人机，使得众多无人机能够协同工作，并在完成全部任务时收益最大。协同任务分配处于无人机系统智能决策的上层，将决定下层协同路径规划的策略。无人机任务分配的难点在于，低空安全走廊综合服务平台如何动态地组织和分配任务给各无人机，以及面对新的任务产生或环境改变时，如何重新分配任务，合理地调整路径规划。

无人机协同路径规划，是指在考虑在一定条件的约束下，多架无人机可以通过最短且最安全的路径完成一个最优的任务目标。在多架无人机任务规划时，要充分考虑多架无人机的存储资源和基地设施的不确定性。这种不确定性主要是由执行任务的无人机、地面站操控人员的不确定性引起的。在无人机架次比较紧张的情况下，合理进行任务规划和优化调度，对出动无人机架次和降低无人机执行任务的代价是极其重要的。

在低空安全走廊体系中，多无人机协同任务规划是针对多架无人机在低空安全走廊中协同执行任务时，处理无人机之间的配合，并且以代价最小、算法最优、路径最短为目标来进行任务规划的技术。多机协同任务规划有着更好的任务处理灵活性，并且通过相互配合，可以提高无人机在低空安全走廊中的作业效率。

低空安全走廊中的多机协同任务规划具有以下特性：

① 信息共享　每架无人机都携带环境感知载荷时，可以通过通信网络与编队的其他成员进行信息共享，此时整个编队在低空安全走廊中呈现基于全局的态势感知。

② 资源管理　当多架无人机在低空安全走廊开展协同作业任务时，依靠任务分配，可将各架无人机资源分配到各个特定任务中。

③ 冗余备份　协同任务规划可以实现任务的重新分配，如果一架无人机在低空安全走廊中执行任务出现故障时，多机任务规划机制自动调用冗余备份数据，由另一架无人机继续开展作业，避免单架无人机故障导致一些任务未能完成的现象，从而最大程度保证目标任务的完成率。

低空安全走廊的多机协同任务规划和决策，包括任务分配模块、航路规划模块和任务重分配模块，以及多机协同任务决策模块，如图 4-1 所示。

① 任务分配模块　任务分配模块又称为任务预分配，是根据作业施工方获取的任务信息，将任务进行合理的分割并分配到各无人机编队。所设计任务分配算法需要充分考虑到任务场景目标的多类型、多约束，从而得到一个合理的分配结果。

② 航路规划模块　首先是建立在完成上述任务分配的基础上，对已拥有任务的无人机编队进行任务航路的规划，主要内容为设计一种航路规划算法，使得编队可以在飞行代价最小的航路指引下，依次完成任务。航路规划同时也要为下一步任务重分配负责，若在任务执行过程中，出现突发情况，触发了任务的重分配，此时系统需要及时根据任务的调整情况，快速地进行航路的重新规划。因此，航路规划模块的算法设计，不仅需要考虑规划效果，在实时性方面也有着较高的要求。

③ 任务重分配模块　任务重分配模块主要是在当前已有信息的基础上进行的预分配，

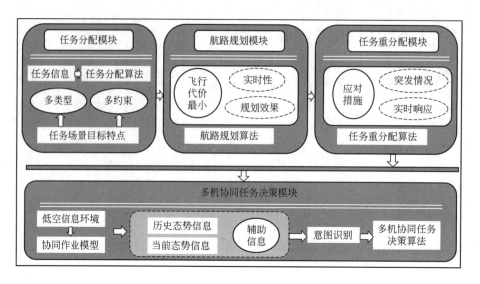

图 4-1 多机协同任务规划和决策

在任务执行的过程中,不可避免地会有各种突发情况,一个协同任务规划系统不仅需要能够进行任务的合理预规划,还要有着多种突发情况的及时处理能力,这就需要事先总结出可能出现的突发情况,针对每种情况制订相应的应对措施,即任务重分配能力。

④ 多机协同任务决策模块 无人机协同任务决策系统针对具有不确定性和不完备性特点的现代化低空信息环境,建立有人/无人协同作业模型,综合利用各种辅助信息、历史态势信息和当前态势信息完成对作业目标的意图识别,并据此提出基于意图识别的自主决策算法。在低空安全走廊体系中,多机协同任务规划需要明确任务区域内需要执行的任务总和,即总任务。对总任务的描述主要通过以下三个方面。

a. 任务区域 任务区域是在指定的低空安全走廊中,无人机编队执行所有任务的空间范围限制。

b. 任务执行方 无人机作为任务的执行方,受到其自身软硬件设备的约束限制:载荷功能约束、运动学特性约束以及载荷资源约束。载荷功能约束是指不同任务的无人机携带的载荷设备不同。运动学特性约束是由无人机的发动机与气动特性等决定的,主要考虑无人机的飞行速度、最小转弯半径和航程约束。载荷资源约束是指对不同的任务,对载荷的携带负载能力需求各不相同。

c. 任务被执行方 低空安全走廊中的各个任务点均有相应的任务目标。任务点是指无人机编队在执行相应任务操作时选择的任务地点。

多机协同任务规划中的任务点数据集拓扑图如图 4-2 所示。

任务点的数据集,包括任务点编号、任务点坐标、任务点内目标信息及任务点约束。一个任务点内至少有一个目标,任务点上的任务就是无人机具体需要对任务点内的目标执行的任务操作,即目标产生任务。

在低空安全走廊的多机协同任务中,任务点的约束包括任务点类型约束、任务点执行时间约束。其中,在任务点执行时间约束中,包括单任务点的时间约束和多任务点的时间约束。此外,还需要对地图进行约束建模,如地形威胁和气象威胁建模等。

总之,在低空安全走廊的多机协同任务规划设计中,构建在不确定环境中的任务规划决策数学模型,结合人工智能理论,制订不同角色间的信息传输机制和协同决策机制,搭建基

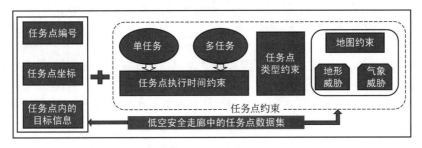

图 4-2 多机协同任务规划中的任务点数据集拓扑图

于人机混合认知的任务规划系统，开展三维航路规划，实现在复杂空域与多角色参与背景下对飞行过程的有效组织，对于提升低空安全走廊的运营效率具有重要意义。

4.3 低空安全走廊航图绘制

在低空安全走廊航图绘制研究中，首先阐述低空安全走廊的航图数据库制作工作，然后结合数字航图、地形可视化模型及三维可视化技术，开展低空安全走廊航图绘制研究工作。

图 4-3 显示了低空安全走廊中的航图数据库设计的基本流程。首先，广泛收集低空空域

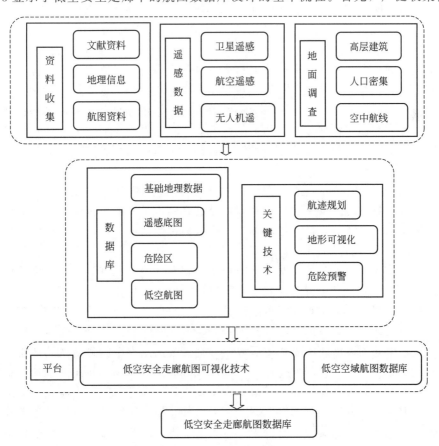

图 4-3 低空安全走廊航图数据库设计流程

飞行相关文献资料，提取相关行政区域、道路等基础地理信息；汇总目标区域的卫星、航空、无人机等拍摄的高分辨率遥感数据，对其进行数据处理，获得航线规划与航图的底图；收集高层建筑、人口密集区、空中线路、飞禽养殖区等信息，确定飞行危险源及区域范围；依据低空空域航图可视化的数据需求搭建高效、完善、科学的数据库，为低空空域航图平台的建设提供坚实的数据支撑。

以下将阐述低空安全走廊中的告警航图可视化设计的关键技术，为保障低空安全走廊的运营提供参考依据。

4.3.1 低空空域目视航图

航图是飞行器飞行的重要文件。其中，目视航图是以地面环境作为主要导航手段，由飞行员在目视飞行准则下操纵飞行器飞行的重要参考地图。它对空中飞行计划制订、紧急救援决策具有重要意义。低空空域目视航图主要为低空飞行器目视飞行提供飞行航线、空降地点、重要地标的选择，是小型飞行器能够安全飞行的重要条件。为保证低空飞行安全，航行情报部门应该提供低空目视航图。然而，我国对低空空域目视航图的开发还处于摸索和试制阶段，还没有专门用于低空飞行器飞行的大比例尺航图，如何开发适合我国低空产业特点和要求的低空空域目视航图是亟待解决的难题。

低空目视航图的设计流程如下。

① 制作低空目视航图，需要明确低空空域飞行器飞行任务需求，确保航图内容与地面目标的一致性以及航图的实用性。航图比例尺和航图要素选择需根据飞行任务确定。

② 根据飞行任务，结合地形及气象统计信息，科学设置航图中的重要地标和关键检查点。在航图中，应合理设定检查点，选择具有显著性、可见性、独特性的检查点，实现地面目标与航图信息的一致性，如：可以将城市内的高层建筑作为检查点。在具体低空飞行任务中，若不满足区域独特性标志的要素特征重复出现在地表，则从检查点中剔除。若在飞行区域内，地物稀少，地标缺乏，而该区域的自然特征与周围地形显著不同，则将该区域特征作为显著地标。地表中的线状地形，如河流的交汇点，形状显著不同于周围地形，则将其作为检查点。然而，检查点的数目需要合理设置，否则将会对航图理解产生偏差，甚至影响低空飞行任务。

③ 低空目视航图要求科学选择航图要素，根据飞行任务确定航图要素的疏密排列。在决定要素的取舍和数量时，没有严格的规律可循。在确保航图的可读性基础上，航图中应该对地面瞬间定位的人文特征以最大密度标绘。在人口稀少地区，航图要素不多，但直接关系到地物目标的一致性。然而，在人口密集区，由于低空高速飞行，不宜选择相同特征，要素选取应与航图的图幅一致。航图要素的删减要按照重要性删减原则，从高密度地区向低密度地区逐渐递减。

在制作目视航图时，常用等高线、阴影晕渲、彩色色调、障碍物符号和最高海拔数值表示表现地形和障碍数据。等高线是海拔相同点的连线，宽幅间隔等高线表示平缓坡度，窄幅间隔等高线表示险峻的坡度。阴影晕渲可以较好地表现出从空中俯瞰所见的地貌，被山脉遮挡的部分形成阴影。彩色色调用来描述不同的海拔区域。障碍物符号用来描述人造地物的特征。海拔较高的障碍物及其他诸如瞭望塔等人工障碍物，在低空航图中应重点标出。

低空飞行前，传统方法是在纸质地图上划出航线，标注航线数据资料。地图作业需标注飞行区域的低空航线，明确航线各段的距离、人工障碍物位置和磁差。飞行过程中，飞行员需要不断地寻找地面的铁路、河流、湖泊、城镇等地标导航。空勤人员利用航空地图和航线角，根据飞行区域的地标判断飞行器的位置，若航线偏差，则提醒飞行器及时修正航向。

在纸质目视航图绘制过程中，存在航空图地形、地面要素表现不细致，航图制作周期长，航图要素数据更新缓慢等问题，如：大型线状地标、高层建筑物数目增幅较大，无法确保纸质目视航图资料的实时更新，若不及时更新航图信息，飞行器在低空飞行中容易出现地标误判，对飞行安全构成威胁。飞行人员和绘图人员共同决定了低空目视航图的制作质量。航图应与飞行区域的地标具有一致性，根据地面的实物变化而更新数据，及时避免人工误差，减少飞行器的飞行误判现象。

低空空域飞行中的安全隐患较为复杂，传统的纸质航图导航方式具有航图利用率低、量算精度不高、工作效率低下、资料不便保存等缺陷，无法满足今后低空飞行器安全飞行的需要。数字航图制作技术是在纸质目视航图基础上发展起来的航图显示技术，在低空安全走廊领域具有重要的应用价值。目前，将地形数据、气象信息和航空地图相结合，设计低空安全走廊数字航图的工作正在逐步开展。

4.3.2 低空空域数字航图制作

低空数字航图是为了满足低空飞行器飞行任务，用航图要素、自然地理和人文要素表示的专用地图。低空空域的数字航图能够在整个低空安全走廊的飞行任务区域内为飞行器提供地形信息、航向点、威胁分布等超视距范围的信息，减少飞行员的负担。为了使低空飞行航迹规划、地形显示、导航等电子系统得到所需信息，必须及时获取和更新低空数字航图的相关数据，并进行数字化加工处理。

（1）低空空域数字航图的多源数据采集

在低空数字航图的多源数据采集中，首先需要采用矢量化操作完成对航图中主要地理信息的采集，构建低空飞行地理信息数据库。通常采用手扶跟踪数字化和扫描矢量化完成地图矢量化。在地理信息采集中，主要运用扫描技术，扫描纸质地图，利用地理信息系统软件中的各个图层获取航图所需的点、线、面、文本等数据集，最后构建低空数字航图的基础数据库。

我国国土辽阔、地形地貌复杂，而低空航图数据要求更新快、时效性强、地形地貌监测频繁、空间定位精度高，传统人工监测难以实现整个低空区域信息数据的及时更新。高分辨率遥感卫星具有探测范围广、观测项目多、地形地貌动态监测等优点，是低空航图数据更新中的重要数据来源。高分辨率卫星遥感结合航空遥感和无人机遥感监测，能够大大减少人工采集数据的复杂性，缩短数字航图绘制周期。

为确保数字航图中的航图要素与地面信息的一致性，减少和避免低空飞行的安全隐患，需要对低空飞行区域的地形地貌进行核查，验证各个要素信息的真实性，并构建低空空域飞行障碍物数据库，为低空飞行提供安全数据保障。

（2）低空空域飞行环境及地面信息核查

飞行器低空飞行时，尤其是城市飞行，影响飞行的障碍物因素较多。在恶劣气象环境下，高耸而细小的人工障碍物很难被低空飞行器发现。在飞行器飞行期间，实时获取地表的人工障碍物信息是低空飞行安全的保证。

在低空数字航图地面信息核查阶段，飞行员可以将飞行过程中发现的新增危险障碍物数据录入低空飞行障碍物数据库。在基础地理要素中，需包含人工障碍物，如高楼及树林间的架空电线、灯塔等。基于人工障碍物的地形数据存储时，需存储地形的高程数据值和对应的位置信息。

地面人工障碍物信息采集时，需要进行点状目标采集、线状目标采集和面状目标采集。其中，楼群间的发射天线等体积细小的障碍物可设置为点状目标进行采集；低空通信电缆等障碍物可设置为线状目标进行采集；林区、丘陵等面状障碍物可设置为面状目标进行采集。在障碍物信息采集中，应优先选取显著地标障碍物。人工障碍物数据库中以静态数据为主，可以在飞行中，对低空障碍物进行检索，结合飞行器的空间位置，对威胁低空飞行安全的障碍物进行快速检索。

地面信息核查中，地貌要素是地面信息核查的重点，也是地标信息的主要数据源。在地貌要素中，地表的侧视轮廓、连接居民区的铁路和公路干线，都可作为地标存储在航图中。水系是昼夜都可以利用的良好地标，而居民区可以作为低空飞行的点状或面状地标。存储的地标点，可以在飞行器飞行中作为航线的起止点、拐点和检查点，辅助飞行器判别当前的位置和航向。在地物稀少地区，地表的植被对比度大，植被属性对于低空飞行器飞行具有严重的制约，可作为显著地标。

对地面信息调查获取的地貌要素筛选后，将其作为地标信息存储在数字航图数据库中，完成对低空航图飞行障碍物数据库的补充和完善，可以为低空空域数字航图绘制提供基础数据来源。

（3）低空空域数字航图绘制

低空数字航图绘制，需要规划低空飞行器能否在该区域飞行的各个专题要素，即国家划定的空中特区空域、空中禁区空域、空中危险区空域、空中限制区空域、空中走廊区域，以及空军根据国家航空法规划定的空军管制区，民航为提供飞行情报服务和告警服务而划定的民航情报区空域。

在低空数字航图上，需明确表示飞行任务区域的空域性质与范围。在低空航空专题信息符号设计中，对不同类型的空中区域采用颜色区分。低空数字航图绘制必须确保航图上的资料数据与实际地物的一致性和准确性。在低空航图中，采用真北定位航图中的所有地物和符号，以磁北注明方向数据、磁差及年变率等。地形标绘中，使用标高点表示地形特点，并采用分层设色、标高点和地貌晕渲等方法标记。

在具体的低空飞行任务中，应综合利用飞行区域的低空航空基础数据、人工障碍物数据、高精度等高线地图，采用叠加图层及区域地物位置信息点匹配构建低空空域数字航图。在飞行前，需根据飞行器的速度、航向设计飞行路线，并对航线中高度和经纬度坐标的合法性进行检验。如果不符合要求则需要修改不合理的航图要素，保证航线中的所有航图要素都满足要求。

在低空数字航图要素选择中，要选择固定、明显、永久性的地标，使航图与实际地物一致。杜绝选择不固定、随季节变化的地标，避免由于公路桥梁、城镇房屋和高大建筑物的增加，使得点、线、面状地标都发生了改变，影响低空飞行安全。在低空数字航图的绘制过程中，应删除所有与飞行任务无关的航图要素，减少航图检索的计算量。

此外，在数字航图制作中，应按照航图制作规范，组织专业绘图人员针对低空飞行的需要进行有关数据的采集，采用与实际情况相符的基础地理信息，完善人工障碍物数据库，为低空飞行提供准确的地面参考。

4.3.3 低空安全走廊告警航图可视化

低空航图告警可视化设计，是以数字航图基础数据库和人工障碍数据库为基础，利用数字航图提供飞行器前方的地形信息，结合地形可视化模型，构建低空安全走廊告警航图的三维可视化系统，实现低空飞行安全告警。

（1）低空空域飞行器危险预警分析

为确保飞行器在低空空域安全飞行，减少低空复杂环境下的地面人工障碍物干扰，应为飞行员提供具有告警功能的低空数字航图。

低空飞行器在飞行过程要经历起飞、爬升、巡航、下降等阶段。飞行器在各个飞行阶段均呈现不同的飞行特征，也可能出现各不相同的空中事故。当飞行器在低空空域飞行时，会发生同等高度飞行、穿越高度飞行、不同高度飞行时的交叉相遇和对头相遇等情况。这些典型的低空空域飞行冲突是飞行器之间出现的主要威胁。

飞行器的逃逸轨迹是指飞行器遇到危险后发出告警信号，飞行员收到指令后，经过延迟，操纵飞行器拉起过程期间飞行器的飞行轨迹。当飞行速度恒定时，随着飞行器的无线电高度增加，告警允许的下降率变大。飞行器离地高度越大，所允许的地形接近率也越大。若在上升地形平飞，飞行器的地形接近率将受地形坡度的直接影响。因此，应分析沿航线飞行预警范围内的最大地形坡度，发出告警提醒飞行员采取相应措施。

在地面高度门限范围内，飞行器的下降速率不能超过极限值，否则飞行器将无法脱离危险。当飞行器下降率变化较大时，应发出告警提醒飞行员。飞行器的离地高度与下降速率决定了飞行器是否告警。

在实际低空飞行中，还需综合考虑飞行器的最大飞行速度、低空能见度等，加强飞行安全意识，减少飞行器的飞行安全隐患。

（2）地形可视化模型构建

飞行器低空飞行时，必须明确飞行中的目标区域是否被地形遮挡，再进行地形可视计算，确定目标区域的可视情况，并对目标区域的可视情况进行实时显示。地形可视化计算是根据飞行器位置、姿态信息，利用地形数据库检索地表障碍物的高程信息，实时绘制航图。在实际设计中，常采用地形特点的可视化方法和LOS（Line of Sight）视线算法，满足在能见度较低条件下，辅助飞行器判断飞行前方的地表特征和障碍物。

在基于地形特点的地形可视计算方法中，采用对地形进行分类计算，结合机器视觉完成地形的起伏模拟。例如，采用启发式的方法对非特征点地形进行可视化计算，对标记后的特征地形进行分类。由于对不同地形需要分别进行建模，该方法操作复杂，对于地形起伏变化剧烈的区域无法精确检测。

LOS算法是地形可视化设计的经典方法。该方法通过构建地形剖面，在剖面上通过视线进行可视搜索。此外，基于视域近视计算、采用目标点可视化方法，以及对地形可视化中的图元渲染效率进行分析是地形可视化设计中的主要技术。

（3）低空告警航图可视化

飞行器低空告警航图可视化研究的核心思想是在虚拟现实技术的支撑下，利用低空空域基础数据库、飞行障碍数据库，结合低空数字航图、多源地面障碍物遥感信息及地理空间矢量数据库，采用地形可视化模型及三维可视化技术，实时显示低空飞行过程中的地表障碍物等信息，在飞行过程中进行安全告警，防止因低能见度而导致航空事故，保障低空飞行安全。

基于马赛克搜索的危险预警将数字地形用马赛克表示。当飞行高度高于地表障碍物高程的安全门限值时，启动安全预警机制。国内学者对马赛克检测算法在空管告警中的应用及不足进行了分析。基于安全曲面的危险预警中，可使用与视点之间的角度来减少数据可视化中需要的纹理分辨率，以及采用累进搜索的方式传输用户感兴趣的目标区域。

随着数字地形回避、地图技术以及 GPS 定位和导航等技术的发展，美国联邦航空局定义了近地空中告警系统 GPWS（Ground Proximity Warning System），为飞行员提供飞机以不安全形态危险接近地面的告警信号。霍尼韦尔公司研究的增强型近地告警系统 EGPWS（Enhanced Ground Proximity Warning System）是在 GPWS 基础上，增加前视地形告警等功能，辅助飞行员及时掌握周边的地形，降低飞行事故率。

美国空军的自动防撞地系统（Auto-GCAS）是一项全新的航空安全技术。在 Auto-GCAS 系统中，飞行器的飞行轨迹与数字航图叠加，将飞行器位置与航图信息比较，远距离分析飞行器与障碍物的碰撞趋势。为了提高飞行器的战术信息获取效率，美国 ENSCO 公司研制了战术合成视觉系统 TSVS（Tactical Synthetic Vision System）。TSVS 采用三维虚拟地理环境，与飞行器环境探测数据融合，方便机组人员观察当前的飞行信息。

从 2005 年起，我国在装备大型涡轮发动机的飞行器中均要求安装增强型近地告警系统，以提高飞行安全。近年来，我国学者先后研究了图像信息进行小型飞行器飞行测高研究、基于图像的着陆点评估、动态地形渲染等技术，在近地告警方面也取得了一些可喜的研究成果。例如，2015 年，笔者提出了低空安全走廊的告警航图设计思路；2018 年，我国成功研制了一种增强型近地告警系统，并应用到某机型；2020 年，我国的企业和高校科研机构相继开展了空中防撞系统与近地告警系统的融合技术、大气数据与近地告警检测台设计、虚拟三维近地告警可视化验证等一系列工作。

（4）低空空域航迹规划

航迹规划，是指运动目标在一定约束条件下，从初始点到目标点寻找最优轨迹。对于低空安全走廊中的各类低空飞行器，需在飞行器的机动性能、飞行时间等因素约束下，寻找从起始点至目标点的最优轨迹。

在执行低空飞行任务前，首先需要根据任务需求规划任务航迹，在综合地理数据、气象数据基础上，需要针对多个待侦察的目标规划一条既能规避危险，又对目标区域有良好可视性的航迹。低空航迹规划具有较多约束条件，采用仿生优化理论的航迹规划技术将在处理复杂多任务航迹规划中发挥积极作用。航迹规划可以有效减少低空飞行事故率，提高飞行器作业效率。由于飞行器与地面运动物体具有显著不同的运动特点，这对航线规划提出了新的挑战。在低空空域的航迹规划中，转弯轨迹计算精确对航线规划的合理性具有重要影响。在低空告警航图设计中，飞行器的航线偏离判别、飞行距离等均需要进行科学规划。利用航迹规划，对飞行器进行导航告警提示，指引低空飞行器沿正确航向飞行，对实时监控飞行状态、减少低空飞行事故具有积极意义。

4.3.4　存在的问题与研究趋势

（1）存在的问题

低空安全走廊告警航图可视化是在低空空域开放环境下，为确保低空飞行器飞行安全，在飞行器预警领域出现的研究热点。尽管国内外学者在告警航图可视化领域开展了大量的研究工作，并取得一系列的成果，然而也存在一些亟待解决的问题。

低空飞行器是低空空域的飞行器，告警航图可视化中，飞行器参数应与视景变化具有一致性。为保证飞行器运动的连续性、告警的及时性，在低空安全走廊告警航图三维可视化研究中，飞行场景的数据精度将影响飞行导航告警的效果。然而，受硬件设备计算速度限制，三维视景刷新率较低。由于缺乏自学习功能的地形可视化模型，低空飞行时不同的高层建筑物、高压线、通信塔等低空飞行障碍物模拟较为困难，与实际地物环境误差较大。如何提高地形环境在水平和垂直方向的场景数据精度，是低空安全走廊告警航图可视化研究中的一个难点。

低空飞行器飞行空间大，飞行高度低，环境信息复杂，要求场景覆盖范围大。随着场景覆盖范围增大，飞行器三维飞行告警航图的视景数据量及对飞行器飞行参数的响应将会呈指数级增加，对三维场景显示的实时性提出了较高的要求。低空告警航图可视化中，虚拟三维地理环境主要由机载地形、障碍物数据库组成，数据量大可能引起场景更新时间滞后等现象。如何及时获取低空飞行区域的环境及障碍物信息，构建实时飞行虚拟环境将是一个研究难点。

飞行器腐蚀严重是低空飞行中的一个特殊问题，必须经常进行防腐除蚀，及时更换腐蚀严重的机件。如何在飞行器腐蚀情况下进行实时监测告警以确保飞行器的机体寿命，是低空飞行急需解决的问题。

此外，低空气象变化是低空空域飞行器飞行中需要考虑的重要因素。在飞行器飞行事故中，恶劣的气象是导致事故的主要原因。现有的地面保障设施设备无法对低空的复杂气象变化做出实时观测，这将无法正确引导飞行器避让，从而保证飞行安全。这是低空空域飞行面临的又一个难题。

（2）研究趋势

低空安全走廊的告警航图可视化技术是根据低空飞行器飞行数据，结合数字航图构建的虚拟环境，能够为低空安全走廊中飞行器的全天候飞行提供辅助告警。

在低空空域通信领域，飞行器与地面障碍物之间有效通信的信标产品亟待开发。在实际飞行过程中，地形的变化相当复杂，着陆精度要求较高。无线电信号和前向雷达在低空障碍物较多时存在较大干扰。紫外光告警是利用太阳光谱盲区的紫外波段，具有虚警率低、灵敏度高、隐蔽性强等特点。探索基于紫外光通信的低空空域告警信标产品，将是低空告警航图可视化研究中信标产品的重要组成部分和发展趋势。

在低空告警航图可视化基础上，研究面向低空的多基站测量及无线组合定位信息、航图信息、地理信息及多源遥感信息综合应用技术，结合目标区域的地形可视情况，辅助飞行器正确而迅速决断所遇到的各种突发情况，实现低空航迹的动态规划，是低空告警航图可视化研究的另一个发展趋势。

4.4 低空安全走廊路由规划

低空安全走廊的路由规划是要在低空安全走廊的起点与目标点之间为飞行器设计一条全局可飞的最优航路。由于城市密集环境的特殊性，传统的全局性路由规划算法容易陷入局部极小值，难以为城市低空环境中的无人机规划出安全可达的最优航路，主要原因在于传统的全局性航路规划算法，对于密集的不规则障碍环境，难以做到全局最优。为了让无人机等低空飞行器可以根据障碍物形状的不同高效合理地规避飞行，在进入低空安全走廊覆盖的复杂凹形区域后不会发生飞行危险，我国学者开展了一系列的路由规划算法研究，例如基于局部回溯的航路规划算法、仿生学路由规划算法等。

低空安全走廊的路由规划，需要充分利用和融合已有的地面交通路网以及建筑物等基建设施，包含地理和气象要素约束条件等。低空空域的连续性，使得低空安全走廊在低空空域呈现网状结构的空间覆盖特性。

低空安全走廊建设与地面修路类似，可以参考地面道路建设思想。我国公路按照重要性和使用性质，分为国家干线公路、省级干线公路、县级公路和乡级公路（简称国、省、县、乡道）以及专用公路五个行政等级。按技术标准，我国公路分为高速公路、一级公路、二级公路、三级公路、四级公路共五个等级。参考地面的道路技术划分标准，结合我国地形地貌以及低空空域飞行器特点，低空安全走廊的网络类型包含低空高速公路网络、低空主航线网络、低空支线网络、低空最后一公里航线网络等。根据低空安全走廊的网状布局，结合低空安全走廊的配套基建，我国将逐步实现对低空空域的全覆盖，完成低空安全走廊的细分和低空资源的精细化应用。

在低空安全走廊的网络覆盖中，低空高速公路网络覆盖全国主要的政治及经济中心、港口枢纽、战略要地等。低空主航线网络覆盖各省的主要二三线城市。低空安全走廊的支线网络建设是连通县乡之间的低空航线，通常覆盖山区和人口稀疏区等。低空安全走廊的最后一公里航线网络是指低空安全走廊连接终端用户到支线的各个低空航线，例如从支线到包裹投递站、餐饮服务店、城市办公区等，为山区、城市办公区或社区等提供最后一公里服务。在低空安全走廊的最后一公里航线网络建设中，除了在目标规划地点修建无人机起降的停机坪外，还可以充分利用现有的各个快递营业网点、铁塔等基建设施，开展相关的飞行器起降区等基础设施建设。

为了合理公平地满足军民航对临时性空域的使用需求，在低空安全走廊覆盖的区域，低空空域被看作一个连续的整体，在低空任务分配的基础上灵活使用，任何必要的空域限制和空域隔离都具有动态更新特性。在低空安全走廊设计中，划定一块具有确定尺寸的块状空域，在突发事件发生时，为特定用户在确定时间内单独使用而临时隔离或分配的空域，包括在该空域中的条件航路、临时隔离区和临时保留区。在该时间段内，低空安全走廊划设的块状区域内限制其他任何形式的空中活动。

低空安全走廊路由规范建设，能够有效解决临时空域被军民航共同使用的问题，平衡各低空安全走廊中的用户之间的使用冲突，保障对军航飞行优先满足，提高空域的使用效益，在一定程度上降低各飞行任务延迟时间，压缩总的低空安全走廊使用时间，提高低空安全走廊的利用率。

4.5 低空安全走廊路由变更

随着低空作业任务的深入开展，低空安全走廊路由变更，将是低空安全走廊运营中的常见现象。图 4-4 展示了低空空域路由变更的主要应用场景及面对低空安全走廊空域堵塞的应对策略。

由图 4-4 可知，若在低空安全走廊的飞行区域内突发恶劣气候，或低空安全走廊中的飞行器数量太多，则相应的低空空域将出现低空飞行器滞留现象，引发低空空域堵塞。此时，在低空安全走廊两端的地面停机坪上，准备飞行的低空飞行器不能根据预先拟定的计划实施飞行，又或是不能根据原本制订的飞行路线进行飞行，则需要进行低空安全走廊的路由变更计划。此外，在同一段的低空安全走廊的运营覆盖空域中，当不同任务的多个飞行器需要在相同时间进入一个空域，容易在该空域中发生堵塞。此时，需要对当前的低空安全走廊进行及时管控，决定先让哪一架飞行器进入该低空安全走廊进行作业活动。

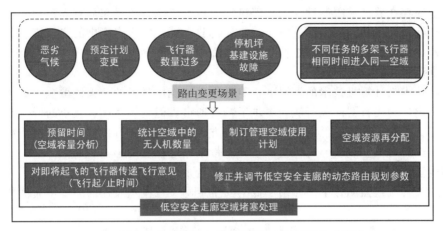

图 4-4　低空安全走廊路由变更场景及空域堵塞应对策略

针对低空安全走廊中可能出现空域堵塞问题，探讨了相应的应对策略：

① 预留时间，分析空间区域容量，预先了解飞行器的飞行计划，制订管理空间区域的使用计划；

② 分析已得到的低空安全走廊使用计划，按照计划拟定航线调整策略；

③ 对资源开展再分配的举措，处理由于低空安全走廊的飞行容量问题而不能有效解决的情况；

④ 按照飞行器进入低空安全走廊的调整情况，科学组织架次，提升低空空域的空间区域利用率；

⑤ 对低空安全走廊中的飞行器情况统计分析，明确飞行起始时间与结束时间，按照飞行计划的时间安排，以及当前空中走廊中的各类飞行器的飞行状况，对即将起飞的飞行器传递飞行意见；

⑥ 修正并调节低空安全走廊的动态路由规划参数，促使飞行器的路由变更方案更加科学有效。

低空安全走廊路由变更，通过动态路由变更机制对空中飞行数据进行实时评价与数据交换，生成动态飞行管理计划，能够缓解低空安全走廊中的空域堵塞问题，提高低空安全走廊运营的安全性和可靠性。

总之，低空安全走廊的路由变更，是基于低空飞行任务的社会效益和对低空空域的利用率大小，结合飞行器先到先服务原则和飞行计划时间保障等情况，以时间调整量最小为目标，在低空安全走廊中为飞行器分配合理的空域使用时间和飞行航线。

4.6　低空安全走廊飞行流量监控

低空安全走廊的飞行流量监控，是确保低空飞行安全的关键工作环节。低空安全走廊的飞行流量监控，实际上是对当前停机坪、低空空域和航路作精准评价，然后使用低空管理方式，经过有效放行低空安全走廊中的各类飞行器，在确保安全下加快空中流量，控制低空安全走廊中的空中交通堵塞现象。在社会不断发展之下，低空安全走廊飞行器的飞行数量和架次正在逐渐提升，使得低空安全走廊中的空中交通逐渐拥挤。在实际运营中，低空安全走廊的飞行流量还存在着区域限制性，因为停机坪的位置与飞行流量布局有非常紧密的联系，并且在流量高峰期会干扰到周围的航空飞行，使得我国低空安全走廊中的飞行流量分布有很大的不平衡性。此外，由于飞行器在低空安全走廊中飞行的动态性和随机性，飞行器在低空的延迟成本难以量化。

在信息技术与计算机技术的发展下，卫星导航功能所具备的全天候覆盖、多功能用途与高精准性应用，为飞行器的飞行航线提供了精准通道。但是一些比较狭小的低空空域，会承受很大的飞行流量，传统的低空空域资源管理方式比较集中，可以调整的低空空域的飞行空间比较小，这将对低空航线、飞机指挥与调度带来一定程度的影响。

上述传统低空飞行流量监控无法满足低空安全走廊的正常运营的需求。为了实现对低空安全走廊的飞行流量监测，本书介绍了低空安全走廊飞行流量监控的一些主流优化策略，具体如下。

① 提升低空空域的自由度，优化管控模式　低空空域自由度对飞行流量有很大影响，同时也会降低低空空中飞行流量管理工作的开展效果。为了改善低空飞行流量控制现状，保障低空飞行流量的通畅，就需要有效加强空域自由度，以此来分散低空安全走廊的飞行流量，促使低空管理工作有序开展，有效协调低空安全走廊的空中飞行流量。要想有效提升低空空域自由度，需要充分使用无线电导航技术及光电探测技术，对当前的工作情况做有效控制与管理。有效管制模式对低空交通流量控制有很大的作用。在进行低空飞行流量控制工作时，需要做好优化和改造工作，升级低空飞行流量管制模式，使用优质的雷达管制技术，做好相关的处理工作，从而提高管制工作水平。

② 探索低空飞行流量管制技术　低空安全走廊飞行流量管制中所使用技术水平高低，对低空安全走廊的飞行流量管理质量有直接性影响。为了提高飞行流量控制工作水平，就需要提高控制设施质量，做好对航线、停机坪和低空飞行器的监控。低空安全走廊的运营及监管人员，可以依据实际情况开发低空飞行流量管理软件，提高管制中心建设质量，使用互联网、卫星导航技术以及北斗/GPS定位系统等，对每个低空飞行器的飞行情况做实时信息反馈。同时还需要做好天气的预测工作，对低空安全走廊中的飞行器在未来飞行中可能会遇到的天气做判断，综合分析多个受限制条件，类似台风这类恶劣气候，要提前告知飞行器作业方和乘客。此外，还需要各个部门在管理工作上相互协调与配合，比如飞行器信息查询、低空飞行器出发以及被迫降落等信息的发布与传输，运用统一技术标准与设备，提高低空安全走廊中的飞行流量控制工作效率。

③ 完善低空飞行流量管理部门　低空飞行流量管控部门若是无法统一规范，对低空飞行流量控制质量有一定影响。所以，要完善低空飞行流量管理部门，对低空安全走廊中的空中流量有效管控，制定出相关管理规范，为实施管理工作提供正确引导。低空飞行流量管理部门可以管理所有区域，并且做好流量控制与评价工作，可以对飞行量有效协调，并且对管制区域内的各架飞行器的信息进行全面分析与研究，明确各架飞行器的正确飞行时间，做好预判工作，实施针对性的监督工作，做好低空安全走廊飞行流量的全面控制监督，提高低空安全走廊的运行效果与水平。

④ 提升低空安全走廊管理人员的专业能力　低空安全走廊运营管理人员的能力水平对低空安全走廊飞行流量管理工作有一定影响。对低空安全走廊的运维及管理人员培训，主要是对其进行专业能力、规章制度等方面的全面培训，加强管理人员的工作能力和职业道德，使其能够积极投入到低空安全走廊运营管理工作中。

低空安全走廊飞行流量监控，目的是便于低空安全走廊的空中交通管理部门及低空运营单位更加充分科学地利用低空的空域资源，使运营管理实施部门能够及时准确地掌握低空空域中的主要航空运输企业、低空飞行器的停机坪等基建设施，以及低空安全走廊空管系统的运行情况，提高各成员单位的运行管理效率、运行决策能力、运行安全水平和运行信息管理水平，使得实际参与低空安全走廊运行工作的各主要部门，能够协同决策、步调一致，更加及时、高效、科学地解决低空安全走廊运营过程中出现的各种矛盾和问题。

低空安全走廊飞行流量监控过程如图 4-5 所示。

由图 4-5 可知，低空安全走廊飞行流量监控，可以通过集成预先飞行计划系统、航行情报系统、实时气象数据库等，采用低空飞行器数据库、航空业务电报和雷达数据，综合生成空中交通活动轨迹，对指定管制区域的飞行流量数据进行预测、统计和显示，在低空安全走廊综合服务平台网上实时通报飞行流量控制信息，对低空安全走廊中的各类飞行器的放行过程进行电子协调，支持多点动态监控与预测低空飞行器的飞行动态，综合显示低空安全走廊中的空域情报信息。低空安全走廊的飞行流量监控，能够有效辅助低空安全走廊的空中管制单位，在飞行器即将或预期需要超过低空安全走廊飞行流量管制的可用容量范围时，及时进行空中流量疏导，确保低空安全走廊中的各类飞行器，顺利开展各类作业任务。

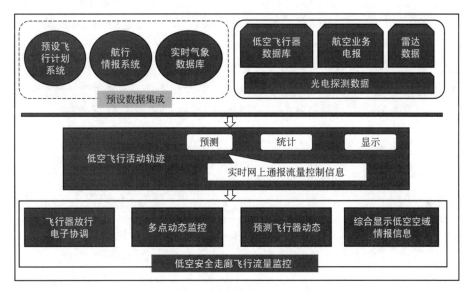

图 4-5 低空安全走廊飞行流量监控过程

低空安全走廊飞行流量控制是为了合理协调低空飞行器的飞行任务，保障低空安全走廊中的各类飞行器的飞行安全。在实际工作中，开展低空安全走廊的飞行流量控制，需要尽量提升低空空域自由度，完善低空飞行流量管控部门的工作职责，加强对国内外先进技术的借鉴和使用，最终打造具有完全自主知识产权的低空安全走廊运营平台。

上述飞行流量控制策略的实施，将提高低空安全走廊飞行流量控制工作效率，确保飞行安全，进而促使我国低空安全走廊产业的稳定发展。

本 章 小 结

空间交通路由规划是低空安全走廊运营体系建设的重要内容。本章介绍了复杂低空环境下的飞行器路径规划，阐述了多机协同任务规划与决策方法，分析了低空安全走廊航图绘制方法，探讨了低空安全走廊路由规划、低空安全走廊的路由变更、低空安全走廊飞行流量监控等技术。

第**5**章

飞行动态监视

近年来，无人机技术已经很成熟，不仅在军事上得到广泛应用，在民用方面也逐渐崭露头角，比如无人机航拍、森林防火和城管执法等。但是，现阶段国内用于无人机实时监控的相关通用应用软件非常少，没有一个统一的标准，很难在一个平台上同时实现多台无人机的实时监控。目前采用的监控手段仍然是通过 GPS 数据定位和视频数据监控，可实现在不修改无人机原有数据传输模块的前提下对多台无人机进行实时监控。这种以旁路方式获取无人机飞行数据的方法，可以减小系统对飞行器接口类型的依赖，能够使无人机实时监控更具通用性。但这种监控方式存在一定的安全隐患，无人机的监控易被地方获取，数据传输安全性得不到保障。

结合当前技术发展趋势，本章介绍了在低空安全走廊运营平台下，利用无线电监测、雷达监测和光学探测等方式，完成对低空安全走廊中的飞行动态监视。

5.1 无线电监测与测向定位

无线电监测与测向定位技术是指采用先进的无线电监测设备和技术手段对无线电管理区域内的无线电信号进行探测、搜索、截获，并对其进行识别、监视以及获取其技术参数、工作特征和辐射源位置等技术信息的活动。它是实施无线电频谱管理的重要手段和依据，也是低空安全走廊中无线电侦测、电子对抗等技术的基础。

实时监测：对无线电管理区域内的无线电信号的工作参数进行实时监测，包括监测无线电信号的工作频率、带宽、通信体制、调制方式等内容。

测向定位：测定无线电管理区域内无线电信号的来波方位，并通过一定的技术手段确定被测无线电辐射源的地理位置。

分析判断：通过对获取的无线电信号技术特征参数、工作特征变化、辐射源的方位等信息的分析，查明被测无线电通信设备的类型、部署、数量和变化情况，以及无线电通信网络的组成、指挥关系和联络规律，从而制订相关管理方案。

5.1.1 无线电监测的功能和分类

（1）无线电监测应完成的功能

① 信道和频段使用情况的测量，包括评估信道利用率及频率指配的有效性。

② 干扰的确定和未核准发射机的识别。

③ 检查遵守频谱管理政策的情况，包括检验发射信号的正常技术参数和操作特性，检测识别非法发射，以及生成并验证频率记录。

（2）无线电监测的分类

按工作频段划分，有长波监测、中波监调、短波监测、超短波监测、微波监测等。在很长的时间内，无线电监测主要是在短波和超短波频段展开的。到目前为止，这两个频段仍然是无线电监测的主要频段。随着微波频段军用通信的日益增多，微波监测在无线电监测中的地位也日益重要。

按信号体制划分，有对单边带通信的监测、对接力通信的监测、对卫星通信的监测、对跳频通信的监测、对直接序列扩频通信的监测、对雷达信号的监测、对无线电控制信号的监测等。

按无线电监测的技术参数划分，通常分为无线电技术监测和无线电方位监测。

5.1.2 无线电监测的基本流程

无线电监测的内容和步骤是随着监测设备技术水平的不断提高而变化的。军事通信大量采用快速通信技术、加密技术、反侦察抗干扰技术等各种先进通信技术。传统的无线电监测已远远不能适应现代通信的要求。为适应这种变化，现代的无线电监测已转变为以监测无线电信号的技术特征为主。现代无线电监测的内容和步骤如下所述。

（1）无线电信号的搜索与截获

由于无线电辐射源发射的无线电信号是未知的，或者通过事先监测已知无线电辐射源某些信号频率而不知其通信联络的时间。因此，需要通过搜索寻找，确认无线电辐射源发射的无线电信号是否存在，以及是否有新出现的无线电信号。

（2）无线电信号技术参数的测量

无线电信号有许多技术参数，有些是共有的参数，有些是特有的参数。

各种无线电信号共有的技术参数主要有：

① 信号载频，或者信号的中心频率；

② 信号电平，通常用相对电平表示；

③ 信号的频带宽度，可根据信号的频谱结构测量得到；

④ 信号的调制方式，可根据信号的波形和频谱结构分析得到。

无线电信号特有的技术参数有调幅信号的调幅度、调频信号的调制指数、数字信号的码元速率或码元宽度、频移键控信号的频移间隔、跳频信号的跳频速率等。

（3）信号特征的分析和识别

信号特征包括通联特征和技术特征。分析信号特征可以识别信号的调制方式，判断无线电辐射源的工作体制和无线电设备的性能，判断无线电通信网的数量、地理分布以及各通信网的组成、属性及其应用性质等。

（4）控守监视

控守监视是指对已截获的无线电辐射源信号进行严密监视，及时掌握其变化及活动规律。在实施无线电频谱管理时，控守监视尤为重要，必要时可以及时转入即时管理。

在无线电监测中，可对获取的技术资料建立无线电管理技术信息数据库，并根据技术资料的变化及时更新数据库的内容。

5.1.3 无线电测向的含义和分类

无线电测向是利用测向设备确定正在工作的无线电发射台辐射源方位的过程。利用无线电测向可以确定辐射源的位置，简称定位。无线电测向与定位是无线电监测与测向的重要内容，是对无线电信号进行分选、识别的重要依据。无线电测向实质上是测量电磁波阵面的法线方向相对于某一参考方向（通常规定为通过测量点的地球子午线正北方向）之间的夹角，通常用方位角表示，方位角的范围为 0～360°。通常把测向天线所在位置作为观测参考点，在水平面 0～360°范围内考察目标辐射源来波信号的方向，称为来波信号的水平方位角，通常用 θ 来表示。两点之间方位度数按下述方法确定：假设地球表面 A、B 两点，A 点为测向机所在地，基准方向与方位角如图 5-1 所示。B 点相对于 A 点的方位角，是从过 A 点的子午线（零度）顺时针旋转到 A 至 B 的大圆弧连线的度数。B 点相对于 A 点的方位角度数具有唯一性。

无线电测向的测定过程中，根据到达来波信号中的信息以及对信息处理的方法，可以将测向系统分为两大类：标量测向系统和矢量测向系统。标量测向系统仅能单独获得和使用电磁波的幅度或者相位信息，而矢量测向系统可以同时获得和使用电磁波的幅度和相位信息。

标量测向系统历史悠久，应用广泛。最简单的幅度比较式标量测向系统，如图 5-2 所示。该系统对垂直极化波的方向图呈八字形。大多数幅度比较式的标量测向系统，其测向天线和方向图，都是采用了某种对称的形式，例如：阿德考克（Adcock）测向机和沃特森-瓦特（Watson-Watt）测向机，以及各种使用旋转角度计的圆形天线阵测向机；干涉仪（Inteferometry）测向机和多普勒（Dopple）测向机等。短波标量测向系统可以设计成只测量方位角，也可设计成同时测量来波的仰角。

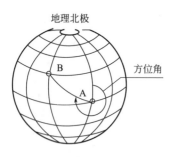

图 5-1 基准方向与方位角

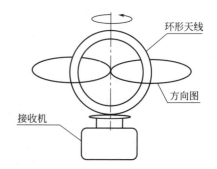

图 5-2 幅度比较式环形测向系统

矢量测向系统具有从来波信号中获得和使用矢量信息数据的能力，例如：空间谱估计测向机。矢量系统的数据采集中，前端需要使用多端口天线阵列和至少同时利用两部以上幅度、相位相同的接收机，后端根据相应的数学模型和算法由计算机进行解算。矢量系统依据天线单元和接收机数量以及后续的处理能力，可以分辨两元以至多元波场和来波方向。矢量测向系统的提出还是近十几年的事，它的实现有赖于数字技术、微电子技术和数字处理技术的进步。

无线电测向系统的组成，如图 5-3 所示。测向天线是电磁场能量的探测器、传感器，又是能量转换器，它把空中传播的电磁波能量感应接收下来，连同幅度、相位、到达时间等信息转换为交流电信号，馈送给接收机；输入匹配单元完成天线至接收机的匹配传输和必要的变换；接收机的作用是选频、下变频、无失真放大和信号解调；检测、比较、计算、处理、显示（指示）方位信息，是第四部分的任务。

图 5-3 无线电测向系统的组成

无线电测向测定电波的来波方向，通常是为了确定辐射源的位置，这时往往需要以几个位置不同的测向站（台）组网测向，用各测向站的示向度（线）进行交汇，如图 5-4 所示。条件允许时，也可以用移动测向站，在不同位置依次分时交测。

短波的单台定位，是在测向的同时测定来波的仰角，以仰角、电离层高度计算距离，用示向度和距离粗判电台方位。单台定位如图 5-5 所示。

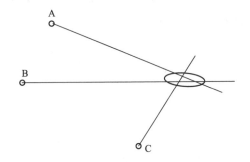

图 5-4 各测向站的示向交汇

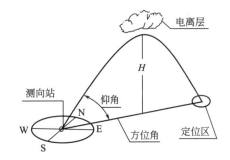

图 5-5 短波单台（站）定位

实际操作上要确定未知辐射源的具体位置，往往需要完成由远而近分步交测，以逐步实现接近和确定辐射源的具体位置。

无线电测向系统的应用在以下三个方面：

① 测定未知辐射源方向和位置的测向系统。测向站（台）可以是固定的，也可以是移动的。例如：在无线电频谱管理中，对未知干扰源的测向与定位。

② 测定已知辐射源方向，用以确定自身位置的测向系统。此时，测向机通常安装在运动载体上。例如：在船舶航海与飞机飞行中的导航设备。

③ 引导带有辐射源的运动载体到达预定目标的测向系统。测向站（台）可以是固定的，也可以是移动的。

5.1.4 测向原理及测向体制

依据不同的测向原理，现有的测向机有幅度比较式测向体制、干涉仪测向体制、多普勒测向体制、到达时间差测向体制、空间谱估计测向体制。以下将分别介绍它们的工作原理和特点。

（1）幅度比较式测向体制

幅度比较式测向体制的工作原理是：在电波行进中，利用测向天线阵或测向天线的方向特性，根据不同方向来波接收信号幅度的不同，测定来波方向。

幅度比较式测向体制的原理应用十分广泛，其测向机的方向图也不尽相同。例如：环形天线测向机、间隔双环天线测向机、旋转对数天线测向机等，属于直接旋转测向天线和方向图；交叉环天线测向机、U形天线测向机、H形天线测向机等，属于间接旋转测向天线方向图。间接旋转测向天线方向图，是通过手动或电动旋转角度计实现的。手持或佩戴式测向机通常也是属于幅度比较式测向体制。幅度比较式测向体制的原理直观明了，系统相对简单，体积小、重量轻、价格便宜。

（2）干涉仪测向体制

干涉仪测向体制的测向原理是：在电波行进中，当不同方向来的电波到达测向天线阵时，在空间上各测向天线单元接收的相位不同，因而相互间的相位差也不同，通过测定来波相位和相位差，即可确定来波方向。

为了能够单值地确定电磁波来波的方向，干涉仪测向机在工作时，至少需要在空间架设三副分立的测向天线。干涉仪测向可在±180°范围内单值地测量相位，当天线间距比较小时，相位差的分辨能力受到限制，天线间距大于0.5个波长时，会引起相位模糊。通常解决上述矛盾的方法是，沿着每个主基线插入一个或多个附加阵元，这些附加阵元提供附加相位测量数据，由这些附加相位数据，解决主基线相位测量中的模糊问题。这种变基线的技术已经被当代干涉仪测向机所广泛采用。干涉仪测向机的测向原理框图如图5-6所示。

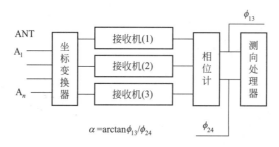

图5-6 干涉仪测向原理框图

相关干涉仪测向机，是干涉仪测向机的一种，它的测向原理是：在测向天线阵列工作频率范围内和360°方向上，各按一定规律设点，同时在频率间隔和方位间隔上，建立样本群。在测向时，将所测得的数据与样本群进行相关运算和插值处理，以获得来波信号的方向。

干涉仪测向体制的特点：采用变基线技术，可以使用中、大基础天线阵，采用多信道接收机、计算机和FFT技术，使得该体制测向灵敏度高、准确度高、速度快，可测仰角，有一定的抗波前失真能力。该体制对极化误差不敏感。干涉仪测向体制有一定的优势，由于研制技术较复杂、难度较大，因此造价较高。

（3）多普勒测向体制

多普勒测向体制的测向原理：电波在传播中，遇到与它相对运动的测向天线时，被接收的电波信号产生多普勒效应，测定多普勒效应产生的频移，可以确定来波的方向。

为了得到多普勒效应产生的频移，必须使测向天线与被测电波之间做相对运动，通常是以测向天线在接收场中以足够高的速度运动来实现的。当测向天线完全朝着来波方向运动时，多普勒效应频移量（升高）最大。

多普勒测向，通常不是直接旋转测向天线，因为这在工程上难以实现。它将多根天线架设在同心圆的圆周上，电子开关依次快速接通各个天线，等效于旋转测向天线。人们称这种测向机为准多普勒测向机。准多普勒测向机的原理框图如图5-7所示。

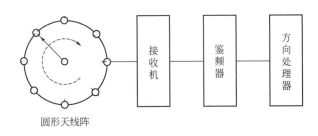

图 5-7 准多普勒测向机的原理框图

通常人们希望得到大的多普勒频移，增加天线孔径和开关速度是基本途径。多普勒测向机的测向天线孔径可以使用中、大基础天线阵；开关旋转频率数百赫兹，多普勒频移 f 可以达到数百赫兹，但是开关旋转换频频率的升高，会使产生的边带带宽增加，于是限制了转速。

多普勒测向体制的特点：可以采用中、大基础天线阵，测向灵敏度高，准确度高，没有间距误差，极化误差小，可测仰角，有一定的抗波前失真能力。多普勒测向体制的缺点是抗干扰性能较差，若遇到同信道干扰、调频调制干扰时，会产生测向误差。该体制尚在发展之中，改进会使系统变得复杂，造价会随之升高。

（4）到达时间差测向体制

到达时间差测向体制的测向原理：在电波行进中，通过测量电波到达测向天线阵各个测向天线单元时间上的差别，确定电波到来的方向。它类似于比相式测向，但是这里测量的参数是时间差，而不是相位差。该测向体制要求被测信号具有确定的调制方式。测向原理框图如图 5-8 所示。

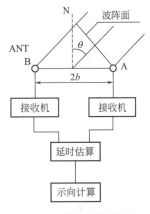

图 5-8 到达时间差测向原理框图

实际使用中，为了覆盖 360°方向，至少需要架设三副分立的测向天线。测向天线的间距有长、短基线之分，长基线的测向精度明显好于短基线。到达时间差测向体制基于时间标准和对时间的精确测量。以现在的技术水平而言，时间间隔的测量可达到 1ns 的精确度，当间距为 10m 时，测向的准确度可以达到 1°。

到达时间差测向体制的特点：测向准确度高，灵敏度高，测向速度快，极化误差不敏感，没有间距误差，测向场地环境要求低。但是抗干扰性能不好，载波必须有确定的调制，目前应用尚不普及。

（5）空间谱估计测向体制

空间谱估计测向体制的测向原理：在已知坐标的多元天线阵中，测量单元或多元电波场的来波参数，经过多信道接收机变频、放大，得到矢量信号，将其采样量化为数字信号阵列，送给空间谱估计器，运用确定的算法求出各个电波的来波方向、仰角、极化等参数。

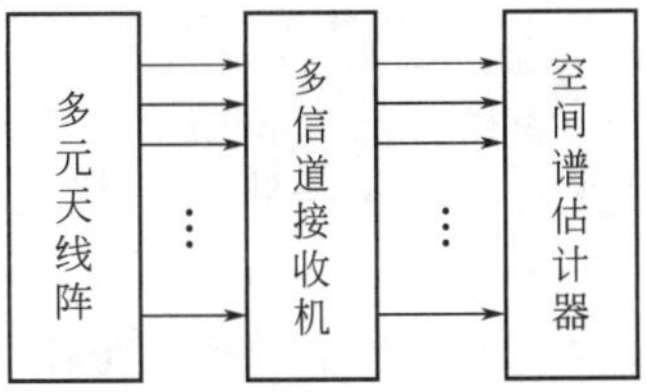

空间谱估计测向原理框图如图 5-9 所示。

以四元天线阵为例，空间谱估计测向的基本公式，如式（5-1）所示。空间谱估计测向是把每个天线的接收信号，与其他各个天线的信号都进行比较，这就是相关矩阵法，即协方差矩阵法，它完整地反映了空间电磁场的实际情况。具体地说就是构成如下的协方差矩阵：

图 5-9 空间谱估计测向原理框图

$$R_{XX} = \begin{pmatrix} \boldsymbol{X}_1\boldsymbol{X}_1^{\mathrm{H}} & \boldsymbol{X}_1\boldsymbol{X}_2^{\mathrm{H}} & \boldsymbol{X}_1\boldsymbol{X}_3^{\mathrm{H}} & \boldsymbol{X}_1\boldsymbol{X}_4^{\mathrm{H}} \\ \boldsymbol{X}_2\boldsymbol{X}_1^{\mathrm{H}} & \boldsymbol{X}_2\boldsymbol{X}_2^{\mathrm{H}} & \boldsymbol{X}_2\boldsymbol{X}_3^{\mathrm{H}} & \boldsymbol{X}_2\boldsymbol{X}_4^{\mathrm{H}} \\ \boldsymbol{X}_3\boldsymbol{X}_1^{\mathrm{H}} & \boldsymbol{X}_3\boldsymbol{X}_2^{\mathrm{H}} & \boldsymbol{X}_3\boldsymbol{X}_3^{\mathrm{H}} & \boldsymbol{X}_3\boldsymbol{X}_4^{\mathrm{H}} \\ \boldsymbol{X}_4\boldsymbol{X}_1^{\mathrm{H}} & \boldsymbol{X}_4\boldsymbol{X}_2^{\mathrm{H}} & \boldsymbol{X}_4\boldsymbol{X}_3^{\mathrm{H}} & \boldsymbol{X}_4\boldsymbol{X}_4^{\mathrm{H}} \end{pmatrix} \tag{5-1}$$

式中，$\boldsymbol{X}_n$ 为 n 号天线的输出；H 为共轭转置符号。空间谱估计四元天线阵的示意图如图 5-10 所示。

由式(5-1)可见，四元阵的协方差矩阵有 16 个元素。空间谱估计测向充分利用了测向天线阵各个阵元从空间电磁场接收到的全部信息，而传统的测向方式仅仅利用了其中的一小部分信息（相位或者幅度）。因此，传统的测向方式不能在多波环境下发挥作用。空间谱估计测向基于最新的阵列处理理论、算法与技术，具有超分辨测向能力。所谓超分辨测向，是指对同信道中，同

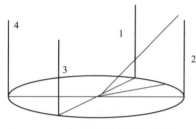

图 5-10 空间谱估计四元天线阵
示意图

时到达的、处于天线阵固有波束宽度以内的两个以上的电波，能够同时测向。这在传统的测向方法中是无法实现的。构成协方差矩阵是空间谱估计测向的基本出发点，但是对协方差矩阵的处理，在不同的算法中是不相同的，其中典型的是多信号分类算法。

空间谱估计测向体制的特点：可以实现对几个相干波同时测向；可以实现对同信道中、同时存在的多个信号，同时测向；可以实现超分辨测向；空间谱估计测向，仅需要很少的信号采样，就能精确测向，因而适用于对跳频信号测向；空间谱估计测向，可以实现高测向灵敏度和高测向准确度，其测向准确度要比传统测向体制高得多，即使信噪比下降至 0dB，仍然能够良好地工作（而传统测向体制，信噪比通常需要 20dB）；测向场地环境要求不高，可以实现天线阵元方向特性选择及阵元位置选择的灵活性。以上空间谱估计测向的优点，正是传统测向方法长期以来存在的疑难问题。

5.1.5 测向体制的比较

无线电测向体制具有两重性。就使用者来说，每个用户的工作环境、工作方式、工作要求、工作对象等条件不尽相同，因此笼统地说优劣，有可能脱离实际。使用者在测向体制和测向设备选用时，重要的是要透彻了解并仔细分析自身工作需求。应该说每一种测向体制都各具特点，站在用户的角度看，能够满足工作需求，价格又合适，就是好体制。具体可以通过以下参数指标（表 5-1）来比较。

① 频率覆盖范围：规范了测向机规定的性能指标和正常工作的频率范围。它是选择测向体制和测向设备时的基本要求。

② 测向灵敏度：表征了测向体制和测向设备对小（弱）信号的测向能力。测向灵敏度主要依赖于测向天线元形式、天线阵的孔径和工作方式。它以电场强度度量，单位是 $\mu V/m$。

③ 测向准确度：表征了测向体制和测向设备在测向时的精确度，也就是测向时误差的大小。

④ 抗干扰能力：表征了测向体制和测向设备遇到干扰信号时的测向能力和测向准确度，其中包括了对同信道干扰、临道干扰、带外干扰、多波干（波前失真）等干扰存在时的测向能力。

⊡ 表 5-1 各种测向体制性能的比较

体制与测向线		频率范围	测向灵敏度	测向准确度	抗干扰能力	测向时效	抗极化误差	仰角测定	测向距离	天线阵孔径	测量参数	系统机动性	难度与造价
幅度比较	旋转天线 环形天线	MF/HF/VHF/UHF	低	低	低	低	低	无	近	小	A	很好	低
	对环阵子	HF/VHF/UHF	中	低	低	低	高	无	近	小	A	中	低
	间隔双环	MF/HF	低	低	低	低	高	无	中近	小	A	中	低
相位比较	多普勒	HF/VHF/UHF	高	中	低	中	中	有	远中近	大中	P	中	高
	相位干涉仪	MF/HF/VHF/UHF	高	高	中	高	高	有	远中近	大中小	P	中	高
时间差	到达时间差	HF/VHF/UHF	高	高	低	中	中	无	远中	大中小	T	差	高
幅度相位	空间谱估计	HF/VHF/UHF	很高	很高	很高	高	高	有	远中	大中小	A/P	差	特高

注：MF 表示中频，HF 表示高频，VHF 表示甚高频，UHF 表示超高频，A 表示幅度，P 表示相位，T 表示时间。

⑤ 测向时效：表征了测向体制和测向设备在测向时的时间开销，以及对空中持续短信号的测向能力。这其中包括了测向系统的信道建立、方向信息的采样、数据运算处理（含积分）、示向度显示等环节所需要的时间，各时间段可以分别表示。但是一般在评价时，往往只看综合时效。

⑥ 极化误差：测向误差的一种，它表征了测向体制和测向设备工作在非正常极化波条件下的测向能力，有时也称为极化敏感性。在短波频段，用标准斜极化波测试极化误差。

⑦ 仰角测定：表明测向体制和设备可否测定来波仰角。短波测向，有的测向体制可以测量来波仰角，进而实现单站定位。

⑧ 测向距离：在短波测向时，通常有远程测向、中距离测向和近距离测向之分，不同的测向距离对设备的要求不相同。

⑨ 测向天线孔径：表明测向天线阵尺寸相对工作波长的大小。测向天线孔径有大、中、小之分。测向天线孔径直接影响测向性能。

⑩ 测向体制与测量参数：表明测向时所依据的测向原理以及所测定电波的参数。例如，测向时测定幅度、相位、时间差等参数，也可能是它们的组合，这与测向体制有关。

⑪ 系统机动性：表明系统的可移动性。通常有固定、移动、便携之分。移动又依载体分为车载、船载、机载。

⑫ 系统复杂程度与造价：表明测向体制和测向设备系统组成的复杂程度和研制时的技术难度，它与造价的高低是一致的。

5.1.6　无线电监测与测向系统组成

无线电监测与测向系统，主要包括检测天线、测向天线阵、校正开关矩阵、多通道接收模块、中频处理模块，可以实现对无线电辐射源信号的接收监测、信号特征分析和辐射源方位测量等。系统组成框图如图 5-11 所示。

① 天线阵工作频段为 30～6000MHz，其中监测天线可以分为两个频段，测向天线可以分为三个频段，每频段测向天线阵由多根对称的偶极子天线组成。

② 校正开关矩阵主要是根据监测信号的频段范围，控制和选择接入对应频段的天线阵。

③ 接收模块主要完成对外部辐射源信号的截获、限幅、放大、变频和滤波，将 30～

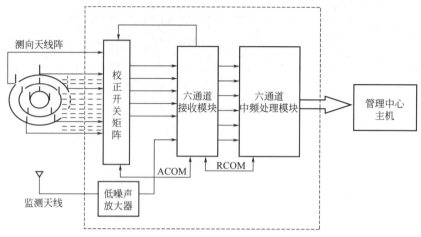

图 5-11　系统组成框图

3000MHz 的外部辐射源信号，下变频为 65～85MHz 的中频信号，并送给 A/D 模块完成对中频信号的采样和存储。

④ 中频处理模块主要对采样的数据进行实时分析和处理，包括信号的频谱分析、参数测量、调制特征分析等，并通过相位干涉仪算法，完成对输入信号的方位到达角测量，实现辐射源方位测量功能，最终将分析结果送至管理中心主控计算机显示。

⑤ 管理中心主机是整个系统的管理、控制和显示中心，可以设置需要的控制参数，管理控制监测通道和测向通道，并对接收的参数和数据进行处理、保存和显示等。

系统可以获取无线电信号的工作频率、技术参数、工作特征等信息，通过先进的测向系统算法，完成对无线电信号的方位到达角测量，并通过交会定位确定信号源的位置，实现对无线电信号的监测分析、测向定位。其目的是为无线电应用管理提供技术支持，能高效、灵活地完成对无线电信号的监测与识别。

无线电测向的应用领域包括民用和军用两大方面：民用方面主要应用于无线电频谱管理、自然生态科研、航空管理、寻地与导航、内防安全和体育运动等；军用方面主要应用于通信与非通信信号侦察、战略战术电子对抗与反对抗等。

科学技术在不断进步，无线电监测和无线电测向技术也在不断进步，特别是近年来，随着无线电通信、网络通信的高速发展和计算机技术、微电子技术日新月异的变化，必将带动无线电监测技术和测向技术的高速发展，使之向着自动化、智能化、网络化和小型化方向前进。以前只是理论性的东西，现在正在变为现实。高度数字化、集成化和数字处理技术的应用，正在提高无线电监测和无线电测向设备的性能；新技术、新器件、新工艺的开发和使用，正在改变着传统设备的面貌；同时新理论也会不断出现，无线电监测与测向体制也会不断推陈出新，继续发展。

5.1.7　无线电监测与测向技术在无人机监管中的应用

根据《中华人民共和国无线电频率划分规定》及我国频谱使用情况，规划 840.5～845MHz、1430～1444MHz 和 2408～2440MHz 频段用于无人驾驶航空器系统。具体如下：

① 840.5～845MHz 频段可用于无人驾驶航空器系统的上行遥控链路。其中，841～845MHz 也可采用时分方式用于无人驾驶航空器系统的上行遥控和下行遥测链路。

② 1430～1444MHz 频段可用于无人驾驶航空器系统下行遥测与信息传输链路，其中，

1430～1438MHz 频段用于警用无人驾驶航空器和直升机视频传输，其他无人驾驶航空器使用 1438～1444MHz 频段。

③ 2408～2440MHz 频段可作为无人驾驶航空器系统上行遥控、下行遥测与信息传输链路的备份频段。相关无线电台站在该频段工作时不得对其他合法无线电业务造成影响，也不能寻求无线电干扰保护。

因此，利用无线电监测测向系统，针对无人驾驶航空器系统的上行遥控、下行遥测与信息传输链路的频段进行监测与测向，可以有效地监管其飞行信息和状态。

（1）无人机监测测向系统

无人机监测测向系统，是针对民用无人机遥控和数据回传信号频段（800MHz～6GHz）进行实时监测、分析、测向的，具有对无人机信号源的专业监测、测向及交叉定位功能。系统可固定部署或机动部署。系统设备如图 5-12 所示。

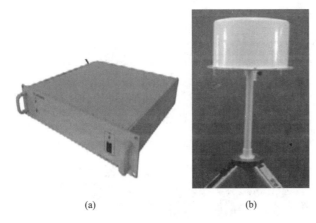

(a)   (b)

图 5-12 单通道无人机监测测向系统设备

① 主要功能

a. 频段扫描　能够对指定频段和离散信道进行扫描，模板比对，对新出现的信号实现快速截获。

b. 信号参数测量　能够测量信号的中心频率、频谱带宽、信号电平等 ITU 规定的参数，并打上时标和地标。

c. 信号解调与识别　能够对语音信号进行解调、录音。

d. 信号测向

ⓐ 能够对单个信号进行测向；

ⓑ 能够根据设定条件进行触发测向；

ⓒ 能够对瞬时带宽内的信号进行宽带测向；

ⓓ 能够对指定的信道进行多频点测向；

ⓔ 能够对无人机的图传信号（扩频）进行检测测向；

ⓕ 能够对无人机遥控信号（跳频信号）进行检测测向；

ⓖ 能够对突发信号进行检测测向。

e. 数据显示与统计分析

ⓐ 数据显示：能够实时显示频谱监测、测向数据，绘制全景频谱图、瀑布图等图形；

ⓑ 占用度统计：能够实时统计频道占用度和时间占用度，并绘制占用度曲线；

ⓒ 幅度统计：能够实时统计信号幅度的最大值、最小值、平均值，并以图形、表格等

方式显示；

ⓓ 阈值报警：能够对满足设定阈值条件的信号启动报警，并进行参数测量、监听录音和测向；

ⓔ 报表生成：能够生成测量结果报表，报表文件可以保存为 Word、Excel 等格式。

② 主要技术指标

a. 工作频段：800MHz～6GHz。

b. 测向精度：≤2°。

c. 测向灵敏度：<30dBμV/m。

d. 监测灵敏度：<25dBμV/m。

e. 探测距离：3km（2.4GHz，1W，高100m）。

f. 解调信号：AM、FM。

g. 中频带宽：25kHz、200kHz、24MHz。

h. 供电：直流24V。

（2）双通道无人机监测测向系统

双通道无人机监测测向系统主要用于70～3000MHz频段范围的无人机无线电信号的监测、测向和定位，并对目标进行记录取证，是查找目标信号源的重要设备。该系统广泛用于军民无线电管理部门的日常无线电管理业务以及无人机管制区域非法无人机的排查与定位取证。系统可固定部署或机动部署。系统设备如图5-13所示。

(a)　　　　　　　　　　(b)

图5-13 双通道无人机监测测向系统设备

① 主要功能

a. 扫描监测功能，含频段扫描与信道扫描；

b. 信号测向与移动定位功能；

c. 电子地图显示与标绘功能；

d. 拍照取证功能。

② 主要技术指标

a. 工作频率：70～3000MHz；

b. 测向灵敏度：35dBμV/m（70～3000MHz）；

c. 测向精度：<5°（70～200MHz），<2.5°（200～3000MHz）；

d. 机载设备重量：≤3kg（含主机、天线及电池）；

e. 工作环境温度：−10～+55℃。

（3）手持式测向设备

手持式测向设备主要用于30MHz～6GHz频段范围内无线电信号的监测测向，可由单人携带完成信号实时测向定位，快速查找已被干扰区域的无线电干扰源，适用于近距离复杂地形环境下无线电信号源的搜索与逼近，同时具有模拟信号监听功能，可广泛用于军地无线电干扰排查等业务训练，军地无线电管理、公安、武警、安全、民航等有关部门的无线电监测、干扰源快速查处等业务。设备如图 5-14。

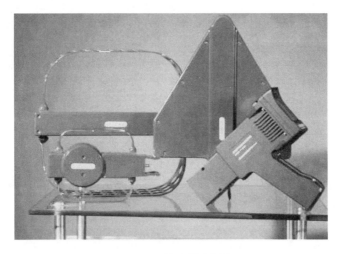

图 5-14 手持式测向设备

① 主要特点

a. 天线主机一体化设计；

b. 设备采用大小音点相结合的测向方法；

c. 人机界面友好，操作灵活方便；

d. 设备轻便易携。

② 主要功能

a. 测向功能：可以测量单个信号的来波方向；

b. 监听功能：具备 FM/AM 信号解调监听功能；

c. 监测功能：具备监测瞬时带宽内电磁信号分布功能；

d. 定位功能：可通过逼近方式实现对目标信号的定位。

③ 主要技术指标

a. 频段范围：30MHz～6GHz；

b. 瞬时带宽：25kHz、200kHz、34MHz；

c. 测向精度：≤15°。

（4）微型无线电传感器

微型无线电传感器用于监测 30～6000MHz 频段范围内无线电信号，采用防淋雨设计，融合信号搜索、分析、监听等功能于一体，具有主机天线一体化、体积小、重量轻等特点，适合微型站、应急监测和保障监测等无线电监管业务的使用。

① 主要功能

a. 新信号截获与告警；

b. 可根据设定扫描开始频率、终止频率、门限电平等；

c. 参数进行全频段、指定频段扫描监测；

d. 能够对指定频率点在中频带宽内进行多种分辨率带宽的频谱分析，并指示信号的电平/场强值；

e. 能够对 AM、FM、CW 等常规语音信号进行解调监听，能够对 FSK 的作弊信号进行解码；

f. 可以识别通信信号调制类型（CW、AM、FM、2FSK、4FSK、BPSK、QPSK、8PSK、ASK、16QAM）；

g. 可对连续波信号进行频率、场强、带宽等 ITU 规定的信号参数测量，并可显示相关频谱信息。

② 主要技术指标

a. 频率范围：30～6000MHz；

b. 扫描速度：≥3GHz/s（分辨率带宽 25kHz）；

c. 监测灵敏度：≤－110dBm（6.25kHz 分辨率带宽）；

d. 供电：直流 12V、24V，交流 220V（通过电源适配器）；

e. 联网方式：有线 LAN，可支持 3G/4G/5G、Wi-Fi。

微型传感器可以通过组网应用，实现无线电信号的全面覆盖监测，按预定方案执行保障监测工作流程，过程中发现新信号会自动告警，并记录上报。设备如图 5-15 所示，应用模式如图 5-16 所示。

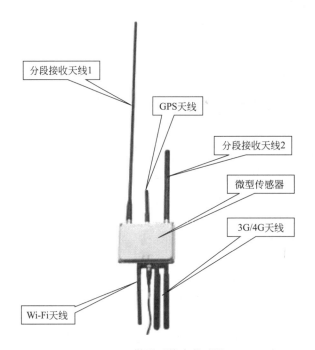

图 5-15　微型无线电传感器

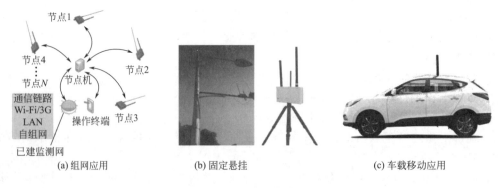

(a) 组网应用　　　　　　(b) 固定悬挂　　　　　　(c) 车载移动应用

图 5-16　应用模式

5.2 雷达探测

雷达是英文 Radar 的音译，是 Radio Detection and Ranging 的缩写，原意为"无线电探测和测距/定位"，即用无线电的方法发现目标并测定它们的空间位置。因此，雷达也被称为"无线电定位"。雷达最先是作为一种军事装备服务于人类的，主要用来实施国土防空警戒。随着雷达技术的不断改进，如今雷达被广泛用于民航管制、地形测量、气象、航海等众多领域。

5.2.1 雷达技术的发展

雷达诞生于 20 世纪 30 年代，从雷达装备技术发展来看，雷达的发展历程大致经历了四个阶段：

① 第一个阶段是从 20 世纪 30 年代到 50 年代，为实施国土防空警戒，指挥和引导己方作战飞机以及各种地面防空武器（高炮、高射机枪、探照灯等），国外大量研制部署米波段雷达和以磁控管为发射机的微波雷达。当时雷达探测目标的种类简单，主要是飞机，此外还有少量的飞艇和气球，雷达的典型技术特征是电子管、非相参，这种雷达被称为第一代。

② 第二个阶段是从 20 世纪 50 年代到 80 年代，防空作战对雷达提出了由粗略定位到精确引导的要求，直升机、超声速作战飞机等目标种类大量出现，各种远距离支援和随队干扰手段已成为一种基本作战样式，使非相参技术体制逐渐被淘汰，转而开始发展稳定性和可靠性较高的全相参微波雷达。发射机大量使用速调管、行波管、前向波管等，其技术特征是半导体、全相参，这种雷达被称为第二代。

③ 第三个阶段是从 20 世纪 80 年代到 20 世纪末，为满足现代空战对雷达高精度、高分辨率、高抗干扰能力、多目标跟踪能力、高可靠性和维修性的要求，有效应对复杂电磁环境下探测低空巡航导弹、超声速第三代战机、高空无人飞机等的要求，国外开始发展大规模集成电路、全固态、相控阵技术，这就是第三代雷达。

④ 随着隐身目标、低空低速和高空高速巡航导弹以及无人作战飞机等目标的出现，及电磁环境的日益恶劣，目前许多国家正在向以多功能、自适应和目标识别为代表的第四代雷达发展。

总的来说，战场上对目标的精确探测和定位的需求推动了雷达的快速发展。另一方面，电真空技术、微电子技术、光电子技术、计算机和软件技术的发展，大大促进了雷达的发展。

5.2.2 雷达的基本工作原理

雷达是利用电磁波探测目标的电子设备。发射电磁波对目标进行照射并接收其回波，由此获得目标至电磁波发射点的距离、距离变化率（径向速度）、方位、高度等信息。雷达的工作原理如图 5-17 所示。

雷达的基本工作原理具体如下：

① 由雷达发射机产生的电磁波，经收发开关后传输给天线，再由天线将此电磁波定向辐射于大气。

② 电磁波在大气中以光速（约 $3 \times 10^8\,\mathrm{m/s}$）传播，如果目标恰好位于定向天线的波束

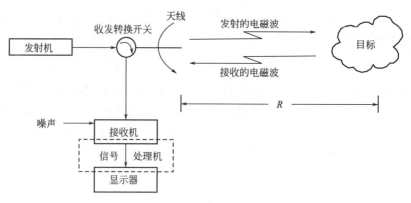

图 5-17　雷达的工作原理

内，则它将要截取一部分电磁波。

③ 目标将被截取的电磁波向各方向散射，其中部分散射的能量朝向雷达接收方向，雷达天线搜集到这部分散射的电磁波后，就经传输线和收发开关反馈给接收机。

④ 接收机将这微弱信号放大并经信号处理后即可获取所需信息，并将结果送至终端显示。

以下将分别介绍雷达测量的主要方法。

（1）目标距离的测量

雷达工作时，发射机经天线向空间发射一串重复的周期一定的高频脉冲。如果在电磁波传播的途径上有目标存在，那么雷达就可以接收到由目标反射回来的回波。由于回波信号往返于雷达与目标之间，它将滞后于发射脉冲一个时间 t_r，原理示意图如图 5-18 所示。

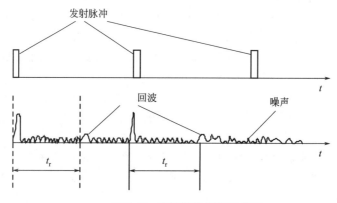

图 5-18　雷达测距原理示意图

电磁波的能量是以光速传播的，设目标的距离为 R，则传播的距离等于光速乘以时间间隔，即

$$R = \frac{ct_r}{2} \tag{5-2}$$

式中，R 为目标到雷达站的单程距离，单位为 m；t_r 为电磁波往返于目标与雷达之间的时间间隔，单位为 s；c 为光速，$c = 3 \times 10^8\,\text{m/s}$。

由于电磁波传播的速度很快，雷达技术常用的时间单位为 μs，回波脉冲滞后于发射脉冲为一个微秒时，所对应的目标距离 R 为：

$$R=\frac{c}{2}t_r=150\text{m}=0.15\text{km} \tag{5-3}$$

能够测量目标距离是雷达的一个突出优点，测距的精度和分辨力与发射信号带宽（或处理后的脉冲宽度）有关。脉冲越窄，性能越好。

（2）目标角位置的测量

目标角位置指方位角或仰角，在雷达技术中测量这两个角位置基本上都是利用天线的方向性来实现的。雷达天线将电磁能量汇集在窄波束内，当天线波束轴对准目标时，回波信号最强，如图 5-19 所示。当目标偏离天线波束轴时，回波信号减弱，如图中虚线所示。根据接收回波最强时的天线波束指向，就可确定目标的方向，这就是角坐标测量的基本原理。天线波束指向实际上也是辐射波前的方向。

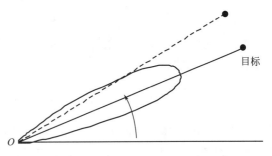

图 5-19　角坐标测量原理示意图

（3）相对速度的测量

有些雷达除确定目标的位置外，还需测定运动目标的相对速度，例如测量飞机或导弹飞行时的速度。当目标与雷达站之间存在相对速度时，接收到回波信号的载频相对于发射信号的载频产生一个频移，这个频移在物理学上称为多普勒频移，它的数值为

$$f_d=\frac{2v_r}{\lambda} \tag{5-4}$$

式中，f_d 为多普勒频移，单位为 Hz；v_r 为雷达与目标之间的径向速度，单位为 m/s；λ 为载波波长，单位为 m。

当目标向着雷达站运动时，$v_r>0$，回波载频提高；反之 $v_r<0$，回波载频降低。雷达只要能够测量出回波信号的多普勒频移 f_d，就可以确定目标与雷达站之间的相对速度。径向速度也可以用距离的变化率来求得，此时精度不高但不会产生模糊。无论是用距离变化率或用多普勒频移来测量速度，都需要时间。观测时间愈长，则速度测量精度愈高。

（4）目标尺寸和形状

如果雷达测量具有足够高的分辨力，就可以提供目标尺寸的测量。由于许多目标的尺寸在数十米量级，因而分辨能力应为数米或更小。目前雷达的分辨力在距离维已能达到，但在通常作用距离下，切向距离（RQ）维的分辨力还远达不到，增加天线的实际孔径来解决此问题是不现实的。然而当雷达和目标的各个部分有相对运动时，就可以利用多普勒频率域的分辨力来获得切向距离维的分辨力。例如，装于飞机和宇宙飞船上的 SAR（综合孔径）雷达，与目标的相对运动是由雷达的运动产生的。高分辨力雷达可以获得目标在距离和切向距离方向的轮廓（雷达成像）。

此外，比较目标对不同极化波（例如正交极化等）的散射场，就可以提供目标形状不对称的量度。复杂目标的回波振幅随着时间会变化，例如，螺旋桨的转动和喷气发动机的转动将使回波振幅的调制各具特点，可经过谱分析检测到，这些信息为目标识别提供了相应的基础。

5.2.3　基本雷达方程

设雷达发射机功率为 P_t，当用各向均匀辐射的天线发射时，距雷达 R 远处任一点的功

率密度等于功率除以假想的球面积 $4\pi R^2$，即

$$S_1' = \frac{P_t}{4\pi R^2} \tag{5-5}$$

实际雷达总是使用定向天线将发射机功率集中辐射于某些方向上。天线增益 G 用来表示相对于各向同性天线，实际天线在辐射方向上功率增加的倍数。因此当发射天线增益为 G 时，距雷达 R 处目标所照射到的功率密度为

$$S_1 = \frac{P_t G}{4\pi R^2} \tag{5-6}$$

目标截获了一部分照射功率并将它们重新辐射于不同的方向。用雷达截面积 σ 来表示被目标截获入射功率后再次辐射回雷达处功率的大小，或用下式表示在雷达处的回波信号功率密度：

$$S_2 = S_1 \frac{\sigma}{4\pi R^2} = \frac{P_t G}{4\pi R^2} \times \frac{\sigma}{4\pi R^2} \tag{5-7}$$

σ 的大小随具体目标而异，它可以表示目标被雷达"看见"的尺寸。雷达接收天线只收集了回波功率的一部分，设天线的有效接收面积为 A_e，则雷达收到的回波功率 P_r 为

$$P_r = A_e S_2 = \frac{P_t G A_e \sigma}{(4\pi)^2 R^4} \tag{5-8}$$

当接收到的回波功率 P_r 等于最小可检测信号 S_{min} 时，雷达达到其最大作用距离 R_{max}，超过这个距离后，就不能有效地检测到目标了。

$$R_{max} = \left[\frac{P_r G A_e \sigma}{(4\pi)^2 S_{min}} \right]^{1/4} \tag{5-9}$$

5.2.4 雷达的主要种类

（1）脉冲多普勒雷达

雷达要探测的目标通常是运动着的物体，如空中飞行的导弹、飞机，海上的舰船，以及地面车辆等，因此，雷达测速是其基本的重要功能。雷达测速的原理就是利用了电磁波的多普勒效应。多普勒效应是指当发射源和接收者之间有相对径向运动时，接收信号频率将发生变化。

为了方便对多普勒频率进行测量，雷达一般应采用连续波的信号形式，但连续波信号，又难以测定目标的距离。因此，现代雷达多采用脉冲多普勒雷达，即采用脉冲波形来完成多普勒频率的处理，同时实现测距和测速的功能。

脉冲多普勒雷达需要采集一串脉冲的回波信号，才能通过复杂的信号处理技术从中提取目标运动产生的多普勒频率，因此，它的构造要比一般普通的测速雷达（如交通用的测速雷达）复杂得多。

脉冲多普勒雷达的作用并不仅在于测定目标的运动速度。目前脉冲多普勒技术更多地在机载雷达中得到应用，它可以帮助雷达从很强的地物杂波中探测到目标。因为地物等杂波的信号强度非常大，常规雷达根本无法在强杂波中监测到目标的固波。

但由于载机相对于地物和目标的运动速度不同，因此产生的多普勒频率也不同，雷达可以根据载机自身的运动速度计算出地物的杂波多普勒频率，从而可以设计针对杂波的滤波器，将杂波滤除，使目标回波显示出来。图 5-20 为脉冲多普勒雷达示例。

图 5-20　脉冲多普勒雷达示例

（2）相控阵雷达

雷达在搜索目标时，需要不断改变波束的方向。改变波束方向的传统方法是转动天线，使波束扫过一定的空域、地面或海面，称为机械扫描。把天线做成一个平面，上面有规则地排列着许多个辐射单元和接收单元，称为阵元。利用电磁波的相干原理，通过计算机控制输往天线各阵元电流相位的变化来改变波束的方向，同样可进行扫描，称为电扫描。接收单元将收到的雷达回波送入主机，完成雷达的搜索、跟踪和测量任务，这就是相控阵技术。利用相控阵技术的雷达称为相控阵雷达。与机械扫描雷达相比，相控阵雷达的天线无需转动，波扫描更灵活，能跟踪更多的目标，抗干扰性能好，还能发现隐形目标。

相控阵雷达的军事应用十分广泛，在地面远程预警、机载和舰载预警、地面和舰艇防空系统、机载和舰载火控系统、炮位测量、靶场测量等领域，都已经有相应的应用。图 5-21为相控阵雷达示例。

图 5-21　相控阵雷达示例

（3）合成孔径雷达

合成孔径雷达通常安装在移动的空中或空间平台上，利用雷达与目标间的相对运动，将雷达在每个不同位置上接收到的目标回波信号进行相干处理，就相当于在空中安装了一个"大个"的雷达，这样小孔径天线就能获得大孔径天线的探测效果，具有很高的目标方位分辨率，再加上应用脉冲压缩技术又能获得很高的距离分辨率，因而能探测到隐身目标。合成孔径雷达在军事上和民用领域都有广泛应用，如导航、制导、资源勘测、地图测绘、海洋监视、环境遥感等。图 5-22 为某卫星上的合成孔径雷达。

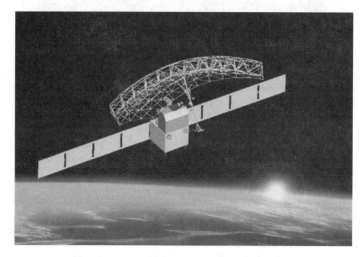

图 5-22　某卫星上的合成孔径雷达

（4）激光雷达

工作在红外和可见光波段的雷达称为激光雷达。它由激光发射机、光学接收机、转台和信息处理系统等组成，激光器将电脉冲变成光脉冲发射出去，光接收机再把从目标反射回来的光脉冲还原成电脉冲，送到显示器。有些隐身目标通常是针对微波雷达的，因此激光雷达很容易"看穿"隐身目标所玩的"把戏"，再加上激光雷达波束窄、定向性好、测量精度高、分辨率高，因而它能有效地探测隐身目标。激光雷达在军事上主要用于靶场测量、空间目标交会测量、目标精密跟踪和瞄准、目标成像识别、导航、精确制导、直升机防撞、局部风场测量、水下目标探测等。图 5-23 为激光雷达示例。

图 5-23　激光雷达示例

5.2.5　雷达技术在无人机监管中的应用

无源雷达被动探测系统利用民用 400～800MHz 的数字广播电视信号进行无源雷达被动

探测，完成对探测区域内飞行物体的发现与跟踪定位，有较大的探测半径，比无线电监测和视频监控具有更强的探测优势，可实现探测低空飞行目标，并给出运动轨迹。系统主要由雷达阵列天线、高速处理主机组成，可固定部署或机动部署。

① 主要特点

a. 被动无源探测，本身不产生信号源，无额外的电磁干扰；

b. 利用的是民用数字广播电视信号，隐蔽性强；

c. 该频段有严格管制，干扰较小，比较干净，检测概率高；

d. 探测的是运动目标，与目标是否发射信号无关；

e. 在探测区域内，可同时发现、跟踪多个目标；

f. 波长较短，探测距离较远。

② 主要性能指标

a. 探测距离：≥3km；

b. 定位精度：≤50m；

c. 运动速度：≥5m/s；

d. 目标大小：10cm²；

e. 方位范围：320°（直达波方向±20°外）；

无源雷达探测系统架设方式如图5-24所示。

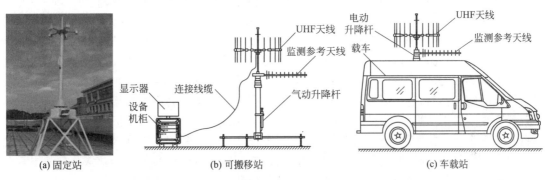

(a) 固定站　　(b) 可搬移站　　(c) 车载站

图 5-24　无源雷达探测系统架设方式

雷达在军事上的重要作用，促使它的技术越来越先进，功能越来越完善；在民用方面的重要作用，促使它的应用越来越广泛。在空中飞行器交通监管方面，有监视空中安全飞行的航路管制雷达，有监视进出空港的进近管制雷达，有引导飞行器安全降落的着陆雷达。在海上航行方面，在船上装有安全航行的防撞雷达，在港口装有监视轮船安全进出港口的港管雷达。在市区公路和高速公路旁，装有监视汽车行驶速度的测速雷达。在气象观测方面，有测风雷达、测雨雷达、测云雷达，还有测台风、冰雹等恶劣天气的天气雷达。此外，雷达还可用于天文观测、深空探测、资源探测，以及洪水、森林火灾的监测等。在不同方面的应用都有不同的要求，这对雷达技术的发展是一个很大的促进。

未来20年，雷达探测技术的发展将突破传统思维的束缚，向二维多视角布局、多探测器共形构型和多维信号空间处理方向发展，可能会出现扁平网络化多站雷达、共形相控阵雷达，信号处理技术开始使用跟踪后检测，距离—方位—时间三维跟踪检测，三维SAR，距离—方位—时间三维处理，多波段、多极化、多波形等构成的多维信号空间处理技术等，并且开始向网络化与多平台联合、认知与智能的方向发展，最终将走向探测、干扰、通信的综合一体化。总之，未来雷达的典型技术特征可归纳为网络化、协同化、智能化。

5.3 光电探测

无人机具有重量轻、体积小、隐蔽性好、无人员伤亡等优点，备受各国的高度重视。红外搜索系统是一种可应用于"低慢小"无人机探测发现的新型技术装备，它本身不发射电磁波，具备抗电磁干扰能力强、精度高、低空探测能力好等多种优点，是一种小型、轻便、易携带的被动探测设备。红外搜索系统能够对地面、低空区域等移动目标进行搜索，并对目标进行探测与识别，剔除静态杂波干扰，最后输出目标的位置信息。

出于成本及产品可靠性考虑，通常红外搜索可使用制冷型中波红外探测器或非制冷型长波红外探测器作为核心元件，用于探测空中目标发出的中波或长波波段的红外辐射，通过红外光学系统聚焦于红外探测器焦平面上，红外探测器将红外光信号转换成电信号，再经过信号处理得到被测物体的红外热图像。将红外探测器搭载于360°伺服转台上，随着伺服转台的转动，可获取360°空域红外热图像，从而实现全方位低空无人机的搜索探测。

长波非制冷红外搜索系统与中波制冷红外搜索系统对无人机红外辐射探测的波长不同，除此之外，二者探测性能的区别主要与探测器的性能相关。相比较而言，长波非制冷红外搜索系统造价更低，寿命更长，但探测距离只有中波制冷红外搜索系统的一半左右，且受空气中水蒸气含量影响较大。因此，二者的使用应根据使用场所及环境灵活选择。

为了使后续处置系统有足够的反应时间，要求红外搜索尽可能远地探测到目标。这时目标成像面积很小，一般只具有一个或几个像素的面积，缺乏形状和结构信息，只有灰度和运动信息可以利用；另一方面，由于民用无人机目标红外辐射特性非常弱，红外搜索系统需要对不同大气热辐射环境下的目标进行探测，红外探测器接收到的系统噪声和背景干扰强烈。当系统长时间工作时，红外图像中噪声会增加，甚至背景噪声会淹没目标信号，这就造成严重背景噪声干扰下的低信噪比小目标探测问题，图像预处理技术及小目标检测技术的性能好坏将直接决定红外探测系统的性能。因此，红外搜索系统可利用基于背景抑制的单帧目标检测算法保证弱目标的检测概率，同时通过序列图像帧间管道处理实现目标确认并剔除不符合目标特征的虚警，从而降低系统虚警率，保证红外搜索系统整体性能指标。

红外搜索系统是近年来随着民用无人机广泛使用后，新兴的一种搜索探测手段，与传统的雷达探测相比，应用尚处于起步阶段。2016年后，红外搜索系统在部分领域的多次测试、演示、演习中得到了验证及应用。但由于红外搜索系统具有无电磁辐射的特点，在未来人员密集的重大活动中将得到越来越多的应用。

红外探测器具有接收像元大、灵敏度高、全天时工作等优点，但由于其分辨率较低，红外跟踪通常作为粗跟踪使用。可见光探测器响应速度快，分辨率高，但必须在激光照明的辅助下方可实现全天时工作，一般在红外跟踪的辅助下实现对目标的精跟踪。粗跟踪系统一般由二轴伺服转台、红外热像仪（或电视）、图像处理器等部分组成，系统通过红外热像仪或电视获取目标图像，通常采用基于背景的自适应分割算法、小目标检测算法等提取目标图像特征信息，然后通过目标配准跟踪算法等多算法融合处理获取脱靶量信息，二轴伺服转台在伺服控制单元的控制下，按照该脱靶量信息执行随动，从而实现对目标的粗跟踪。在粗跟踪的基础上，通过高分辨率、小视场的可见光相机，提取高精度、高帧频的脱靶量信息，利用快速反射镜作为执行机构，实现对无人机的精跟踪。

光电跟踪探测系统具有精度高、不受电磁干扰、被动隐蔽等特点，是现代军事警戒探测领域的一种重要手段。但是受目标辐射在地球表面的传播特性、地球曲率半径和光传播的直线性等因素影响，限制了岸基和舰载光电跟踪探测系统的作用距离，光电装备的潜能未能得到充分发挥。

20 世纪 80 年代中期以来，受星载光电系统的启发，各国纷纷发展各种基于无人机的光电探测系统，弥补了岸基和舰载光电探测系统的不足，为光电跟踪探测技术开辟了一个新的应用领域。

无人机搭载光电探测系统可以实现对目标的搜索与跟踪定位。光电探测系统采用被动工作模式，即由载荷操作人员选定感兴趣的目标区域，经系统提取目标轮廓，在保持稳定跟踪目标的同时，实时将角度测量数据传回任务控制台。光电探测系统的角度测量值包括两个：一个是光轴指向与基准纵轴（正北方向）的夹角，称为方位角 β；另一个是光轴指向与基准面（水平面）的夹角，称为俯仰角 ε。通过对目标的连续跟踪，可以获得一系列的方位角和俯仰角的测量数据，再结合对应时刻空中机动单站的位置（GPS 数据）以及姿态数据，使用被动定位方法，可以实现对目标参数的定位解算。

无人机挂载光电载荷是由工作人员手动操作的，缺少精密设备的辅助，会产生安装误差。受安装误差的影响，光电载荷与无人机惯导系统间就会存在偏差，致使测量数据不可靠，产生较大的测量误差。除非在实验室条件下利用专门的检测设备进行精密操作，否则很难消除这个误差。若不能消除此误差，这将会成为影响光电载荷定位性能的瓶颈。

无人机搭载光电探测系统对目标进行跟踪定位的优点是抗干扰能力强、隐蔽性好、可长期侦察和监视，符合现代战场复杂电磁环境下的应用需求。因此，各国对光学跟踪和光电探测技术研究及系统研制都非常重视。

5.4 ADS-B 自主监视

在航空领域，ADS-B（广播自动相关监视）是一种空-空、地-空自主监视手段。在没有人工干预的情况下，ADS-B 利用卫星导航定位技术、数据链路传输技术等，自动地从机载设备获取相关参数（经度、纬度、高度、时间、速度、航向等），并将参数向其他飞机、地面站进行广播，用于飞机状态监视。ADS-B 监视技术在全世界得到了广泛发展和推广：澳大利亚、美国等发达国家较早地制定和推行了 ADS-B 技术发展规划，确定 ADS-B 技术为下一代空中交通监视管制系统的核心；早在 2010 年 11 月，加拿大强制要求装备 ADS-B 设备；自 2013 年起，欧洲强制要求生产线上的飞机必须具备 ADS-B OUT；从 2020 年 1 月起，美国强制要求所有商用飞机、通用航空具备 ADS-B OUT，并且在自愿的基础上增加 ADS-B IN；从 ADS-B 技术在民航大型商用飞机、机场的成熟应用到通航领域，低空空域监视以及无人驾驶飞行器的逐步推广应用，中国正积极探索 ADS-B 技术服务保障体系的完善和系统设备的发展更新。

5.4.1 ADS-B 系统组成

ADS-B 系统主要由信息源、信息传输通道、信息处理与显示三部分组成。信息源是指飞机的四维位置信息（经度、纬度、高度和时间）和相关附加信息（冲突告警信息、飞行员输入信息、航迹角、航线拐点等）；空-空、空-地数据链是 ADS-B 信息传输通道，将信息以

ADS-B 报文的形式进行广播；信息处理与显示包括报文解析（含报文数据接收、报文数据解析和报文数据处理）和其他附加信息的提取处理，所有信息处理完毕后，最终以伪装雷达画面显示航迹、交通态势、参数窗口、报文窗口等。

ADS-B 与传统雷达监视相比，可以明显减少地形对信号覆盖的影响，减少因雷达波盲区特性导致的监视"黑洞"情况，并且因精度更高、误差更小、监视能力更强，而使用寿命长，建设费用经济，维护费用低，大大降低了民用航空空中交通管制的成本。同时，与一次雷达技术相比，ADS-B 技术定位可达亚米级精度，而且定位时间间隔可以达到大约 1s。

ADS-B 在工作时，分为 ADS-B OUT 和 ADS-B IN 两种。ADS-B OUT 是将飞机相关信息计算、编码生成报文发送出去。ADS-B IN 是指接收 ADS-B OUT 所发出的信息，为机组服务。

5.4.2 ADS-B 数据链路

（1）1090ES 数据链

1090ES 是基于二次监视雷达（SSR）的 S 模式扩展电文报告（ES）的功能。目前，A/C 模式的航管二次雷达已被广泛使用，但这两种模式的数据传输内容非常有限，国际民航组织（ICAO）把发展 S 模式二次雷达作为一种非常重要的监视方案进行推广。截至目前，S 模式二次雷达普及程度已非常高。以前出厂装机的 S 模式应答机，暂时不能满足 ADS-B 对机载系统性能的需求，需要对应答机的软、硬件进行升级。目前，商业生产的 S 模式二次雷达应答机已满足 ADS-B 技术需要。1090ES 数据链路技术使用的频率为二次雷达的应答频率 1090MHz，传送的数据包括 24bit 飞机识别码、位置、高度、呼号等。

1090ES 信息数据块（图 5-25）是一种脉冲位置调制（PPM）编码。发射信息包括一个报头和一个数据块，采用随机的方式接入 1090MHz 链路。报头有 4 个脉冲序列，长 8μs。应答信息数据块从第一个发射脉冲 8μs 后开始，都有一个有脉冲和无脉冲的时间段（各占 0.5μs），二进制的 1 用一个脉冲后面加一个无脉冲来表示，二进制 0 则采用一个无脉冲加脉冲来表示。收发机以 1090MHz 的频率发送应答信号，脉冲长度 1μs，传输速率达 1Mbit/s。应答的数据使用 56bit 的短形式或 112bit 的长形式。

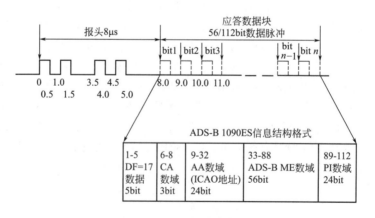

图 5-25 1090ES 数据格式

DF＝17 格式是表示用于 S 模式应答机的 ADS-B 信息。"CA"数域是一个 3bit 的信息位，用来报告基于 S 模式应答机的 ADS-B 发射装置的能力和状况的通知。"AA"数域是一个 24bit 信息位，包含发射装置的地址和地址类型。"ME"数域是一个 56bit 信息位，存在于扩展电文信息里。"ME"数域携带着 ADS-B 信息的主要内容,包括飞机的空中位置信息或场面位置信息,航空器识别码(ID)和信息类型,机载速度信息等。"PI"数域是一个 24bit 下行链路信息位,包含均等覆盖的代码标签(CL)和询问代码(IC),组成联合奇偶校验和地址域。

与 S 模式二次雷达信息报告复杂格式相比,ADS-B 消息格式简单,承载信息的能力相对较弱,所以在一个编码中仅传输一个特定类型的信息。位置信息和速度信息每 0.4～0.6s 更新一次,标识信息和类型信息每 4.8～5.2s 更新一次,航路点信息则每 1.6～1.8s 更新一次。

(2)UAT 数据链

UAT(Universal Access Transceiver)是为 ADS-B 广播式相关监视数据链专门设计的,它不受限于传统系统。UAT 数据链成本较低,且上行链路容量较大,是唯一适应所有的 RTCA、ADS-B 最低航空系统性能标准的数据链路。

UAT 数据链频宽可达 1～2MHz,工作频率位于 L 波段,范围为 960～1215MHz,使用 UAT 数据链路技术的 ADS-B 航空器和地面站的传输采用单一的共同频率 978MHz 的频道,传输速率高达 1Mbit/s。单一的频道结构不仅保证了准确无误的空-空连通性,同时避免了多个频道接收和调整程序。UAT 频道的大小是可变化的,这就确保了在未来高密度交通环境下仍然能够维持足够的 ADS-B 性能。

UAT 使用混合媒介的接入形式,包含时隙和伪随机存取,其发送的基本管理单元称为一个 UAT 帧,采用二进制连续相位频移键控 CP-FSK。一个 UAT 帧(1s)前 32 个时隙共 188ms,供地面站广播 TIS-B(交通信息服务广播)及 FIS-B(飞行信息服务广播)资讯。后 812ms 分配给 ADS-B 信息报告,每秒一次,每个 ADS-B 报告信息为 16B 或 32B。UAT 帧地面广播部分为时分复用并采用时间同步减小其信息的重叠,ADS-B 信息报告部分则采用随机接入的方式。1 个 UAT 帧的信息结构,如图 5-26 所示。

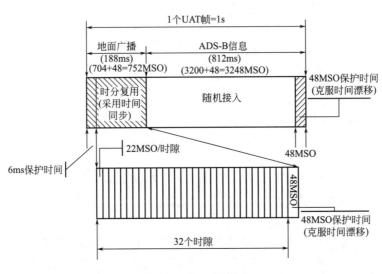

图 5-26 UAT 帧格式

UAT 帧的最小时间度量单位为一个信息起始时机(MSO),时长 250μs,一帧共有 4000 个 MSO。地面广播部分包含 32 个时隙,每个时隙包含 22 个 MSO。每个信息传输都必须在一个有效的 MSO 开始。每架飞机或场面车辆在 ADS-B 段中随机选择 MSO 进行数据传送。ADS-B 信息广播段的前后各有 48 个 MSO 的保护时间,用于克服 ADS-B 信息报告的时间漂移。MSO 开始于初始的 6ms 保护时间后，ADS-B 信息广播部分跨度为 3200 个 MSO（MSO752~MSO3951），每帧只传输一个 ADS-B 信息报告，从 3200 个 MSO 中随机选择信息起始时机开始传输。

（3）VDL-4 数据链

VDL-4 是由 ICAO 和欧洲电信标准协会（ETSI）推荐的规范化 VHF 数据链技术。它基于 OSI 参考模型，要求具备严格的时间同步，工作在 VHF 108~136.975MHz 频段，采用两个独立的 25kHz 全域标识信道，高密度区域可使用一个附加信道（本地信号通道 LSC），采用 GFSK（高斯滤波频移键控）调制，信号传输速率 19.2Kbit/s。VDL-4 采用信道预约访问协议，高效地交换短重复信息，有效的传输时间分为大量的短时隙，与 UTC 同步，每一个时隙可用于一个无线电应答机传输数据，采用自组织时分多址（STDMA）的接入方式。VDL-4 中把时间分为连续的超帧，每超帧由 4500 个时隙组成，占据 60s 的时间，单时隙大约 13.33ms。超帧中的时隙数目的 1/60（即每 75 个时隙）被看作一个时隙组，每个这样的时隙组的起始时隙与 UTC 标准时间校准，即超帧秒信号与 UTC 秒时间同步。VDL-4 不支持语音通信，只支持从 ADS-B 或 TIS-B 报告中获得的空中交通态势在 CDTI 中的显示。

VDL-4 数据链时隙的传输分为四个阶段：发送功率建立、同步、数据突发帧和保护时间间隔。其时隙信息格式如图 5-27 所示。

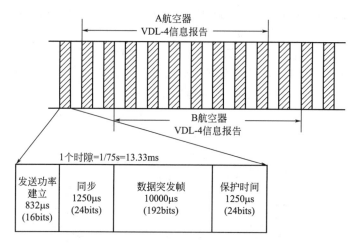

图 5-27　VDL-4 时隙格式

上述三种 ADS-B 数据链技术发展都比较成熟，其低空适应性评估也取得了一定的研究成果。三种 ADS-B 数据链技术对比见表 5-2。

⊡ **表 5-2　三种 ADS-B 数据链技术对比**

项目	1090ES	UAT	VDL-4
频率	1090MHz	978MHz	航空 VHF
访问方式	随机访问	TDMA	STDMA
地-空通信距离	＞200m	＞200m	＞200m
速率	1Mbit/s	1Mbit/s	19.2kbit/s
数据调制	PCM	PFSK	GKSK 或 D8PSK
实现方式	对原航管应答设备 软硬件进行适当升级改进	加装新设备	加装新设备

ADS-B 系统功能组成如图 5-28 所示。

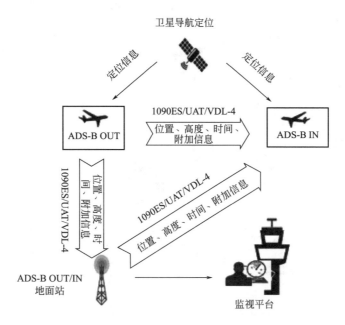

图 5-28　ADS-B 系统功能组成

5.4.3　ADS-B 无人机监视架构

低空空域人类活动最为频繁，管理上也最为复杂。在低空空域的飞行器包括大量的各类航空器，如通用航空飞机、飞艇、无人操作航空飞行器等。ADS-B 技术由于自身的特点和技术优势在低空空域监视方面将是兼顾经济性和部署便利性的有效手段。

现在的小型民用无人飞行器，基本上没有安装 ADS-B 设备。在我国基于 1090ES 的ADS-B 机载终端是航管应答器通过一定的硬件改动和软件升级而来。由于小型无人飞行器体积小、重量轻，难以加装尺寸和重量较大的 ADS-B 机载终端。因此，普通民用无人机要想加装 ADS-B 终端，ADS-B 设备的小型化是关键。在这方面国外企业已经取得了关键性突破。2016 年 4 月，uAvionix 公司宣布研发出一款轻便的 ADS-B 接收器，这款叫 pingRX 的接收器重不到 2g，大小只有 3mm×15mm×32mm，功耗也只有普通 ADS-B 接收器的10％。该接收器具有 1090MHz 和 978MHz 两个波段。据报道，该设备安装在无人机上可实时检测到 100 英里（1 英里≈160934m）半径的信号。另外，uAvionix 公司联合无人机制造商 ForeFlight 公司研制出微型便携式 ADS-B 接收机 Scout，支持双频，使用方便灵活，通过带吸盘的球形云台安装在无人机表面，使用 5V 微型 USB 接口供电。

ADS-B IN 小型化，解决了设备安装的关键问题。ADS-B OUT 由于需要一定功率的发射装置，目前小型化还比较困难。小型 ADS-B IN 终端已经可以安装在无人机上接收 ADS-B广播信息，ADS-B 用于低空无人机监视已经迈出坚实的一步，工程应用将逐步成熟。因此，在低空监视网络架构设计上，考虑到我国国情，本节提出北斗卫星导航定位系统＋机载 ADS-BIN＋ADS-B 地面站＋监视平台，用以对重要目标区域的无人机进行监视，如图 5-29 所示。

无人机通过加装 ADS-B IN 模块，能自动接收管制空域的 ADS-B 信息，通过北斗卫星定位服务，得知自身的实时位置和高度。对于重要目标防护来说，可在指定空域针对无人机划定严格的禁飞和限飞区。在禁飞区域内不能起飞，在限飞区域内严格限制飞行高度，并

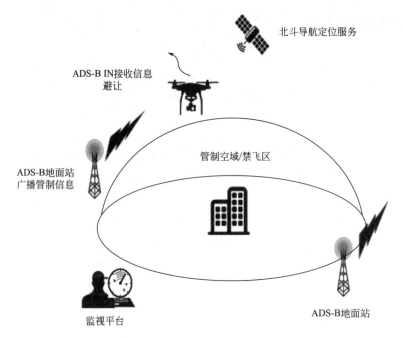

北斗导航定位服务

ADS-B IN接收信息
避让

ADS-B地面站
广播管制信息

管制空域/禁飞区

监视平台

ADS-B地面站

图 5-29　ADS-B 低空无人机监视

通过 ADS-B 地面站向空域内播发管制信息。无人机接收到重要目标区域 ADS-B 地面站管制信息后，根据要求强制下降高度或降落避让，实际上是通过 ADS-B 技术让无人机"行其道"。这不仅降低了人为因素干扰，而且禁飞、限飞指令也得到严格执行，因此可在很大程度上减少无人机对重要目标的安全性威胁。

5.4.4　存在的问题和应对措施

（1）数据链路问题

我国的 ADS-B 推行的是 1090ES 数据链，由于和航管应答、TCAS 防撞共用通道，容易形成阻塞。无人机加入后，这种情况必将更加严重。因此，有必要针对无人机将 ADS-B 链路进行改进，增加容量，并兼容民航 ADS-B。

（2）网络覆盖问题

我国幅员辽阔，各类重要目标所占地域面积大、分布广，ADS-B 地面监视网络要形成有效覆盖，需大量部署地面设备，费效比很高。应利用现有移动 3G/4G 网络，进行数据融合，除特殊情况以外，可达到移动网络覆盖区域 ADS-B 全覆盖。

（3）身份标识问题

随着无人飞行器的飞速发展，国内一些厂家已经意识到无人机监管的必要性和紧迫性，例如，大疆无人机标识了唯一 SN 码，且不能被篡改，无人机每个部件也有唯一的标识码。为了达到可追溯性，零部件标识码与无人机整机 SN 码相对应，因此通过零部件的标识码就可追溯到相对应的那台无人机。同时，每台无人机的 SN 码和位置信息都可以通过 ADS-B 向外广播，当它飞到特殊区域附近，监管部门可通过地面设备读取上述数据，查询所需信息。这种从产品设计之初便融入了监管技术手段的做法，亟待推广并强制执行。

无人机系统的发展为人们生活带来便利的同时，对国家低空空域安全同样造成了威胁。结合我国国情，从硬件设备小型化，数据链优化改进，搭建覆盖率更高的监视网络等方面，推动了 ADS-B 技术进一步向前发展，并且将小型 ADS-B 系统推广运用到无人飞行器上。对低空空域进行有效管控，使重要目标处于有效防护并免受无人机威胁，应引起相关部门以及相关学者的高度重视。

总之，飞行动态监控技术，是综合了广播式自动相关监视（ADS-B）、卫星定位＋北斗短报文（GNSS＋RDSS）、无源多点定位系统、卫星定位＋移动通信网络以及空管监视雷达信息系统的低空空域监视服务技术，对于开展低空安全走廊中的无人机系统监测，确保低空安全走廊的运营安全具有重要意义。

5.5　无人机通信系统与低轨卫星通信

为了保证低空安全走廊中无人机飞行任务的顺利执行，确保无人机飞行安全及监控管理，地面站需要实时掌握无人机的飞行状态、飞行位置等信息，同时依据回传信息情况可对无人机进行动态操控。在部分应用情况下，如当无人机担负远程监测、数据采集、通信中继等任务时，无人机所承载的应用业务数据也需实时回传至地面站，提供给后端相关的行业应用。为了满足上述实时数据传输的需求，无人机通信系统则起到了至关重要的作用。有人将无人机通信系统比作无人机的"风筝线"，是十分形象而恰当的。如何应用现有通信技术及网络服务构建无人机通信系统，是低空安全走廊体系中的无人机应用及低空监管领域的重要课题之一。

5.5.1　无人机通信需求

无人机通信系统目前阶段的主要工作整体上可以划分为两大部分：测控通信部分及应用数据通信部分。

（1）测控通信需求

测控通信需求涵盖飞行状态测量及飞行控制等无人机自身相关的通信内容。为了保障飞行安全可靠，无人机机身可装配多种传感装置，包括 GPS、气压计、陀螺仪、指南针以及地磁感应器等，可以采集无人机定位相关（当前位置及高度）、飞行控制相关（方向、姿态、速度、加速度、角速率）、机载设备相关（发动机转速、缸温、电压）等参数内容。数据除了提供给自驾仪外，同时通过无人机通信系统实时发送至地面站控制系统，是飞控系统的基础数据来源。地面站飞控系统则通过无人机通信系统对无人机在发生危险、任务偏离或任务变化等情况下对无人机进行实时控制调整，完成无人机的导航/航迹控制、姿态稳定控制、起飞/着陆控制以及机上设备的管理与控制等。在此通信需求下，无人机通信系统必须具备低时延、高可靠性的通信特征，而对数据带宽要求不高。

（2）应用数据通信需求

应用数据通信需求主要与无人机的飞行任务相关，可包括航拍任务中的视频、图片数据，及其他采集任务中的传感器数据。在通信需求下，无人机通信需要具备较高数据带宽，且通常为上行数据，而对数据时延及可靠性要求相对放宽。

无人机通信的数据分类及基本需求如图 5-30 所示。

3GPP RAN2 在基于无人机需求的通信协议研究中也提出了相应的无人机通信系统设计要求，相关讨论分析结果如表 5-3 所示。

图 5-30　无人机通信的数据分类及基本需求

⊡ 表 5-3　3GPP RAN2 提出的无人机通信系统设计要求

参数	说明
数据类型	①命令和控制：无人机遥测、航点更新、实时驾驶、身份认证、飞行授权、导航数据更新等； ②应用数据：视频、图片、其他传感器数据等
高度	不超过 300m(相对地面)
速度	所有场景下不超过 160km/h(包括城市、乡村)
时延	①命令和控制：50ms(从基站到无人机，暂定值)； ②应用数据：与 LTE 地面用户类似
上行/下行速率	①命令和控制：上下行，60～100kbit/s； ②应用数据：上行，最高 50Mbit/s
命令/控制可靠性	最大 10^{-3} 误包率

可以将 3GPP 对于无人机通信系统的设计要求作为依据，对现有通信手段进行适用性分析，寻求更加适合的无人机通信手段。

5.5.2　无人机通信模式

（1）采用 ISM 免授权频段直连通信

目前最常见、简单易用的无人机通信方式是采用点到点直连方式。小型无人机与地面站之间通过免授权的 ISM（Industrial Scientific Medical，工业、科学与医学）频段直接连接进行通信，如图 5-31 所示。通常可采用的频率包括 433MHz、2.4GHz、5.8GHz 等。采用这

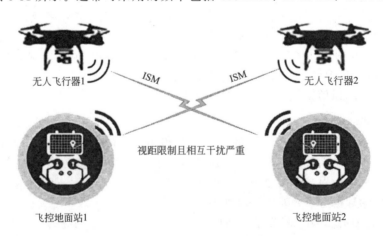

图 5-31　采用 ISM 免授权频段直连通信

种方式的好处较多，如无需申请授权使用，相应的设备广泛成熟，成本低廉等。

采用 ISM 免授权频段直连通信相应的缺点也是极其明显的，主要体现为传输距离较短，通常为视距传输（1km 以内），极大地限制了无人机的使用场景。同时 ISM 频段频点复用率高，极易产生用频冲突，互相干扰，影响飞行控制。

（2）通过地面移动通信网（PLMN）远程通信

当无人机非视距运用的需求较强时，ISM 频段直连已无法满足操控需求。为了扩大无人机使用范围，在飞行高度较低（相对地面小于 300m）、地面移动蜂窝网络覆盖较好（城乡、交通沿线等）的区域也可以通过地面移动通信网络（PLMN 移动数据业务）进行无人机通信过程，如图 5-32 所示。采用这种方式可以突破无人机视距工作的限制，使无人机应用于更广的领域，同时也为无人机公共管控提供了一张基础通信网络，比如强制要求每架接入网络的无人机设备统一传输部分监管关键参数（位置等）至监督管理部门等。

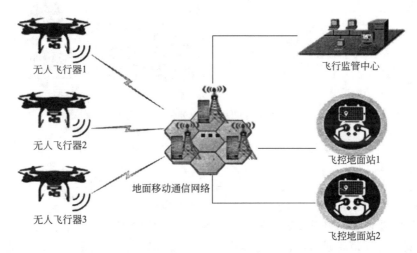

图 5-32 通过地面移动通信网远程通信

虽然基于运营商 PLMN 网络的无人机通信有诸多好处，但当前阶段也存在较多问题，具体如下。

① 对地面网络覆盖的干扰　原有地面移动通信网络覆盖更多地针对地面通信目标，而位于高空的无人机终端的较大上行数据并不在当前的网络规划中，会对整体的地面覆盖功率分配造成干扰，且自身通信也会受到较大的干扰影响。

② 地面原有网络移动规划不适用　同样是因为现有地面移动通信网络的网规网优过程未考虑高空段，无人机移动过程中的小区切换过程难以在有规划的前提下进行，切换会造成业务中断等情况发生，通信质量难以保障。

③ 现有地面网络对高空非连续性覆盖　现有地面移动通信网络建设时，多数考虑地面通信需求，天线采取一定俯角向下覆盖，空中覆盖并不在规划中，据地面超过 100m 以上的区域并不能保证一定存在网络信号，所以无人机通信时会面对时常中断、不能连续实时控制的情况。

④ 山林区、无人区、灾害受损地区不具备地面网络覆盖　即使 3GPP 已经开始着手研究基于地面 4G（LTE）网络的无人机通信问题，上述问题可以在将来得以解决。但还有一点不可否认：目前地面移动通信网络地面覆盖并不完善，大多数山林地区及无人居住地区并没有实现网络覆盖，且当发生地震等自然灾害时，地面移动通信系统无法使用，而无人机恰

恰在这些情况下可以实现更高价值的应用，如山林巡检、救灾搜救、物资输送等。所以迫切需要一种能在户外实现更加广泛覆盖的无人机通信系统。

（3）高轨卫星通信系统（GEO）

在地面无线通信系统无法覆盖的地区，采用卫星通信作为无人机的通信方式就成了几乎唯一的选择，如图5-33所示。卫星通信在广覆盖的方面具有天生的优势，在不适合建设地面移动通信系统的区域（如山林区、海洋等）具有广泛的应用。利用卫星通信作为无人机通信手段可以摆脱无人机控制的地域限制，最大化扩大无人机的应用领域。

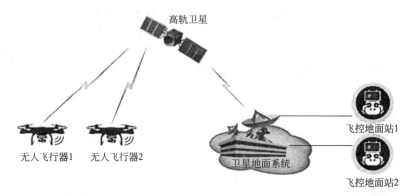

图 5-33　高轨卫星通信系统

目前在轨提供通信服务的多数为高轨卫星通信系统（GEO），由于卫星轨道极高，高轨卫星作为通信系统时存在通信时延大的显著问题。静止卫星空间电磁波传输距离约为36000km，则信息传输单程（发送端上行＋接收端下行）时延一般取240ms，双程取480ms，如此大的时延在远程实时操控方面几乎是不能接受的。

同时，同步轨道可部署卫星数量较少也带来了通信容量不足、使用费用高的问题，而终端部分为了实现超远距离通信，也存在体积及功耗大、成本高等问题。多数情况下高轨卫星通信系统提供的是昂贵的远程中继链路业务服务，只有少数卫星通信系统提供面向个人的通信业务。上述这些因素使得卫星通信系统难以进入消费级市场领域，对卫星通信在无人机通信领域的应用造成了极大的困难。

（4）现有通信手段对比分析

对目前无人机通信系统可用的通信技术及网络进行对比分析，如表5-4所示。

▣ 表 5-4　现有无人机通信方式对比

无人机通信需求	点到点直连	地面移动通信网	高轨卫星通信系统
覆盖区域及高度	视距（通常不超过1km）	城乡、交通沿线等高度距地面300m内	大部分室外区域高度不限
数据时延	20ms以下	50ms以下	270ms以上
可靠性	易受干扰	覆盖不连续、数据切换难	室外连续覆盖
建设成本	设备成本低无网络费用	设备成本较低网络费用较低	设备成本高网络费用高
设备载荷	体积/重量小功耗低	体积/重量小功耗低	体积/重量大功耗高

由表5-4可以看出，目前常见的无人机通信方式均存在部分方面的不足，在不同程度上制约了无人机产业的发展。

5.5.3　低轨卫星通信系统（LEO）发展现状

　　高轨卫星由于站得高看得远，对于区域覆盖优势非常明显，适用于数字广播或提供专用通信链路，但是高轨卫星由于卫星载荷制造、发射运营的成本相对较高，对于提供消费级服务存在多种不适应性。近年来，逐步出现了由多颗低轨卫星（LEO）组成的卫星星座系统为全球提供通信服务，如图 5-34 所示。相对地面移动通信网络及高轨卫星通信系统，低轨卫生通信系统形成了自身的竞争优势。

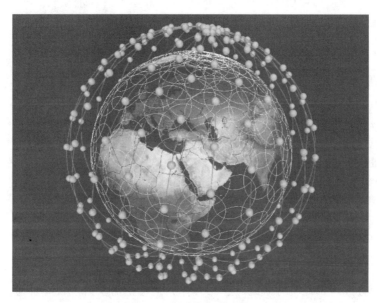

图 5-34　LEO 卫星星座系统示意

　　① 卫星的轨道高度低，使得传输时延短，路径损耗小，多颗卫星组网使频率复用也更加有效；由于 LEO 卫星轨道高度在 1000km 左右，双向通信时延从近 500ms 降低到 10～20ms，几乎可以与地面网络相媲美，除极少的时延关键性任务应用（如蜂群无人机机间控制通信要求 2ms 内）外，几乎可以支持所有通信场景。

　　② 低轨卫星成本较低，部署数量大，系统整体容量高，使用成本从而也变得低廉，终端形态更加便携，接近地面网络终端，更加适用于消费级网络。

　　低轨卫星的发展从 20 世纪 90 年代摩托罗拉投资的铱星（Iridium）系统部署开始，同期开展的还包括全球星（Globalstar）、轨道通信（Orbcomm）、空中因特网（Teledesic）、天空之桥（Skybridge）等项目，以替代地面通信网络为发展目标，但这些系统在发展初期均遇到了共同的问题：技术复杂度及成本过高，研发周期过长导致服务时系统能力已落后，市场应用定位及用户群体不明。而地面移动通信系统的迅猛发展也给其带来了沉重打击，从而直接导致了项目初期就以惨败告终。铱星、全球星和轨道通信系统宣告破产；空中因特网及天空之桥宣告项目终止，未能实现系统部署。这段时期可以看作低轨卫星发展的早期阶段。

　　在经历了一系列商业及技术变革后，低轨卫星通信系统逐渐转变自身定位，成为地面移动通信网络的补充，在海事、航空等特殊条件下的面向用户提供移动通信服务。铱星系统破产重组后，面向相关领域重新提供通信业务，并于 2007 年启动了第二代铱星系统（IridiumNEXT），逐步替换现有卫星星座，在全球覆盖、数据带宽等业务能力上实现了全面提升，截止到 2018 年 3 月，第五批 10 颗 IridiumNEXT 已经发射成功；而 Orbcomm 系统被德国 OHB 公司收购后，延续向用户提供基于卫星的终端跟踪、监测、控制系统的主要业务方向，经过多次卫星部署后，逐渐形成以 OG2 卫星为主的商业运营的窄带物联网卫星系统。

随着卫星及火箭技术的提升，低轨小卫星的制造及发射成本迅速下降，而全球化通信需求的提升与地面通信网络局限性间的矛盾也越来越明显，越来越多的通信需求得不到满足。在这样的背景下，低轨卫星星座通信逐渐走出低谷。首先是 O3b（另外 30 亿人）中轨道卫星通信（MEO）系统，系统定位于为地球上还未能享受互联网服务的另外 30 亿人提供网络服务，2014 年开始提供商业服务，仅用半年时间就得到了市场的认可，证明了卫星互联网星座的发展前景。随后，多个大型低轨卫星星座项目如雨后春笋般涌现出来。2014 年 8 月，Google 公司提出建设 180 颗 LEO 卫星提供卫星互联网业务；2014 年 11 月，SpaceX 公司宣布计划发射 700 颗 LEO 小卫星，为地面用户提供互联网接入服务，2015 年 9 月又进一步增加至 4000 余颗；2015 年 1 月，卫星互联网公司 OneWeb 计划将 648 颗 LEO 卫星送入太空，下一步还将发射 2400 颗卫星。

在国内，对于低轨卫星通信系统的建设计划也在加速进行中，中国航天科技集团计划用 300 颗 LEO 小卫星构成的"鸿雁"卫星通信系统，实现语音、数据等综合移动通信业务；中国航天科工集团的"虹云"工程将发射 156 颗 LEO 小卫星，提供高速数据服务；而"行云"工程将由 80 颗 LEO 小卫星组成，侧重于窄带数据传输，实现全球星载窄带物联网系统，2017 年 1 月，首颗实验星已成功入轨。

5.5.4 LEO 卫星通信在无人机通信中的应用

按照当前各国的低轨卫星通信系统建设计划，在 2020～2025 年，低轨卫星通信系统将成为移动通信业务的可选通信方式之一。结合无人机通信需求以及现有各通信手段所存在的缺点，尝试对低轨卫星通信系统在无人机通信中的应用进行分析。

（1）适用性分析

① 网络覆盖范围 低轨卫星星座由工作于多个轨道面的多组卫星所组成，实现对全球每一个角落的覆盖，解决了地面移动通信网络对于地域及高度覆盖不足的问题，同时也没有高轨卫星对高纬度地区覆盖不佳的问题。如果应用在无人机通信上，具备了远程实时监控能力的无人机将不再仅限于近距离操控及简单计划任务应用，而可以在更加广阔的领域中发挥作用。

② 通信时延 在时延方面，低轨通信卫星在传输上与地面短程连接相比会增加 10ms 上下的传输时延，整体网络时延可控制在 50ms 以内，不会对无人机监控造成影响，可满足典型无人机通信需求。

③ 业务能力 目前，低轨卫星星座通信业务能力可细分为三大类：第一类目标为综合性移动通信系统，所提供的业务与地面移动通信系统类似，包含语音通信、窄带/宽带数据通信等多种业务能力，如第二代铱星、"鸿雁"星座等；第二类主要提供数据互联网业务，可以看作天基 Wi-Fi 网络，如 OneWeb、"虹云"工程等；最后一类只提供窄带数据通信能力，构建天基物联网，如 Orbcomm、"行云"工程等。这三类业务既可以满足无人机对测控通信的需求，也可以实现对应用数据的通信需求。

④ 终端形态 低轨卫星通信终端相对于高轨卫星终端，体积重量大幅度减小，但相对于地面移动通信系统终端仍然相对较大，目前运营的 Orbcomm 系统部分终端产品如图 5-35 所示。卫星终端的形态与所支持的业务能力也有较大关系，宽带数据终端相对较大，而窄带

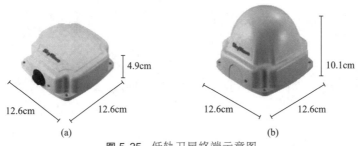

图 5-35 低轨卫星终端示意图

数据终端则小得多。

低轨卫星终端在多数无人机载荷承载范围之内，但依然会占用一定的载荷能力。随着卫星星座通信系统的日益完善，卫星终端的体积也在逐步减小，以降低无人机的负荷。

⑤ 设备及网络成本 低轨卫星通信系统的使用成本大大低于高轨卫星系统，新兴的低轨卫星公司也吸取了早期发展的教训，致力于缩小卫星通信系统与地面移动通信系统间的资费差距，尽量贴近地面通信系统资费，对无人机通信等消费级应用提供了可行性。

（2）基于 LEO 卫星通信网络构建无人机监控平台

低轨卫星通信系统的蓬勃发展不仅为无人机通信提供了全球低空覆盖能力，而且在业务能力、终端载荷及使用成本上均有良好的适配性，利用 LEO 卫星通信系统构建无人机监控平台，为无人机配备实时监管操控的"风筝线"，大大降低无人机远程运作时的风险，也可将无人机应用扩展到如灾后搜救、活动目标监视等依据现场情况及时调整飞行任务的实时控制场景中。

然而，LEO 相对于 PLMN 在使用成本方面依然存在劣势，对于确认在 PLMN 覆盖区域的飞行任务，也可采用相应的地面网络提供通信能力。所以可以综合 LEO 的覆盖优势与 PLMN 的成本优势，基于双网融合构建无处不在的、统一的无人机运行控制及监管网络，如图 5-36 所示。

① 统一飞行监管平台 随着无人机应用的日益广泛，目前低空空域无人机数量急剧增多，低空飞行环境变得更加复杂，无人机危及民用航空、地面人群的安全事件时有发生，而当前无人机监管领域也在构建过程中。要实现对于无人机的飞行监管，必须首先从源头开始加以管控。类似于地面车辆的牌照系统，对于低空安全走廊中的每架无人机必须有明确的身份认证及注册管理；无人机在飞行过程中可能占用低空空域，对于必要的飞行任务，需要提前获得飞行许可并实时接受监控。在此监管过程中，一张可以在无人机从起飞开始到降落结束过程中获取实时位置航线等飞行数据的通信网络可以发挥极大的作用。目前，我国已有优云（U-Cloud）、飞云、U-Care 以及大疆无人机云等多个无人机监管云平台，具有后端数据处理能力，数据获取方式多为基于地面移动通信网络，面临空域及区域覆盖不足的问题，大大削弱了云系统对无人机的实时监管能力，而 LEO 卫星通信系统将无人机管控范围进一步扩展至全球空域范围，在飞无人机实时处于网络监控之下。在这样的网络基础下，云平台可以完成飞行任务申请及规划、航线偏离告警、限飞区域告警等丰富的监管功能。

② 无人机远程飞控 无人机目前多数通过机器视觉、红外、雷达等方式实现飞行过程中的防碰撞能力。当采用 LEO 卫星通信的无人机具备远程实时通信能力后，可以在飞行过程中依据自身的位置信息及云端的地形模型数据库的相互验证，调整行进路线来更早地规避与地面目标的碰撞。

更加重要的是无人机在飞行过程中避免空中目标间（无人机、航空客机等）发生碰撞

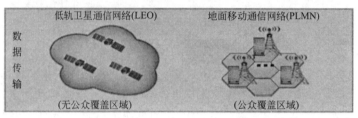

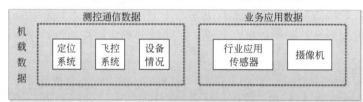

图 5-36 统一的无人机运控及监管网络

的相关机制。在现有民航系统中，广泛采用 ADS-B（广播式自动相关监视）技术。ADS-B 采用全向广播的方式自动发送机型、航空代码、位置、速度、高度及航线等信息，实现航空器间以及航空器与地面塔台间的信息交互，系统可获得较多飞机信息，其建设成本低，可有效监视空中目标，防止碰撞。而在无人机方面，随着国际民航组织和我国无人机相关管理政策的进一步深化，强制安装应答机的无人机将越来越多，利用 ADS-B 实现无人机的监视将变为可能，部分国产无人机品牌已开始加装 ADS-B 设备。

地基 ADS-B 受到地面站范围的制约，同样存在覆盖不连续的问题，而基于低轨卫星的星载 ADS-B 系统已经逐步发展完善。2011 年，Globalstar 和 ADS-B Technology 开发出了 ALAS 系统，后经过 36h 的飞行试验，接收成功率高达 97%，第二代铱星 IridiumNEXT，将全面支持星载 ADS-B 系统，完成星座组网。

采用 LEO 卫星系统作为无人机 ADS-B 手段可以在任何区域有效地防止与其他空中目标碰撞，但成本问题还需要进一步观察。

无人机在飞行过程中，除了需要进行防碰撞控制外，同时也需要实时交互式操控。前面曾提到过无人机在灾后搜救、活动目标监视等更多应用场景中的实时操控需求，即使在现有预置航线的应用场景中，无人机也会存在面临紧急情况时需要传输信息，却无法进行实时通信的情况，从而出现由于无法精准获取实时飞行状况数据而导致无人机失控甚至失联。FAA（美国联邦航空管理局）也在考虑允许人们在视线之外使用无人机，可靠的远程控制手段则成了促成这一决定的重要因素，而 LEO 通信系统可以较好地胜任全部空域的实时数据传输及远程操控工作。

③ 业务应用数据传输　对于无人机飞行现场采集并需要实时传输的业务应用数据，需要根据情况选取合适的 LEO 系统或地面 PLMN 系统：在数据量较小的情况下（如传感器数据），可采用窄带物联网星座（如 Orbcomm、"行云"工程等）进行传输，无人机飞行控制

指令也可采用相应系统，网络成本相对较低，终端较小；而数据量较大时（如视频）可采用宽带低轨卫星星座（如 OneWeb、"虹云"工程等）实现数据传输，但成本也会相应增加，且终端也相对较大。小型无人机会存在载荷难以支撑的情况，在地面通信覆盖可以支撑的情况下，也可优选地面通信网络进行数据传输。

综上所述，低轨卫星（LEO）通信系统由于其对低空空域的不可替代的覆盖优势，满足低空安全走廊中无人机通信需求的网络质量保证，在不久的将来有可能成为无人机通信及监管的重要手段之一，建议持续跟踪该领域的发展并进行产业间合作交流，在无人机及低轨卫星系统设计过程中，进行适应性设计，共同推进低空安全走廊产业发展及应用推广。

本 章 小 结

飞行动态监视是低空安全走廊运营体系建设的重要内容。本章阐述了无线电监测与测向定位、雷达探测、光学跟踪及光电探测技术，介绍了 ADS-B 自主监视技术，最后分析了低空安全走廊中的无人机通信系统，探索了低轨卫星通信技术在无人机飞行动态监视中的应用前景。

第**6**章

飞行器飞行控制

　　低空安全走廊运营平台中的飞行器种类较多，无人机是其中的一类主要的低空飞行器。众所周知，无人机自主飞行控制的研究属于飞行控制的前沿问题，目的是实现无人机的自主飞行控制、决策和管理。无人机自主飞行控制具有高度的复杂性和智能性，在理论和工程实践中尚处于起步阶段。结合近年来国外的发展状况和一些主要的研究成果，本章对无人机自主飞行控制进行了概述。首先介绍了无人机的环境感知技术；然后，介绍了无人机的飞行控制技术，包括自主控制的概念，无人机自主飞行控制中的飞行规划与重规划等关键问题；接着，阐述了自主飞行控制的分层结构，以及无人机自主着陆等问题；最后，对无人机飞行控制的未来发展方向和面临的挑战进行了展望。

　　随着应用的需要和航空技术的发展，近年来在世界范围内掀起了对无人机的研究热潮，美国、英国、法国、德国、澳大利亚等都针对这个领域投入了相当的科研力量。究其原因，用无人机替代有人驾驶飞机可以降低生产成本，便于运输、维修和保养，而且不用考虑人的生理和心理承受极限。未来无人机在军事和民事上都有广泛的应用前景。在军事领域，采用无人机进行作战和侦察，可以减少人员的伤亡，还能具有超高过载的机动能力，有利于攻击和摆脱威胁。在民用领域，无人机可以完成资源勘测、灾情侦察、通信中继、环境监测等繁重且重复或具有一定危险的任务。

　　美国是现今最主要的无人机生产研制国，在其庞大航空工业力量的支持下，积累了相当丰富的关于无人机系统功能、结构和部件上的技术经验，研制出了"全球鹰""捕食者"等先进的无人飞行系统。即使这样，各国学术界和工业界也认识到在复杂不确定的环境条件下，现有的无人机系统一旦缺乏人的控制决策干预，往往不能顺利完成任务。针对以上现状，如何最大限度地给无人机这种机器系统赋予智能，实现其自主飞行控制、决策和管理，从而在某些领域取代有人驾驶飞机的作用，成为当今无人机控制技术面临的全新挑战。在传统的控制方式下，无人机的控制可以由与其一起混合编队的有人飞机利用近距离通信链实现；也可以通过远距离的地面或空中指挥平台进行控制；还可以利用卫星通信控制。但是上述方法都是通过外界数据通信链对无人机进行控制，在恶劣的条件下，一旦通信链不再可靠和畅通，后果将不堪设想。

　　因此，对于复杂环境下工作的无人机，必然要求其具有较强的自主飞行决策控制能力，以适应未来的需要。

6.1 环境感知与认识

环境感知是顺应大数据、互联网、5G通信、物联网等新型技术发展潮流，通过加快布建、广泛集成各类智能设施和数据资源，引入大数据、人工智能等先进数据处理技术，最终形成信息感知、存储计算、数据融合、智能应用等一体化的感知体系，是低空安全走廊体系中飞行器飞行控制的关键技术。

6.1.1 多模态智能感知

环境感知和自主控制内容涵盖模式识别、机器视觉、控制科学等多个领域的关键问题，是人工智能研究的热点。人工智能发展经历了三个阶段：计算智能、感知智能、认知智能。环境感知与自主控制是一种无需或仅需极少的人工干预，就能独立感知环境并完成对目标自动控制的技术。从20世纪中期开始，人类对构建具有智能化的感知与控制系统寄予极大的期望。智能对于生物体而言，最基本的能力是感知和与环境交互的能力，这是生存与探索世界的基础。对一些低等生物，首先发展的是感知和与外界互动的能力，之后的高等动物才逐步发展出更为复杂的能力，如语言、分析、推理等。目前，人工智能已经在探索环境、感知环境和与环境交互等方面已经取得了阶段性成果。如何有效地利用人工智能技术，将环境感知和控制结合起来，实现复杂系统在自然环境中的有效控制，是飞行器飞行控制研究的核心问题。

随着元器件和传感器的发展，人工智能获取信息的能力显著提升，特别是在最近十年，多种信息获取技术被投入实用阶段，包括光场成像、深度成像、可见光与红外成像、雷达成像等。这些信息技术为无人机的智能感知提供了强有力的原始信息获取手段，使得无人机的环境感知能力在一些方面甚至超过人类的感知能力。在感知外界的模型研究中，一些学者提出了主动视觉、定性视觉等方法，并且将其应用到感知交通场景的行人和车辆图像理解等领域。

不同模态感知手段在作用距离、感知特性等方面存在一定的差异，融合多种感知手段，可以提升无人机对外界的环境感知能力。近年来，无人机环境感知融合方法，主要包括激光雷达与可见光相机的融合，超声波测距与可见光相机的深度融合等。由于多种感知手段所提供的信息有时不相关，甚至是抵触的，因此对多模态信息，需要提供信息融合和决策支持，这与单一感知技术有着重要的差别。

（1）室外环境感知

室外环境感知，是集合激光测距仪、全景相机、GPS、惯导、双目摄像机等多种传感器，对室外环境场景进行感知建模。这类感知建模往往与后续的应用分离，很难支持现场的实时建模应用，使得室外环境感知的应用相对较少。

（2）室内场景感知

在室内场景感知中，通过融合多种感知传感器数据，构建高精度三维模型，已经能够实现较为精确的室内场景建模。目前，利用消费级深度传感器，可以方便地实现小范围室内场景的实时建模。尽管深度传感器的采集范围和精度都很有限，但这些相关技术的发展为虚拟现实、增强现实等提供了基础数据支持。

6.1.2 类脑感知

真实世界需要考虑多粒度的建模。高等生物的视觉系统几乎都是非均匀的，这种非均匀性同时表现在感知空间精度和对刺激的响应上。以人类视觉系统为例，在人眼中有 600 万～700 万个视锥细胞、9000 万个视杆细胞，如果只按照中央凹的密度考虑，人眼在水平 120°，垂直 60° 的范围内大约相当于 6 亿左右的像素。同时具有精细观察能力的等价像素只是中央凹部分的 600 万～700 万像素，视杆细胞所产生的边缘视觉分辨率则极低。这种机制与选择作用，保证了生物视觉系统能够在精度、反应速度、视野之间做到很好的平衡。

建立在仿生和类脑机制下的感知系统是近年来的研究热点。基于不同的感知目的，需要兼顾分辨率、视野、传输以及处理能力。下面介绍四种基于类脑感知的新型感知传感器。

（1）动态视觉感知

动态视觉感知系统主要捕捉相机视野内的运动信息，是仿生视觉感知中重要的内容。传统基于帧的图像获取方法存在一些问题，如帧率限制、信息冗余、带宽限制、有限的动态范围等。生物视觉的特性是基于事件的稀疏表示。因此，在类脑感知系统中，动态视觉信息采用事件流信号的编码方法，例如：采用神经元的发放率来表示刺激的信息或者采用一个时间段内的脉冲数量来表示刺激的信息等，可以极大地提高数据传输和处理的速度。常见的动态视觉感知芯片是硅视网膜器件。它采用生物视网膜模型中的双极性细胞和运动感知功能，通过时间差分，测量每个像素的亮度变化，输出采用事件序列，降低了数据传输量，具有高时间分辨率和大动态范围。

动态视觉感知的主要优势是提供描述场景变化的像素输出时，可丢弃所有的冗余信息，提高时间分辨率，目前已经应用于立体视和光流、角点检测、轨迹分析等。

（2）角度感知

角度敏感像素传感器，是一种视觉感知传感器。该传感器可以通过光学元件直接计算出深度学习中卷积神经网络的第一层，并用于视觉感知任务。

（3）光流和焦点流感知

光流和焦点流感知，是一种基于光流扩展出的焦点流感知方法，不同于传统的立体视觉、散焦测距等被动式深度感知技术。光流和焦点流感知，可以同时测量三维物体的运动速度和深度信息，并且不需要使用视差和模糊等大量计算，拍摄的物体在相机上所成的图像随物体与相机距离的变化而产生不同程度的散焦模糊。深度和三维速度可以通过逐像素的线性约束求解得到。基于焦点流原理的传感器，可以应用在需要运动视觉感知的低功耗微型无人机上。

（4）仿生触觉感知

微米级影像的获取，传统方法是使用大型设备，如共聚焦显微镜或白光干涉仪，而且要产生一幅 3D 影像常常需要耗时数分钟至数小时。这类微米级影像获取设备，通常安装在使用花岗岩材质的桌面上，且桌子需要安装减震器。麻省理工学院的研究人员开发出了一种简单、可携带的仿生触觉成像系统 GelSight。该系统结合了透明板、合成橡胶、具有微小金属斑点的外漆层，以及更巧妙的算法，可实现过去仅能通过大型和昂贵实验室设备来实现 3D 成像。GelSight 是从一项建构机器人触觉传感器的项目中衍生而出，可以应用在无人机的环境感知领域。

综合上述，我国的无人机飞行控制技术已经取得了巨大进步。但是，在智能感知飞行控制领域，我国的工业水平和研究水平整体偏弱，缺乏高精度的仪器设备器件。近年来，基于深度学习的模式识别方法在语音识别、图像分类和行为识别等领域取得了巨大的成功，其识别精度比传统方法有明显提高。深度学习具有多层次结构，能自动学习表示性和判别性优良的特征，为新型智能传感发展提供了更多的应用场景。

在环境感知中，不论是以往的静态感知还是交互系统中的动态感知，都具有相对独立性。从感知到控制的实时性在无人机的自动着陆阶段具有重要作用，而感知与响应的环路集成则是无人机开展救灾救援工作的关键控制技术。智能感知与自主控制是低空安全走廊建设中必不可少的飞控技术，它保证了无人机系统与外部环境的连接，同时也是无人机获取外界数据的重要手段。未来的智能系统不仅仅需要具备限定域问题的解决能力，同时也具备能够应对开放域问题的学习能力。随着新型智能感知能力的发展，无人机控制的智能化水平将会进一步提高。

6.1.3 无人机环境感知

智能物联网的环境感知，产生了大量感知数据。通过物联网与信息网数据的融合，面向智能泛在感知体系的多维数据的融合、分析以及挖掘利用技术将会在低空安全走廊体系中具有巨大的应用空间。

通常，无人机工作在复杂和未知的环境中，这要求无人机必须具有很强的适应各种复杂环境和自主学习、控制的能力。当数百架通信范围有限的无人机一起飞行时，各架无人机需要保持连接和信息流不受干扰，每架无人机需要具备监测自己和彼此的能力。现有的技术条件和研究现状，很难真正实现无人机在复杂和未知环境下的自主控制，尤其是针对在出现异常状况下的自主控制，这是现阶段智能控制领域的一个难点，同时也是科研人员未来研究的重点方向。随着电子科技、人工智能、微机技术、传感器等相关技术的快速发展，未来无人机的控制将向智能化、自主化、网络化、小型化的方向发展。

在无人机的智能控制中，控制系统的结构和控制等级的划分，关系着无人机的操控性能和适应复杂环境的能力。无人机智能控制技术能够使无人机在无人工干预的情况下，按照操作人员的要求实现相应的功能，完成特定的任务。无人机的控制技术涉及多个学科，例如：传感器技术、计算机科学技术、微机原理、控制工程、智能算法等。研究无人机的控制，首先需要将人的思想移植给无人机，使无人机按照人类的方式处理遇到的复杂问题，并根据遇到的不同环境做出适当的控制决策。因此，研究无人机控制系统的结构和控制技术的分类，对于无人机的智能控制具有十分重要的意义。

无人机具备人类思考能力的前提条件是，无人机必须具备对环境的感知能力。无人机上安装的各类传感器，可以获取外界环境中的各类信息，并将信息传送至无人机的 CPU 中，CPU 经过对信息的处理、融合、计算，最终得出结论，并将控制信息发送至各个执行部件，实现自主控制。

如图 6-1 所示，无人机智能感知系统包括惯性传感器、倾角传感器、磁力矩传感器、距离传感器、温度传感器、加速度传感器等。惯性传感器可以结合 GPS 模块控制飞行的路径和飞行方向；磁力矩传感器与倾角传感器结合使用可以测量无人机的飞行姿态；距离传感器可以探测无人机周围是否存在障碍物，防止无人机与外界环境中的物体发生碰撞；温度传感器可以测量无人机所处环境中的温度；加速度传感器广泛应用于航空航天领域，可以测量周围空气的流速、无人机的加速度和高度等信息。需要指出，上述各个传感器的测量值的精度与温度存在很大的关系，需要根据温度传感器的数据进行温度误差补偿，以保证各类测量数据的精确性。

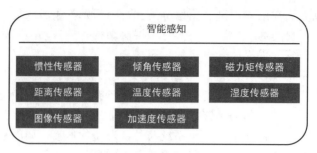

图 6-1 无人机智能感知

低空安全走廊的环境感知系统，能够实现感知大数据与其他政务、警务等大数据深度融合共享，实现无人机轨迹信息的全时空、全网络、全维度的立体展示。随着各类智能物联网感知技术的发展，将会产生的大量环境感知数据。面向智能泛在感知体系的多维数据的融合、分析以及挖掘利用技术，将会在无人机环境感知领域中拥有更大发展空间。

6.2 信息交互与飞行控制

6.2.1 无人机系统信息交互

机上无人、任务复杂以及动态环境不确定，决定了无人机系统必须具备很高的自主性。真正实现非结构化环境下无人机的自主控制是一项具有挑战性的技术难题。如何实现对突发事件的自主管理是无人机自主控制能力的重要体现。随着无人机单机自主性、机载计算能力及信息技术的不断发展，无人机将朝着网络化、分布式、自主协同控制方向发展。不同任务和类型的异构无人机自主协同，以及有人/无人自主协同，也是低空安全走廊系统中无人机自主控制的重要研究内容。

自主性、机载信息获取/传输及其应用能力将是未来无人机在动态环境下完成复杂任务的关键。实现该目标所要解决的关键技术有：态势感知、智能自主性、多平台网络化/通信/作战等。为了提升无人机系统对环境和行为因素做出正确反应的能力，实现无人机的完全自主性，需开展无人机系统的信息交互技术研究。

无人机自主控制系统中，最重要的功能是在动态环境下模拟驾驶员或任务指挥员的智能或决策。因此，如何从人类的认知和决策过程研究无人机的自主性行为和决策机制，将人类的决策性行为、程序性行为以及反射性行为映射为无人机自主系统的决策层、组织协调层及执行层，对于低空安全走廊中无人机自主系统的设计和自主等级的划分具有重要意义。

目前的无人机自主控制包括如下类型：单机自主，即遥控引导、实时故障诊断、故障自修复和飞行环境自适应；多机自主，即机载航路重规划、多机协调、多机战术重规划、多机战术目标；机群自主，即分布式控制、机群战略目标、全自主集群。随着自主等级类型的提高，无人机的适应性提高，智能性提高，任务复杂性提高，规模、作用范围扩大，从战术层次到战略层次，自主性逐级提高。

无人机自主控制的基础是无人机的智能及无人机之间或无人机与相关实体之间的信息互联和互通。互联和互通技术在不同自主等级中起不同的功能。互联是在网络环境中运用特定的技术，允许系统之间进行数据和信息交互，任何系统只要符合所连接的接口和交互规范就可以进行互联。互通独立于网络环境，不考虑信息交换细节，而将重点放在系统及其支持下的应用之间的相互作用上。一组相互兼容的系统连接在不同类型的网络中，需要通过网络互联来交换信息。一组不同类型系统在单一网络中需要通过网络互通来理解和应用信息，不同类型的网络和系统连接在一起则需要互联和互通能力。互联和互通能力等级越高，指令通道信息量越少、指令层次越高、互操作能力越强。

无人机自主控制技术示意图如图 6-2 所示。

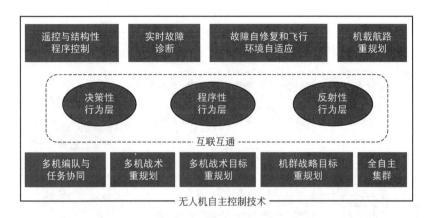

图 6-2　无人机自主控制技术示意图

无人机的遥控与结构性程序控制，采用宽带、可靠遥控与遥测链路，实现无人机的结构化控制方案和策略，余度电传控制，飞控模态评估，组合导航、精确制导，航路精确跟踪，半自主起降。无人机实时故障诊断，采用无人机的机内自测、实时故障诊断与隔离，故障信息的报警。无人机自主控制技术的主要内容如下：

① 无人机故障自修复和飞行环境自适应，包括：无人机外部资源和威胁的外部态势通信告知或部分自感知，平台健康和能力的自身态势感知，机载健康管理系统，故障自修复，控制律重构，面向飞行状态的适应性控制，面向任务的可变模态控制，自主起降，大飞行包线、大过载、大机动、恶劣环境下的适应性控制。

② 机载航路重规划，包括：多目标探测、识别、跟踪、目标优先级和威胁级评估等外部态势感知，突发威胁/防撞避障。

③ 多机编队与任务协同，包括：多机信息共享，编队相对导航，资源分配、编队组织、任务分配、时间协同等多机协同，编队形成、保持与重构，碰撞/障碍规避等多机编队控制。

④ 多机战术重规划，包括：战场环境感知及多机信息共享，战术态势感知，多机协同任务/航路重规划。

⑤ 多机战术目标重规划，包括：战术目标划分、资源分配、编队组织、任务分配、时间协同等多机协同技术，以及多机协同任务/航路重规划，指挥、执行重规划战术。

⑥ 机群战略目标重规划，包括：分布式战略环境感知及识别，分布式战略态势感知，分布式机群信息共享，分布式机群编队导航，战略目标划分、资源分配、机群组织、任务分配、时间协同等分布式机群协同，以及分布式机群任务/航路重规划，机群战略计划实施。

⑦ 全自主集群，包括：集群战略环境感知及识别，集群战略态势感知，集群信息共享，集群战略/战术目标及任务/航路重规划，以及集群战略/战术计划实施。

基于认知行为的无人机自主控制系统各部分的特点或功能如下：

① 决策性行为层：决策性行为在无人机的自主控制系统中主要体现为态势的感知、智能决策、任务规划与管理等功能。

② 程序性行为层：程序性行为在无人机的自主控制系统中主要体现为平台故障自修复和飞行环境自适应等功能。

③ 反射性行为层：反射性行为在无人机的自主控制系统中主要体现为传统自动飞行控制系统的导航、制导与控制等功能。

6.2.2 控制任务分析

飞行器自主控制系统功能示意图如图 6-3 所示。

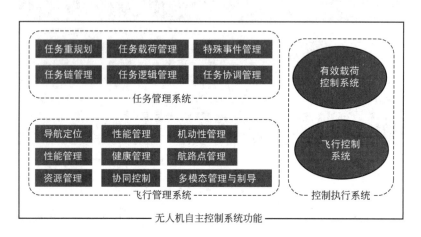

图 6-3 飞行器自主控制系统功能示意图

由图 6-3 可知，飞行器自主控制系统功能模块，包括任务管理系统、飞行管理系统和控制执行系统。

在任务管理系统中，信息管理是在信息互联和互通基础上，实现信息融合、环境感知与理解、目标身份和意图识别以及威胁等级评估等。任务管理系统主要包括如下内容：

① 任务重规划，是在预规划所依赖的条件发生变化、检测到冲突发生或突发事件时，进行在线的任务/路径重规划，以适应动态变化的环境或任务。

② 任务载荷管理，是实现对目标的搜索、跟踪与传感器管理，并对武器的发射条件进行连续的判别和授权下的武器投放控制。

③ 特殊事件管理，是基于信息管理的结果对突发或未规划事件，例如突发威胁、目标消失或新目标的出现等，进行检测、诊断与处理。

④ 任务链管理与任务逻辑管理，是实现对已规划任务的实时调度和管理，确保在合适的时间、地点，完成合适的任务。

⑤ 任务协调管理，是完成各任务之间的协调工作。

在飞行管理系统中，导航定位是平台自身的导航定位、多机协同情况下的相对导航定位以及时空同步等。飞行管理系统的主要内容如下：

① 航路点管理，是对完成任务、冲突消解、规避以及战术机动等航路点的规划与跟踪进行管理。

② 机动性管理，是实现碰撞规避机动以及目标侦察与攻击等战术机动的规划与管理。

③ 性能管理，是对平台的爬升飞行速度和垂直飞行剖面进行规划和管理，满足平台的最短时间或最经济省油等不同的爬升性能要求。

④ 健康管理，是实现对平台故障的检测、诊断与控制重构以及机载关键设备和传感器

的管理。

⑤ 资源管理，是对平台燃油、飞行和任务时间进行检测和管理，触发可能的任务/路径的重规划。

⑥ 协同控制，是实现上层协同任务管理所确定的平台协同控制与重构控制。

⑦ 多模态管理与制导，是指实现对飞行器起飞、爬升、巡航、进场和着陆等各种不同的飞行任务模态、平台内部动态特性的变化及各种故障等模态，以及平台外部环境和态势变化所引起系统的工作模态变化的管理，并产生与当前模态相适应的飞行控制和任务载荷控制指令。

控制执行系统，包括有效载荷控制系统和飞行控制系统。具体功能如下：

① 有效载荷控制系统，是根据任务载荷管理系统对目标的搜索、跟踪需要，实现侦察传感器对目标的搜索与跟踪控制。

② 飞行控制系统，主要实现对平台的速度控制和姿态控制，确保完成任务所需要的平台飞行状态。

6.2.3 飞行控制流程

由于无人机飞行控制系统较为复杂，如果所有的数据信息和控制指令全部由中央处理器控制，会造成控制系统混乱，结构不清晰，各种信息和数据复杂错乱，既影响了无人机维护和管理的便捷程度，又降低了无人机 CPU 的计算和处理速度。无人机控制系统的控制流程如图 6-4 所示。

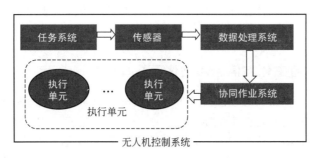

图 6-4 无人机控制系统的控制流程

由图 6-4 可知，无人机的控制系统主要由一级控制系统中的任务系统、数据处理系统和协同作业系统组成，任务系统、数据处理系统和协同作业系统又分别由其各自子系统构成，经过若干级的划分，最终由无人机系统中底层的执行单元负责控制系统指令执行的任务。

无人机最重要的功能就是根据人的需要执行任务。因此，在控制系统中必须对无人机设置任务系统，任务系统中包含无人机所需执行的任务信息。任务系统的主要职责是根据设计人员的要求，把无人机在执行任务时所需获取的信息指令下发到各个传感器中，传感器根据任务系统的控制获取各类数据信息，并把相应的信息传送至任务系统的数据存储区中，保证任务系统可以根据设计人员的要求采集相应的数据。

数据处理系统的任务是根据传感器采集的数据信息进行实时处理，结合数据处理结果把数据处理后的执行命令下发到无人机的各个执行部件中，保证无人机的各个执行部件按照技术人员的设计和数据处理系统对数据的处理结果实时控制无人机按照设定的模式运行，保证无人机的运行不受外界环境的干扰；数据处理系统是无人机自主控制的核心内容，无人机自主控制的能力与数据处理的能力和速度息息相关。因此，在无人机系统等级划分的时候，数据处理系统作为主要的功能模块，与任务系统处在同一级。

无人机的运行仅仅由一个或几个传感器的控制无法实现其控制要求。因此，对于整个无人机的控制系统来说，必须由协同控制系统统一调配各个传感器和运动部件，才能使无人机按照预期的目标运行。以下将阐述无人机控制系统结构设计。

① 在无人机控制系统结构设计中，传感器将无人机系统采集的所有数据经过子系统、主系统，最终传送到无人机的主控制系统。无人机的主控系统在数据处理后把处理结果传送给各个子控制系统，子控制系统再驱动各个运动部件运行，实现无人机的正常运行。随着传感器技术的快速发展，越来越多的多功能、高精度的传感器作为探测器被应用在无人机上。此外，随着伺服控制技术的快速发展，越来越多的小型伺服电机和马达作为无人机的执行系统为无人机的运行提供可靠的执行力。

② 无人机的控制系统结构主要包括由传感器组成的感测模块、中央处理模块和由各个运动部件组成的执行模块。随着芯片技术的发展，ARM 芯片、DSP 芯片等各类高端控制芯片，广泛作为无人机的中央处理系统应用在无人机的控制系统中。中央处理器的运算速度、存储量、运算能力关系着无人机的控制性能。此外，树莓派等卡片式计算机等的出现，加速了无人机飞控系统的发展。

无人机需适应复杂的环境，其控制算法对无人机的响应速度有十分重要的影响，传统的 PID 算法已不能满足现在无人机的控制要求。在无人机的控制系统中需要融入人工智能算法，如神经网络算法、蚁群算法等高级算法，以实现无人机的自主智能控制。

在低空安全走廊建设中，研究适于无人机自主控制逐级发展的无人机自主控制开放平台，以及各类自主功能的软件使能控制的设计，将对低空安全走廊的智能化发展有积极的促进作用。

6.2.4 无人机控制自主化与信息网络化

自主控制意味着能够在线感知态势，并按确定的使命、原则在飞行中进行决策并自主执行任务。自主控制的挑战就是在不确定的条件下，实时或近实时地解决一系列最优化的求解问题，而不需要人的干预。从根本上说，需要建立不确定前提下处理复杂问题的自主决策能力。智能控制是解决自主控制问题的重要手段，自主控制水平的提高有赖于智能技术、计算机处理能力和感知技术的突破性发展。

由于链路延迟和缺乏真实座舱感受，无人机对于自主控制的要求更为突出。特别是具有大机动能力的无人作战飞机，要求飞行员在地面站遥控无人机完成复杂的战术机动几乎是不可能的。由于技术条件的限制，目前无人机的自主化程度还很低。按照美国无人机系统发展路线图给出的自主程度的分级，目前享誉全球的捕食者仅达到 2 级的自主程度，全球鹰无人机也只有 2～3 级的自主程度。未来无人机要想取代有人机成为天空的主宰，自主程度的大幅提高是必须突破的关键技术。

任何一架无人机的力量是有限的，只有加入网络化信息，实现资源的共享，才能更大限度地发挥团体优势。网络化是网络中心站赋予无人机的新的要求。

网络中心站是指将所有的侦察探测系统、通信联络系统、指挥控制系统以及武器系统等，组成一个以计算机网络为中心的一体化联合作战体系，各级作战人员利用该网络作战体系实时感知战场态势、交流作战信息、指挥与实施作战行动，达成信息优势、决策优势和行动优势的作战模式。网络中心站的重要特征是从传感器到应用平台的链路中信息的高效流动。在该网络中，无人机将发挥重要作用，既可作为传感器，实施战场侦察与监视，又可作为通信中继乃至携带武器对目标实施相应的任务，还可进行相应效果评定。

作为无人机的控制、管理与信息中心，飞行控制与管理系统向网络化发展是必然的趋势。通过网络化编程，无人机可以分析轨迹、感知态势、识别故障、识别可疑或入侵的无人机，并在飞行中做出调整。

6.3　无人机自主控制原理

自主控制问题的提起，常常与智能机器人的控制联系紧密，也与无人航行装置的制导与控制密切相关，如 UAVs、UGVs（Uninhabited Ground Vehicles）、UUVs（Unmanned Under-water Vehicles）等，其含义强调"无外界控制干涉"，以及"自我控制决策"。从这个意义上讲，自主控制可以看成是自动控制的高级发展阶段，本质上属于智能控制，是多学科的交叉，涉及自动控制、人工智能、运筹学、信息论、系统论、计算机科学、人类工程学等。如果从智能程度上看，常规的自动控制和自主控制的区别在于常规的自动控制是基于数据驱动的，几乎不具有智能；而自主控制的产生则是信息驱动的，甚至是知识驱动的，可以具有很高程度的智能。

6.3.1　自主控制过程

自主控制是在"非常"未组织的环境结构下采用的"高度"自动控制。其中"高度"自动控制指的是无人、无外界干预的控制过程，而未组织的环境结构主要是由不确定性所引起的。一般来说，不确定性分为如下几种：

① 参数不确定性（对象参数未知）；
② 无建模动态；
③ 随机扰动；
④ 传感器/测量装置（随机）噪声；
⑤ 多 Agent 及复杂的信息模式（分散式控制）；
⑥ 某个附加（或决定性）的控制信号被对方操纵；
⑦ 测量噪声强度被我方和/或对方干扰台所控制；
⑧ 对方在决定性的测量或控制中引入错误的信息（欺骗）等。

在未组织的环境结构下，控制与决策是在不充分的，甚至是误导的信息下产生的。因此，自主控制/决策系统最为主要的特性是在无人干预的情况下，面对不确定性，近实时地解决复杂的优化控制问题。

6.3.2　飞行控制系统

在无人机中，最重要的部分是飞行控制系统，而控制飞行的计算机系统则是其中的核心部件。飞行控制计算机的性能与无人机的性能和安全可靠有着直接的关系。现阶段，随着计算机技术的不断进步，飞行控制系统也处于不断完善中。具体到无人机中的飞行控制系统，飞行控制、飞行管理是两个最核心的功能。飞行控制功能，能够保证飞行姿态和飞行轨迹处于正常的状态，不偏离指令航线。飞行管理功能，主要负责的任务的数据传输、导航计算、故障诊断、故障处理、应急处理等。

飞行控制系统主要包括传感器、舵机和飞行控制器三部分，如图 6-5 所示。传感器可分为惯性测量组合（IMU）、高度传感器和 GPS 卫星接收机三部分，而舵机又可以细分为升降舵机、副翼舵机、升降舵机和风门舵机，飞行控制器则主要包括基于 ARM 处理器的计算机控制系统。

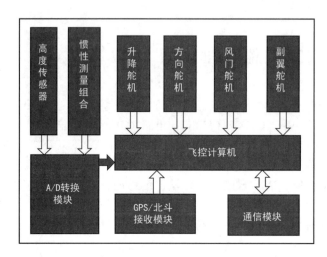

图 6-5　飞行控制系统框图

飞行控制计算机是整个控制系统的核心，主要承担不同组成单元的协调任务。在输入指令后，飞行控制计算机根据相关指令，采集飞行状态数据，按照设计好的算法和指令，控制执行机构的飞行。飞行控制计算机主要承担的任务如下。

① 无人机的航行路线是事先设定好的。通过飞行控制计算机系统，可以实现对预定航线的精确控制，避免无人机偏离飞行航线，从而有效实现对无人机飞行任务的控制，以便更好地控制任务设备。

② 对无人机在飞行过程中的姿态数据进行有效采集，完成数据向地面单元的传输。

③ 处理无人机故障。

无人机飞行控制设计时，需要对飞行控制计算机进行两个方面的设计，分别从硬件和软件方面入手。硬件设计主要围绕系统接口、硬件模块和结构三个方面进行设计，软件方面主要考虑无人机的使用环境，能够在设计完成后执行对外界的实时反应指令，并具备较强的扩展性。

现阶段，在无人机飞行控制系统中，普遍采用 ARM 处理器，它以 64 位内核和高速运算为特点，片内集成设备丰富，并通过微控制器实现对外围设备的扩展，从而构成完善的飞行控制计算机系统，实现与传感器等设备的相互配合，从而构成完善的飞行控制系统，保证了无人机的高度集成和实时性。

6.3.3　地面控制站

飞行控制系统中已内置了一个完整的地面站界面，通过运行低空安全走廊产业操作系统的超级终端程序，就可以与任何 PC 机实现连通。这个地面站界面支持 RS-232 有线或无线连接，飞行时数据可连续下传。在 RPV-RC 控制模式下，可以通过上行链路对飞机的导航设置进行实时修改。飞行控制系统还有一个专用的 TTL 异步串口，这个地面站专用串口可以与使用者自行开发的地面站进行通信，还可以通过这个串口控制所有舵机。

6.4　无人机自主飞行控制策略

对于无人机的自主控制、决策与管理系统，国外有许多研究机构从不同的方面对其进行了研究。从目前研究的结果看，现阶段已有的技术手段，只能实现相对确定环境下的自主或半自主控制。要在快速变化的不确定环境下，完全意义上实现无人机的智能自主控制，还需要今后做深入研究。

在无人机的自主飞行控制中，首要解决的几个关键问题是：如何进行飞行中任务、航迹的自主快速规划与重规划；采用何种形式的控制结构体系；如何实现自主条件下的安全着陆。不确定环境中的快速规划与重规划是自主性要求的本质，是面对不确定性和实时性挑战的复杂大规模决策优化问题。无人机控制结构体系的选取，关系到整个无人机系统能否高速、有效地运作，而无人机的起飞着陆阶段，尤其是着陆时最易发生事故。

6.4.1　飞行规划与重规划

无人机在飞行过程中的在线实时规划与重规划能力，是无人机自主飞行控制系统必须具有的能力。这种能力实际上是一个独立自主的决策过程，即系统可以根据在线探测到的态势变化，实时或近实时地规划/修改决策系统的任务目标，从而自动生成完成任务的可行飞行轨迹。根据所形成的轨迹及飞机当前的状态产生制导和调度指令，控制飞机精确跟踪所生成的轨迹，完成规定的任务。同时，由于运行的环境和系统本身存在不确定性，自主控制系统的规划与重规划应具有相当程度的智能，对于系统参数的变化、不确定的扰动以及发生的故障应具有一定的鲁棒性。

自主飞行无人机典型的规划问题就是在满足所有可飞约束条件的情况下，如何尽可能有效、经济地避开威胁，防止碰撞，完成任务目标。

无人机飞行规划问题涉及的常见约束一般有：

① 地理或物理的障碍物；
② 威胁（静态/动态）；
③ 油耗指标；
④ 时间要求；
⑤ 无人机性能指标。

考虑无人机飞行规划问题的实时性和不确定性，在上述诸多约束条件下规划出满意的决策方案是难度较大的多维多模优化问题。在无人机飞行规划中，可以将一个完整的飞行规划过程划分为不同的等级，具体如下。

① 任务前规划。这一级规划中所有的信息都是静态的，通过这些可用信息可以得到最优的决策。

② 近期规划。此规划在空中执行，可以将其看作是一个轨迹跟踪的实现过程，通过内环控制、自导设计、跟踪以及短期在线轨迹生成来自动完成。

③ 任务重规划。当无人机接收到传感器新的信息、指令或情报时，需要进行近实时飞行中重规划，即在接收到新的信息或当不可预料事件发生时，最优地完成对离线规划的自动更新，其难度随问题的大小、复杂程度和不确定性的变化而变化。

6.4.2　分层控制结构

无人机的工作模式包括无人机单机行动和多机编队协同。无人机飞行控制系统的设计涉及的问题主要包括：任务的分解，群体航迹的优化，无人机单机的轨道规划和轨道跟踪，无人机集群的协调，以及无人机的自适应自修复和容错管理等。

如何选取一个高效合适的无人机控制系统结构，是整个系统设计要考虑的关键问题。当前，无人机控制系统结构主要包括两种。一种结构是采用完全集中的方法，即存在一个中心处理控制器，接收每架无人机的传感器信号，经分析处理后对每架无人机发出详细的控制指令，在这种结构下有可能找到全局最优的控制策略。但是这种集中式结构也存在一定的问题，例如大规模复杂的全局寻优问题通常难以解决，通信带宽也有可能不足，某个局部地方出现的错误可能将导致全局意外等。另一种结构是完全分布式结构，这种结构虽然有很好的容错性和鲁棒性，但是在不确定的环境下工作或遇到突发危险时，无人机群体之间很难建立协调合作的关系，无法充分发挥群体的优势。

作为一种大规模的智能决策系统，未来的无人机自主控制体系，需要探索类似分层递阶智能控制等自主控制结构。美国 Saridis 教授提出了分层递阶智能控制的自主控制结构形式，出版了《随机系统的自组织控制》（Self-organizing control of stochastic systems）书籍，并发表综述文章《面向智能控制的实现》（Toward the realization of intelligent controls）。Saridis论述了从通常的反馈控制到最优控制、随机控制，再到自适应控制、自学习控制、自组织控制，并最终向智能控制这个更高阶段发展的过程。其控制智能是根据分级管理系统中的"精度随智能提高而降低（IPDI）"的原理逐级分配的。

分层递阶控制系统由组织级、协调级和执行级组成，如图6-6所示。其控制精度由下而上逐级递减，智能程度由下而上逐级增加。组织级代表控制系统的主导思想，具有最高的智能水平，覆盖知识的表示与处理，由人工智能起主导作用。协调级是组织级和执行级之间的连接装置，涉及决策方式的表示，由人工智能和运筹学起主导作用。执行级是智能控制系统的最低层次，要求具有最高的控制精度，由常规控制理论进行控制。

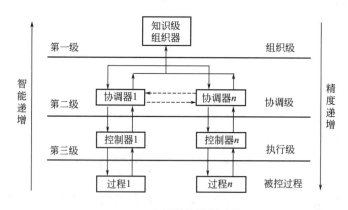

图 6-6　分层递阶控制系统

（1）组织级

组织级是递阶智能控制系统的最高级，具有最高的智能程度，对精度的要求不高。它能够模仿人的行为功能，具有相应的学习能力和高级决策的能力。它组织监视并指导协调级和执行级的所有行为。组织级能够根据用户对任务的不完全描述与实际过程和环境的有关信息，组织任务，提出适当的控制模式，向低层下达，以实现预定的控制目标。在组织级中，识别的功能在于翻译定性的命令和其他的输入。

（2）协调级

协调级是递阶智能控制系统的次高级，它要求精度也不高，但要有比较高的智能决策功能。协调级用来协调执行级的动作，它不需要精确的模型，但需具备学习功能以便在在线的控制环境中改善性能，并能接收上一级的模糊指令和符号语言。

协调级可以进一步划分为两个分层：控制管理分层与控制监督分层。控制管理分层基于下层的信息决定如何完成组织级下达的任务，以产生施加给下一层的控制指令；控制监督分层的任务是保证、维持执行级中各控制器的正常运行，并进行局部参数整定与性能优化。协调级一般由多个协调控制器组成，每个协调控制器既接收组织级的命令，又负责多个执行级控制器的协调。

（3）执行级

执行级是递阶智能控制系统的最低一级，要求精度高，智能较弱，由控制理论起主导作用。执行级一般有比较准确的模型，由多个硬件控制器组成，其任务是完成具体的控制任务，并不需要决策、推理、学习等功能。执行级的控制任务通常是执行一个确定的动作，执行级控制器直接产生控制信号，通过执行结构作用于被控对象（过程）；同时执行级也通过传感器测量环境的有关信息，并传递给上一级控制器，给高层提供相关决策依据。

在执行级中，识别的功能在于获得不确定的参数值和监督系统参数的变化。这三层的级联关系如图 6-7 所示。

在图 6-7 中，C 为输入指令，U 为分类器的输出信号。这一递阶控制系统是个整体，它把定性的用户指令变换为一个物理操作序列。系统的输出是通过一组施于驱动器的具体指令来实现的。一旦接收到初始用户指令，系统就产生操作，这一操作是由一组与环境交互作用的传感器的输入信息决定的。这些外部和内部传感器提供工作空间环境（外部）和每个子系统状况（内部）的监控信息，智能机器融合这些信息，并从中选择操作方案。

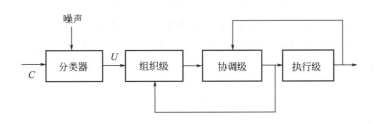

图 6-7　分层递阶的级联结构

我国已经将分层智能控制思想应用到智能机器人系统等领域。在无人机控制领域，也取得了一系列的研究成果。刘哲成等（2020 年）针对传统无人机控制系统故障检测误差率高、检测速率低的问题，引入分层滤波算法，研究了一种新的无人机控制系统故障检测技术。王涛等（2018 年）提出了一种多无人机集群持续侦察的分层控制框架及关键算法。

随着未来无人机的工作模式的增加，以及低空任务场景的丰富，无人机的自主控制结构也将不断地发展和完善。

6.4.3　自主着陆

对于自主飞行的无人机，安全着陆是一个亟待解决的难题。进场和着陆是最复杂的飞行阶段，由于这一阶段飞行高度低，所以对飞行安全的要求也最高。尤其是在终端进近时，无人机的所有状态都必须高精度保持，直到准确地在一个规定的点上接地。着陆涉及的问题主要包括无人机的定位导引与制导控制两个方面。而且在与外界数据通信链断开的情况下，无人机需要自主完成安全着陆。在全球定位系统不可用的情况下，现有的惯性导航系统缺乏误差补偿时，不能提供足够精确的位置信息，难以胜任自主着陆的要求，所以要另外寻求其他有效的手段。

国外主要采用基于投影几何学的计算机视觉自主着陆系统，包括以下两种方法。

① 通过识别跑道图像，提取跑道或附近的已知相对位置的特征点，从而计算飞机相对跑道的位置和方向。

② 通过已知机载的跑道三维模型资料库，设定某个观察点，生成期望的跑道合成透视图像，与用机载摄像机拍摄到的实际跑道图像对照，逼近到一定的误差范围内，从而得出摄像机载荷的地理位置，即无人机的地理位置。

除了利用计算机视觉信息，还可以利用无人机上的惯性导航系统、雷达、无线电高度表、精确数字地图等信息，组成混合自主着陆导引系统。

精确的控制设计对于无人机的安全自主着陆显得尤为重要。国内外开展探索了一系列的安全自主着陆方法。一种方法是利用神经网络进行在线参数辨识的自适应可重构无人机甲板自主着陆系统，该方法验证了在发生多起故障、存在严重扰动，以及飞机动态数据存在不确定性的情况下，系统仍能在误差容许的范围内安全地将无人机着陆到甲板运动平台上。另一种方法是利用预测控制技术完成基于主动视觉的自主着陆控制，完成自主着陆系统的制导与控制。该方法采用在纵向制导回路设计时采用简单的 PID 控制，在控制回路设计时采用了非线性模型的思路，采用动态反馈的鲁棒非线性内模动态调节器，应用于自主垂直甲板着陆系统，实现在海浪等系统中的典型不确定性场景下的着陆。

此外，一些研究小组已经用模型或小型无人机进行了方案验证，完成了在低空的试飞及着陆试验。例如加州伯克利大学的旋翼无人机，通过验证基于计算机视觉的自主着陆系统，能达到每个坐标轴上 5cm 的距离误差和 5°的旋转角度误差。

总之，无人机自主着陆的难点是如何对机场跑道进行精确定位，如何导引对准跑道，如何控制实现安全着陆。随着低空安全走廊体系的不断完善和运营平台的建设，无人机自主着陆技术将不断发展和进步。

6.5　无人机自主飞行控制亟待解决的问题

目前，无人机自主控制的理论还不完善，仍在不断发展中。无人机自主飞行控制/决策系统的研究更是处于起步阶段，是一个极具挑战性的研究课题。其中涉及诸多方面，考虑到其对自主能力的要求，未来无人机自主控制主要面临的困难如下。

① 如何基于实时信息生成分层分段分区域多方法相融合的实时任务规划策略，以及在受限制条件下实施航迹的精确跟踪技术，使其对环境和任务的变化具有快速的反应能力，在面对不确定性和遇到突发事故时能实时做出有效的决策和机动。

② 结合系统的问题描述，如何开发适合飞行控制系统的智能分层递阶控制基本结构模式，以满足自主无人机任务的特殊需求，使其能够在不确定的环境下，自主地实现导航、制导与控制。

③ 如何在自主条件下对无人机进场着陆时进行精确定位，以及着陆控制技术的开发，使其在存在外界干扰以及内部故障的情况下，能安全地完成着陆过程。

④ 如何在复杂未知环境下自主地对任务环境进行建模，包括环境的不确定性表示、三维环境特征的提取、目标的辨识与识别、态势的评估等。

⑤ 其他一些相关的方向，如故障诊断与容错控制、知识表达、机器学习等。

未来无人机技术将是一种在特定领域中应用的先进人工智能技术。由于对象的开放性、复杂性和所面对信息模式的多样性、不确定性，无人机的自主飞行控制是一项高度综合的研究项目，是智能控制技术和飞行控制技术的高度有机结合，一定程度上代表了未来航空尖端技术的最新研究方向。需要在大系统的概念下，开展无人机自主飞行控制系统的研究。无人机自主控制所面临挑战是，如何在不确定的飞行条件下，实现一定的实时自主控制决策能力；如何充分体现这种无人控制系统的鲁棒性、容错性、自适应性和智能性，最终在局部完全取代并超过人的决策作用。

随着无人机控制技术的进一步发展，在未来的低空安全走廊的运行应用中，无人机将具备超速的反应能力、超人的决策能力和超常的机动能力，从而发挥更大的综合效益。

本 章 小 结

在低空安全走廊体系建设中，飞行器飞行控制是重要的内容。本章介绍了环境感知的一些主要技术，包括多模态智能感知和类脑感知技术。在此基础上，介绍了信息交互与自主控制技术，无人机自主控制原理，无人机自主飞行控制策略。最后，探索了无人机自主控制的未来研究方向。

第7章

综合服务平台关键理论

低空安全走廊综合服务平台，以低空空域航空器飞行流量监控及调度任务为牵引，依托现有和待建的低空空管设施，瞄准国际先进水平，通过基础设施建设和信息化建设成果，实现低空安全走廊综合空情监视、飞行流量统计预测和预警告警、空域运行管理决策支持、综合信息发布等核心功能，保证国家低空飞行流量监控和国家低空空管战略协调管理职能任务的有效实施。

通过低空安全走廊配套系统建设，实现以视频、音频、数据等多媒体交互手段在综合服务平台内部以及与各相关使用单位之间进行视频指挥和业务交流，为低空安全走廊运营搭建一个可以支持业务协同、信息汇总及分析、决策指挥、即时通信等功能全面的系统平台。

最终，低空安全走廊综合服务平台将为低空飞行流量监控管理中心、低空空域规划和运行管理中心、低空空管的信息数据中心、低空空管技术监控中心、低空航空情报中心、低空信息安全管理中心、低空安全保证和应急处置中心提供低空安全走廊运营的数据业务保障。

7.1 三维场景数据可视化

低空安全走廊可视化技术，是利用计算机图形、图像处理技术，结合虚拟现实技术与人机交互处理技术等相关理论、方法，进行低空空域的各种空情信息和环境信息的可视化描述，完成对实时监测数据及历史数据的可视化统计分析，辅助管理人员开展低空空域的可视化监管，提高低空安全管理的效率。

在低空安全走廊的三维场景数据可视化技术中，低空安全走廊的可视化展示是该体系研究的重要内容。例如，图7-1展示了低空安全走廊中的虚拟通道可视化模拟效果，图中标记Ⅰ的通道为低空安全走廊通道，标记Ⅱ的圆柱体区域表示禁飞区。其中，图7-1(a)是城区低空安全走廊的虚拟通道模拟效果，图7-1(b)是山区低空安全走廊的虚拟通道模拟效果。

然而，低空安全走廊的可视化展示，不仅仅是做到低空安全走廊平台中的数据展示的美观性，更重要的是挖掘分析数据背后的价值和意义，给使用数据可视化系统的运维人员及管理决策人员提供有效的参考依据以及多种实用的预测分析和评估功能。

(a) 城区低空安全走廊的廊道三维模拟　　　　(b) 山区低空安全走廊的廊道三维模拟

图 7-1　低空安全走廊的廊道三维可视化模拟

　　低空安全管理系统可视化技术，主要包括空间实景三维可视化展示技术、空间虚景三维可视化展示技术及多源异构参数分类可视化展示技术。以下将分别介绍各种可视化展示技术。

7.1.1　空间实景三维可视化展示

　　空间实际场景的三维可视化展示，通过空间实景三维数据的采集，获取虚拟实际场景信息，在三维实景环境中直接进行设计，包括电子地图建设、典型装备仿真、电波传播模型建设、电磁分布计算、通信链路分析、通信能效分析、雷达分析、干扰分析、战场电磁兼容分析等可视化展示。图 7-2 是实时雷达电子对抗的三维态势图。

图 7-2　实时雷达电子对抗三维态势图

　　空间实景可视化设计内容，包括空间实景静态可视化展示和空间实景动态可视化展示。

（1）空间实景静态可视化展示

　　空间实景静态数据的获取方法主要包括星载设备（如遥感卫星等）、机载设备（如机载摄像机、红外设备、SAR 雷达、倾斜摄影、激光扫描雷达等）、车载设备（如全景相机、激光扫描雷达等）。空间实景静态数据可视化展示的主要技术包括倾斜摄影的三维建模数据处理，遥感图像处理，干涉 SAR 图像数据处理，红外图像处理，激光点云图像处理，物理属性录入，电子地图多图层绘制，GIS 基础地图（包括国境线基础地图、等高线等深线地图、三维地形图），GIS 点位录入，区域录入，地理基础信息测量，图形图表编辑管理，热力图生成，统计图生成，3D 场景漫游动画生成，GIS 引擎平台等。空间实景静态数据生成的可视化产品包括三维静态场景、数字地面模型、地貌建筑模型、扫描地图、矢量数据、数字高程模型、数字正射影像、线型图、SAR 图像、激光点云产品、卫星遥感图像、典型设备仿真模型等。空间实景静态可视化展示平台能支持矢量地图、数字高程、地表覆盖物等数据，具备距离、面积、角度等量算以及标图绘图等作业功能；空间实景静态可视化展示平台三维地图具有漫游、放大、缩小、拉近、拉远、目标跟踪、定点观察、快速切换等功能。

现阶段空间实景静态可视化展示平台具有如下功能：

① 空间实景静态可视化展示平台采用栅格数据进行计算，能将通用格式地图（包括 Binary、MapInfo MIF/TAB、Planet、TIFF 等）转换成电磁频谱系统使用的地图；

② 空间实景静态可视化展示平台支持多种坐标系，如经纬度坐标、UTM 坐标等常用坐标系，能够对栅格地图和矢量文件进行修改，模拟多种地形，并支持不同的配色及显示。

（2）空间实景动态可视化展示

空间实景动态数据的获取方法包括实际物体参数输入法、物理引擎和游戏引擎。空间实景动态数据可视化展示的主要技术包括动力学、运动学等特性相关的物理引擎、电波传播模型/光波传播模型/声波传播模型、典型无人系统数学模型、典型装备武器性能、装备数学模型、三维实体模型与数学毁伤模型、实时数据获取和相应的软件的物理开发接口等。空间实景动态数据生成的可视化产品包括平台仿真模型（无人系统模型、水面舰艇模型、潜艇模型、飞机模型、卫星模型、地面车辆模型、固定设施模型），设备仿真模型（雷达仿真模型、通信仿真模型、电子战仿真模型、武器仿真模型），气候仿真模型，态势仿真模型等。

空间实景动态可视化平台要做到高精度仿真，其电波传播模型需考虑到以下影响因素：

① 地形、建筑物及地球曲率等；

② 大气折射、绕射、直射、反射、散射等多径效应；

③ 云、雨、雾、雪等气象条件；

④ 不同目标的特性（如高度、速度、目标散射特性图、目标类型等）；

⑤ 雷达的工作参数（如天线方向图、天线扫描、发射功率、信号调制样式、信号处理体制、抗干扰措施等）；

⑥ 杂波干扰（如地/海杂波、宇宙背景辐射、云雨杂波等）；

⑦ 有源干扰（设备互扰、噪声干扰、假目标干扰、欺骗干扰等）；

⑧ 目标的飞行高度（海高、场高、真高）、目标的有效反射截面积。

空间实景动态可视化平台构建中，相关仿真技术及其可视化分析功能如下：

① 空间实景动态可视化平台可对用频装备的各种干扰进行分析，包括对通信、雷达、导航等系统内及系统间的干扰分析。干扰计算结果可通过报表以及电磁态势等方式进行展现，可分析的干扰类型包括同频干扰、邻频干扰、互调干扰、杂散干扰、阻塞干扰、减敏分析、谐波干扰、镜频干扰等；

② 空间实景动态可视化平台具有干扰分析功能，主要的干扰分析功能有通信链路干扰分析、通信覆盖干扰分析、雷达干扰分析、导航干扰分析、同址干扰分析、保护频段干扰分析等；

③ 空间实景动态可视化平台可在二维和三维地图支持下，通过电磁环境计算分析生成用频装备的电磁态势，主要包括雷达电磁态势、通信电磁态势、导航电磁态势以及电子对抗电磁态势等，并把各种电磁态势用可视化技术显示出来；

④ 空间实景动态可视化平台具有仿真推演功能，能加载预定任务方案，集合装备仿真计算功能，并能不断完善和优化训练方案；推演中装备的仿真结果可以在二、三维态势中进行可视化展示；另外许多空间实景动态可视化平台的仿真推演功能可在推演的过程中对推演进行进度控制，并可在推演暂停状态下添加装备模型及动作，通过重新计算，继续未完成推

演后，能看到新加装备的效果。

在空间实景可视化研究中，国内外学者取得了一系列的研究成果。如：范丹阳等（2015年）构建了基于 PC 集群多通道视景仿真系统；齐锋（2015年）探讨了雷达干扰电磁环境可视化构设方法；院现红等（2016年）探讨了三维实景地图制作新技术；陈兴芳等（2016年）研究了基于倾斜摄影测量技术的高原地区三维城市建模；张阳等（2016年）研究了战场通信链路可视化建模方法；王轩等（2017年）研究了气象雷达数据的多维可视化技术；赵金红等（2017年）探索了战场区域电磁环境可视化表征方法；编者等（2018年）探索了基于三维可视化空中走廊的城市低空空域航图绘制；厉开平等（2020年）探索了利用无人机立体摄影技术获取森林资源信息。

7.1.2 空间虚景三维可视化展示

空间虚拟场景的三维可视化展示，采用计算机通过数字通信技术勾勒出虚拟数字化场景，包括地形环境、气象环境、核化环境、电磁环境在三维 GIS 地理信息系统的可视化展示，能够直观、充分体现互动性与多维性的环境特点，具有环境形象逼真、战术情况设置灵活、效果真实准确、模拟精度高、实时性强等特点，三维地图具有漫游、放大、缩小、拉近、拉远、目标跟踪、定点观察、快速切换等功能。

现阶段空间虚拟场景的三维可视化平台一般包括五大引擎：

① 渲染引擎，可对三维场景和二维态势进行实时渲染和显示；

② 网络引擎，能实现内部组网时的网络通信及互联互通互操作，以 HLA、DDS 等协议与异构系统进行互联交互；

③ AI 引擎，可实现任务发生规则的编辑及驱动；

④ 声音引擎，可实现战场音效的效果及通信；

⑤ 物理引擎，可实现实体与环境、实体之间的碰撞毁伤等交互。

例如，对于无人机系统进入监测区域的虚拟场景，其三维虚景展示效果可采用图 7-3 所示的可视化展示方式。其中，图 7-3（a）是无人机系统进入监测区域的三维可视化展示，图 7-3（b）是相应的三维俯视图。

(a) 无人机系统进入监测区域的三维可视化效果   (b) 相应的三维俯视图

图 7-3 无人机系统进入监测区域的三维虚景展示

空间虚景可视化设计内容，包括空间虚拟静态场景和空间虚拟动态场景。

（1）空间虚拟静态场景可视化展示

空间虚拟静态场景数据的获取方法包括虚拟物体参数输入法、物理引擎和游戏引擎。空间虚拟静态场景可视化包括 3D MAX、Creator、MAYA、DI-GUY 等建模工具创建的不同格式的虚拟静态场景模型。空间虚拟静态场景数据生成的可视化产品包括三维虚拟静态场景、数字地面模型、虚拟地貌建筑模型、虚拟红外热成像、虚拟微光夜视视景、虚拟雷达回波显示、虚拟设备仿真模型等。

现阶段的空间虚拟静态可视化平台一般具有如下功能：

① 空间虚拟静态可视化平台可利用数字高程模型（DEM），如 Registered PGM image、DTED、XYZ、JPEG JFIF、TIFF/Geo TIFF、Arc/Info text grid、Arc/Info binary grid、Erdas Imagine、USGS DEM 等高程数据，GIF、JPEG JFIF、PNG、TIFF、GeoTIFF 等正交投影图，ESRI 矢量文件（shapefiles），VMAP、KMZ 矢量文件等数据快速制作三维场景，并能集成相应的格式转换工具；

② 空间虚拟静态可视化平台能提供三维地形分页载入功能，用于实现大地形的虚拟仿真；

③ 空间虚拟静态可视化平台可采用鼠标拖拽和参数设置方式实现三维地形的编辑，支持地形材质和纹理及植被、河流、湖泊、桥梁、坝体等地貌地物的设置；

④ 空间虚拟动态可视化平台可具有红外热成像、微光夜视视景、雷达回波显示等虚拟图像生成功能，能按不同的红外、夜视或雷达装备数学模型生成对应的图像，可设置背景辐射环境影响（如日光照射时间等）。

（2）空间虚拟动态场景可视化

空间虚拟动态场景数据的获取与可视化技术和空间虚拟静态场景的方法类似。空间虚拟动态可视化平台中，包括的主要可视化技术及其实现的功能如下：

① 空间虚拟动态可视化平台可提供三维实体模型与数学毁伤模型的关联配置功能，能通过三维实体模型来展现不同的毁伤效果，关联配置采用可视化和参数化配置方式来实现；

② 空间虚拟动态可视化平台可提供气候环境设置功能，能采用可视化显示和参数化配置来设置阴、晴、雨、雪、风、24 时日照、实现地面及星空等效果，支持风力级别大小的设置，支持不同等级风对烟雾、雨、雪、雾、树木等影响效果的设置；

③ 空间虚拟动态可视化平台支持与半实物模拟器的连接，具备网络、USB、串口等有线或无线接口协议配置、解析功能，接口协议的配置和解析可采用参数化配置或应用程序开发接口等方式。

在空间虚拟场景可视化研究中，国内学者开展了一系列的研究工作，并取得了很多显著的成果。如：罗敏等（2016 年）研究了多通道三维动态显示同步方法；邢慧宁等（2017 年）研究了虚拟三维环境对静态距离感知的影响；董彦佼（2019 年）研究了基于共聚焦点的虚拟场景可视化成像方法；林峰（2020 年）研究了基于虚拟现实技术的农业可视化场景快速构建方法。

7.1.3　多源异构数据可视化展示

多源异构参数，涵盖了跨地理域、跨网络域、跨平台的结构化、半结构化、非结构化的数据，包括真实仿真资源数据、虚拟仿真资源数据和构造仿真资源数据。多源异构参数的可视化展示，采用以局部数据库模式为基础，对不同数据来源进行统一处理，屏蔽数据之间的物理与逻辑层面的差异，建立全局的数据模式或全局外视图，将多源异构数据集成为相互理解、相互关联的有机整体，进行可视化数据展示，解决了数据来源广泛、结构异构的问题，充分发挥了多源异构数据的应用价值。使用网络引擎能实现内部组网时的网络通信及互联互通互操作，采用 HLA、DDS 等协议实现与异构系统的交互操作。多源异构数据的参数获取方法如下：通过计算机接口，获取外部传感器采集的实时数据，采用物理引擎提供的模型驱动，实现与场景的数据交互，实时输出设备模型与场景的交互信息数据。交互信息数据包括设备当前的实时姿态数据、运动方向和速度等物理属性，以及通过数据分析模块得到的可视化计算结果数据。其中，背景电磁环境配置、传播模型构建、电磁计算区域等采用后台计算完成，异构参数值采用表格化人工输入完成。设置界面如图 7-4 所示。其中，图 7-4（a）是背景噪声电磁环境设置，图 7-4（b）是电磁计算传播模型参数设置，图 7-4（c）是电磁计算区域设置。

(a) 背景噪声电磁环境设置

(b) 电磁计算传播模型参数设置

(c) 电磁计算区域设置

图 7-4 电磁环境可视化展示的多源异构数据

多源异构数据可视化的主要技术包括多源异构数据接入与共享技术，二维数据图表可视化展示技术，三维数据图表可视化展示技术，基于 GIS 地理信息系统的二维及三维展示技术，人工智能 AI 分析技术，深度学习大数据挖掘技术，三维模型快速构建技术，三维模型仿真结果辅助决策技术。多源异构参数的数据可视化产品包括实际或者虚拟参数可视化产品，引擎交互仿真结果可视化产品，分析结果数据可视化产品（大数据分析可视化产品）。

近年来，国内外学者在该领域取得了一系列的研究成果。然而，通过对国内外的低空安全走廊可视化构建技术的大量调研和对比分析，发现该领域研究中也面临的一些亟待解决的共性问题。

① 在区域的三维可视化展示中，包括大量的遥感影像、地形数据、气象数据、纹理信息、飞行情报信息等基础数据的同步处理，对多元海量数据的并行计算能力要求较高。如何实现三维场景的快速可视化将是确保三维可视化综合服务平台实用化的关键因素。

② 在多源异构数据可视化展示中，不同类型的探测设备和感应设备的工作环境、数据预处理方式等存在很大的差异。如何在可视化展示平台的后台数据处理中，对异构参数可视化结果的有效性、通用性和稳健性进行敏捷测试，是可视化展示平台在全流程测试过程中面临的主要挑战。

③ 目前低空空域的许多小型无人机没有装备应答机，快速获取其位置信息及身份识别是一个研究难点。广播式自动相关监视系统 ADS-B 具备建设成本较低，能够通过机载应答机定时自动以广播形式发送本机的识别、位置、高度、速度等各类信息，形成直观的航迹、参数窗口和报文窗口，从而实现低空空域无人机系统的空中流量统计、交通态势分布等快速可视化动态展示。然而，如何解决类似于 ADS-B 使用明码保密性较差的问题也将是低空空域实际运营中面临的一个严峻问题。

④ 由于低空安全管理系统可视化平台是一个交互式的异构公共网络平台，飞行器与空中走廊可视化平台之间的数据交换，主要依靠无线电和数据链进行通信联络。如何防止针对低空安全走廊可视化平台的"网电"一体化攻击，提升低空安全走廊平台受到攻击后的快速

自愈能力，将是今后平台运维保障的研究难点。

总之，低空安全走廊的综合服务平台可视化技术研究，是低空安全走廊建设的重要内容。它对于提升低空安全走廊监管全过程的预判分析、态势感知、实时管控和智能运维决策的可视化综合信息服务能力，进而提高低空安全走廊的监管效率具有重要意义。

7.2　人机智能融合与自适应学习

7.2.1　人工智能与人机交互

在低空安全走廊综合服务平台中，人机感知和交互至关重要。近几年来，人机交互体系和用户界面一直在经历着快速的演变和创新。当今世界处于数字化、智能化的信息时代，人机界面系统设计与其他学科的交叉融合变得越来越紧密。人机界面从传统的按键、控制开关等部件显示的单一界面模式，逐渐融合媒体交互技术、动画、虚拟仿真等新兴学科知识，发展成为人与大数据系统相互交流和沟通、决策与执行的交互媒介。

人机并行深度态势感知是基于深度学习的技术路线，也是人工智能在人机交互设计中的重要理论支撑。人机交互，要求人工系统与机器系统平等合作，共同组成一个人机系统，充分发挥各自优势。人工系统与机器系统运用相应的感知模式对低空的航空器态势进行共同认识、共同感知、共同预测和共同评估，从而突破基于传统经验的人工感知，进而达到甚至超越人类能力及智力的智能系统。

低空安全走廊综合服务平台的人机智能深度态势感知系统架构如图 7-5 所示。

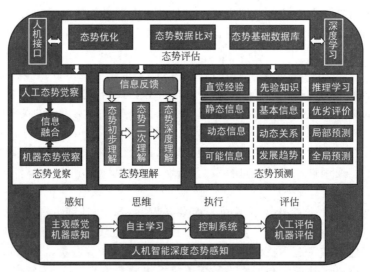

图 7-5　综合服务平台中的人机智能深度态势感知系统架构

人机并行态势觉察，是人工系统和机器系统共同对低空安全走廊中的无人机态势进行感知，捕获、分析和提取相关感知信息。根据人机系统的不同感知功能特性，在低空安全走廊的运营中，采取人机互补的工作方式，人机系统联合并行运行，共同对低空空域的航空器态势进行感知，增强人机并行系统的整体感知功能。

人机并行态势理解，是基于深度学习的人机并行深度态势感知模式的关键。在人机系统并行态势觉察的基础上，对低空安全走廊运营中的无人机态势进行研判、理解、思考和认知。人机并行态势理解利用无监督的深度学习，并通过自主学习最大程度提升低空安全走廊中无人机态势的理解效率，进而形成对低空安全走廊中的无人机态势的智能认知，为提升监管人员指挥决策速度和精准度提供有力的智能辅助决策支持。

人机并行态势预测，是基于深度学习的人机并行深度态势感知模式的核心。人机并行态势预测主要是对当前低空安全走廊无人机态势的静态状态信息、运营区域态势的动态变化关系，及其未来可能呈现的运营态势的发展趋势进行分析和预测。人机并行态势预测能够对点、线、面全方位进行要素、局部和全局的低空安全走廊无人机态势分析预测，确保从微观到宏观、从细节到整体、从局部到全局的双向流动的态势预测。

人机并行态势评估，是基于深度学习的人机并行深度态势感知模式的支撑，是对未来可能出现的未知态势的科学预测评估。人机并行态势评估为指挥决策提供智能辅助决策支持的重要保障，同时拓展和延伸指挥人员指挥决策的宽度、精度和深度。人机并行态势评估结果就是形成低空安全走廊运营态势的分析报告，并生成网络共享综合态势图，为低空监管指挥人员提供辅助决策支持。

人机融合智能指挥决策，是指基于混合智能的人机智能融合指挥决策模式。综合服务平台的人机智能通常具有下列能力：

① 感知能力，即具有能够感知外部世界、获取外部信息的能力，这是产生智能活动的前提条件和必要条件；

② 记忆和思维能力，即能够存储感知到的外部信息及由思维产生的知识，同时能够利用已有的知识对信息进行分析、计算、比较、判断、联想和决策；

③ 学习能力和自适应能力，即通过与环境的相互作用，不断学习积累知识，使自己能够适应环境变化；

④ 行为决策能力，即对外界的刺激做出反应，形成决策并传达相应信息。

因此，在低空安全走廊运营的战略决策中，需要信息支持、模拟仿真模型支持、知识支持和研讨与协作支持，使众多的人工系统、数据、信息、知识、机器模型以及系统设备等资源，在统一框架下有机地融合，以便满足低空安全走廊战略决策问题求解的需求。在大型决策指挥中，需要在人工系统的指导下进行指挥决策任务分解，运行结构化的定量模型。通过人机系统的共同作用，将人的智慧与机器智能有机集成，形成人机协同工作的指挥决策智能环境，进而提升指挥决策的科学性。

未来人机交互将有更多的媒体类型构成更高的信息维度，交互也将高度便携和个性化。期望构建更加自然、高效并且支持协作的人机交互体系，对人机界面提出了更高层次的要求，是目前国际上人机交互设计的普遍共识。在低空安全走廊综合服务平台中，人机交互设计需要融合的旁系学科知识很多，这是一个不断摒弃传统方式、更新科学技术、探索人类大脑认知的与时俱进的研究方向。

目前，国内人机交互体系正处于由数字化控制向智能控制自然交互发展过渡的关键阶段。从人机界面系统设计的角度来看，信息显示、信息呈现方式、数据可视化正是人机交互设计的主要研究内容。语音、手势等交互技术已经逐步应用到实际产品中，人机交互设计将在形式、观念、应用场合等方面都有所变化，多通道融合交互即将成为主流的交互形式。同时，全球正处在人工智能时代，人工智能时代的人机协作是一个系统工程，而人机界面交互设计是该系统工程的突出要素。

知识反映了事物属性及其之间事实关系的各种动静态差异性，而学习的目的就是要减少这种不确定性。人工智能为人机交互设计提供了新的手段和机遇，可以进一步提高设计质量，为设计提供更多的可能性，让设计插上技术的"翅膀"。

① 人工智能技术将带来创新思维的颠覆　一方面，以生成对抗网络为代表的生成模型，使设计人员能够通过调整输入和相关参数，从而生成各种类型、风格的设计结果。在这种数据驱动的设计探索中，其创意空间远远大于人脑创意的范畴。另一方面，数据挖掘相关技术可以帮助设计师探索数据的潜在价值，发现新的可行设计，从而激发设计人员的创意和想象力。

② 人工智能技术还将带来用户体验的革新　智能时代，各类智能识别技术为交互设计提供了更多的可能。通过多通道信息的智能融合，不仅有利于组合多种交互方式，拓展交互操作的丰富性，还能有效提升单一通道的识别精度，从而降低交互的复杂度，提高交互的沉浸感、自然性、准确性。

③ 智能技术实现了对人机交互的评价方法的重塑　传统的设计评价方法往往存在时间人力成本较高、科学性不足等特点。通过以计算机视觉为代表识别技术，结合对现有调研数据、实验数据的训练学习，可以实现基于设计特征的评价预测，将会大大减少设计评价的成本，让设计评价变得科学、可信和高效。

低空安全走廊中的人机交互体系，将会构建完备的智能控制自然交互体系，构建沉浸的3D交互显示系统与多通道的人机交互方式，为用户提供栩栩如生和身临其境的沉浸式交互体验。未来的人机交互将更重视用户的直觉与感官，产品将允许用户利用自身固有的认知习惯及其所熟知的生活化行为方式进行交互动作，旨在提高交互的自然性和高效性。运用多感官、多模态的界面方案来理解周围环境和相互交流，让用户获得自然、本真和沉浸式的互动体验是低空安全走廊综合服务平台人机交互发展的最终目标。

低空安全走廊综合服务平台的人机交互技术，是向人机融合、智能人机交互、自然人机交互的方向循序渐进发展的。因此，需要进一步开展人机交互机制与基础研究、先进人机交互技术研究、特殊环境下人机交互技术与可用性研究、面向工程的人机交互应用研究等。

7.2.2　自适应学习

无人机系统的自主性是无人机拥有感知和分析、交流和协同、分析和决策以及指令理解能力的综合体现，需要无人机具备自适应学习能力。无人机系统的自主性，以完成人类布置的任务为首要目标，可以根据任务的复杂性与环境的变化进行动态自适应，甚至是自我修正和学习，而这些都建立在无人机系统自主通信和组网能力的基础上。

无人机系统需要应对的三种环境包括电磁环境、物理环境和系统环境，如图7-6所示。在物理环境中，无人机需要应对低空安全走廊覆盖的各类地表自然障碍物和人工障碍物，如山地、丛林、临时建筑、湖泊等；在系统环境中，无人机系统需要具备故障分析及修复能力，如移动自由度分析、续航能力评估、故障检测与隔离等；在电磁环境中，无人机系统需要应对电子对抗，如信息交互环境分析、频谱管理分配、抗电磁干扰等。

相应地，无人机系统的自适应学习能力包括环境自适应能力、无人机系统的指令理解能力、信息物理融合能力、学习和进化能力、自主通信与组网的自适应学习能力。

（1）环境自适应能力

环境自适应能力是指无人机系统对动态环境做出反应，并达到该环境下系统通信性能最优的能力。无人机系统的环境自适应能力，提高了无人机系统的生存能力和任务完成能力，是无人机系统自主能力的一个重要体现。无人机系统的环境自适应能力可从三个方面进行评

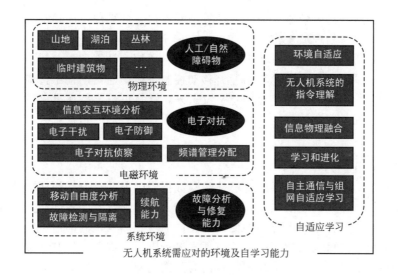

图 7-6　无人机系统需应对的三种环境

估：物理环境自适应、电磁环境自适应和系统环境自适应。

环境自适应能力体现在无人机系统与环境交互和系统内交互等方面，逐一地进行自适应行为评估显然不符合实际，而且不同的无人机系统所体现的自适应方式也可能不尽相同。因此，无人机系统的环境自适应能力评估需要建立一套完善独立的评估准则，且能够适用于不同的无人机系统。评价自适应能力的一般性思路是：当环境发生了变化，性能在一定时间内能够很快恢复。相应地，有两个关键的指标参数：①恢复时间，因为这一过程往往是通过迭代或不断尝试最终收敛完成的，可称其为收敛时间；②收敛后的性能相较于之前性能是否有损失。

（2）无人机系统的指令理解能力

在无人机系统执行任务过程中，最理想的状态是一旦放飞后就不需要人工参与，无人机完全按照人的意图来执行在低空安全走廊中的整个任务。当前，低空安全走廊中的无人机执行任务过程中，普遍采用人机交互技术，该交互过程也体现了无人机系统自主通信与组网能力的大小。

人机交互的目的是让无人机系统理解人的要求并按照人的指令行动。对于无人机通信网络，由于无线资源受限，需要占用尽可能少的无线资源完成信息的交互。通常，可以通过检测无人机系统和人控终端的数据信息和指令数据的传输量，衡量无人机系统与人工交互的深度。一般而言，用户输入无人机系统的指令越多，表明无人机的自主能力越差。此外，也可以通过综合计算指令数据所包含的信息熵，衡量无人机系统的理解能力。信息熵是指数据信息中所包含的信息量。越具体的指令，其可能的变化越少，包含的信息量越少。同时，越具体的指令，也表明无人机系统的自主性越低。

（3）信息物理融合能力

在低空安全走廊综合服务平台中，人机智能很大程度反映在对数据资源的利用能力上。无人机系统可利用的数据资源主要包括计算资源、通信资源和移动控制资源。其中，计算主要侧重于在消耗最少资源条件下迅速、可靠地解决问题，一般通过各种优化算法实现；通信主要侧重于在消耗最少资源条件下快速、可靠地传递信息，一般通过恰当的传输机制实现，是各种无人机系统进行协同的基础；移动控制则侧重于为了完成特定任务对无人机系统个体和群体的移动行为进行高效控制。通信和计算可看作信息域操作，而移动控制直接应对物理环境产生影响，可看作物理域操作。

无人机系统本质上是一个信息物理融合的系统。通信、计算和移动控制，这三者之间的耦合作用在无人机系统的协同中尤其明显。移动控制可以使通信网络维持最佳的联通性和拓扑，通信可以为计算提供必需的外界信息。反过来，计算可以支持更准确的移动控制、更高效的通信。三者之间计算资源和能力将起到核心作用，而它们的紧密耦合将决定无人机的系统性能。

（4）学习和进化能力

学习与进化能力是指无人机系统能够从经验数据中学习并且改善性能的能力。学习能力是高端无人机系统自主性的主要体现，尤其是随着人工智能技术的发展，其重要性越来越突出。具有强学习能力的无人机系统，即使面对相同的应用场景，其前后性能表现也会有很大差异，因为无人机系统可以从累积的经验数据中进行学习，进而改善其性能。直观来讲，无人机的学习能力主要体现在对某一固定场景前后两次的差异上。因为针对不同场景，无人机对场景的适应能力，可以通过上一次场景的自适应性能力进行评估。

低空安全走廊中，无人机系统学习能力的评估准则包括两个方面：

① 在特定场景下无人机系统学习算法稳定后的系统性能；

② 无人机系统在该场景下的学习速率。

其中，准则①代表无人机系统能够达到的最佳性能，准则②代表达到最佳性能所需要的时间。

（5）自主通信与组网的自适应学习能力

在低空安全走廊的综合服务平台中，需要有主要贡献的各项因素，并进行整合，以计算无人机系统整体的自主通信与组网能力。因为无人机系统的各分项因素之间相互影响和耦合，无人机整体自主通信与组网能力不能简单地通过求和获得，这与无人机系统的信息物理耦合现象非常相似，但此项更复杂。在无人机系统自主通信与组网能力的构成模型中，信息物理融合也仅是其中一个环节，它与其他因素如环境自适应、指令理解和自主决策等环环相扣、互相影响。无人机系统各方面属性间相互影响，在一定条件下可以互相转换，例如：信息物理融合能力的提高，可以降低对环境自适应能力的要求。

在低空安全走廊中，不同的应用场景对无人机系统不同能力的要求不同，比如，一些场景特别强调其可应对不同环境的自适应性，而另一些场景更强调其在固定环境下信息物理融合能力的最佳性能。无人机系统学习和进化能力的提升，可以对低空安全走廊环境自适应、指令理解和自主决策能力各方面有一定的促进作用。

7.3 综合运营管理平台

云计算、大数据、人工智能、物联网、移动互联网、区块链等新一代信息技术全面兴起，正在深刻地改变着低空空域的建设方式和服务模式。要实现低空空域综合运营管理的自动化、有序化，其治理模式应采用一定的先进技术。

综合运营管理平台包括业务办公平台、无人机综合监管平台和业务服务平台三个子平台，可运用三维场景、人工智能技术，实现综合运营管理理念。综合运营管理平台使用安全可控的账号加密技术进行身份鉴别，不同权限用户账号看到的数据内容和范围不同。

① 业务办公平台　低空空域各业务办公实现全流程无纸化，无人机入网、起飞、降落等所有审批事项实现网上运行，构建电子报件、接办分离、联网审查、集体会审、限时办结、结果公开的格式化、程序化、标准化、透明化网上审批模式。

② 无人机综合监管平台　在低空空域部署了网格化的空中走廊和飞行信息实时监测系统，监测无人机飞行的各个环节和无人机生命周期全过程，通过信息比对核查、关联印证、综合分析，深入运用到无人机日常监测、业务审批、综合统计、形势分析、问题预警、调控决策中。

③ 业务服务平台　建立以低空安全走廊为载体的业务服务平台，为无人机相关企业提供在线办事服务，产业内相关企业可建设自己的业务平台，实现与低空综合运营管理平台对接。

本 章 小 结

在低空安全走廊体系中，综合服务平台是低空安全走廊运营的重要组成部分。本章首先进行了低空安全走廊综合服务平台需求概述；然后，介绍了综合服务平台的可视化技术，包括三维实景数据可视化、三维虚景数据可视化和多源异构数据可视化展示；接着，简要阐述了综合服务平台中的人机智能融合理论以及态势感知等自适应学习技术；最后，探索了低空安全走廊综合运营管理平台的设计思想。

第**8**章

气象保障

8.1 低空安全走廊运营的气象干扰

随着无人机系统应用领域的不断扩大以及自动化驾驶技术的愈加成熟，低空安全走廊产业进入快速发展阶段。按照不同的应用对象和设计要求，低空安全走廊中的无人机大致分为三大类，即军用无人机、民用无人机和消费级无人机。军用无人机对技术要求非常高，不仅仅是无人机本身所具备的侦察、电子干扰对抗、通信中继等专业技术，也包括无人机飞行过程中的低空安全飞行气象保障技术。民用无人机的技术要求和服务范围都稍弱于军用无人机。民用无人机的服务对象大多是政府和一些大型企业，业务范围包括气象监测、农业植保、警用消防、货物运输等公共服务领域。消费级无人机业务范围较窄，多用于低空摄影、休闲娱乐、教学展示等用途，机型多采用固定翼或多旋翼。后两种无人机的技术要求一般较低，制作成本低廉，容易受到温度、湿度、气压、风速和风向等气象因素的影响，如果没有完备的气象保障技术支持，在低空安全走廊运营中会给企业或个人使用者造成直接的经济损失。尤其是在我国，无人机的发展占据较大的市场份额，在低空安全走廊产业发展中前景广阔，建立完备的低空安全走廊飞行气象保障系统能够有效地提高低空安全走廊运营的社会效益。

与运输类空域相比，低空空域内的飞行活动具有数量庞大、航线多样、受地形和气象条件影响较大等问题。目前，由于国内配套的通信、导航、气象监测手段仍不完善，我国低空安全走廊运营中还存在不少薄弱环节，其中飞行器的飞行稳定性低、风险性高等问题比较突出。

（1）低空风切变对低空飞行的影响

低空风切变是指发生在 600m 以下的风向、风速的突然改变。起飞、着陆一般是顶风（逆风）以缩短滑跑距离；顺风会增大起飞和着陆的滑跑距离；侧风则会使飞行器偏离跑道，空中飞行也会偏离航线。低空飞行器在飞行时，顺风可以节省航时和燃料。综合来看，低空风切变是在飞行器起飞、着陆阶段威胁低空飞行安全的一个重要因素。

当低空安全走廊的地面跑道附近存在低空风切变时，低空飞行器从小的顺风进入大的顺风区域，或从大的逆风进入小的逆风或顺风区域时，飞行速度就会减小，升力就会下降，飞行器下沉，导致飞行器无法正常起飞或飞行器提前降落，危及低空飞行安全；当飞行器进入另外一种风切变，即风速垂直切变的强烈下沉气流时，由于强度很大，甚至可能把飞行器直接砸到地面，引发严重的飞行事故。

（2）恶劣能见度对低空飞行的影响

大雾、沙尘暴以及大风刮起的扬尘是影响低空安全走廊中的飞行器起降的最主要天气现象，往往会造成大面积的返航备降或飞行延误。

（3）积雨云对低空飞行的影响

云对低空飞行有许多不利影响，主要是使空中能见度变低，在有些云中飞行易产生结冰和颠簸。尤其是不能在积雨云内部甚至附近飞行；积雨云很厚，云内及附近上升（下沉）气流和乱流强烈，会产生强烈颠簸。积雨云发展到旺盛阶段，就可能产生雷暴、闪电、强阵风、强颠簸、积冰等严重影响飞行的天气，其影响范围可达到周围三十公里。在飞行活动中，穿越积雨云相当危险，一般应绕飞或爬升到其顶部以上通过。

降水会使空中的能见度减小。降水中过冷却水滴易造成飞行器积冰。降水会影响跑道使用性能，可使发动机熄火，特别是处于着陆的低速飞行阶段，强降水下方易出现强下沉气流，伴有风切变，可造成飞行器操纵困难，甚至发生事故，强降水会使飞行器的空气动力学性能恶化。气温较低时，冻雨的出现会严重影响低空飞行的安全。冻雨在露天停放的飞行器表面形成的冰层，会使飞行器的空气动力性能变差，使飞行器升力减小，阻力增大，影响飞行的稳定性和操作性。另外，冻雨在低空安全走廊的地面起降点的跑道表面容易冻结，会影响跑道的摩擦性能，对飞行器的起降、滑行和制动等飞行活动，造成不利影响，留下飞行事故隐患。

（4）冰雹对低空飞行的影响

飞行中若是遇到冰雹，由于相对速度很大，低空飞行器的雷达罩、机翼、水平安定面等部位易遭雹击，冰雹发生在零度等温线（±5℃）附近的下降气流中，会使低空飞行器的空气动力性能变差，加大失速速度，容易造成飞行事故。

（5）云蔽山和低云对低空飞行的影响

云蔽山发生时，由于蔽山云发展较快，移动迅速，当飞行器穿越蔽山云时极易撞到云后山体，造成事故。低云中除了积雨云，其他低云也会对飞行产生影响，如影响空中能见度，给着陆带来困难。飞行器在穿越低云时，可能会产生轻中度颠簸或结冰。

（6）雷暴对低空飞行的影响

雷暴云能生产各式各样的危及低空飞行安全的天气现象，例如强烈的湍流、积冰、闪电击（雷击）、雷雨、大风，有时还有冰雹、龙卷风、下冲气流和低空风切变。雷暴是目前严重威胁低空飞行安全的因素。颠簸是低空飞行器在飞行过程中经常遇到的一种状况，由于空中气流方向不定，强弱不一，低空飞行器在空中的飞行运动也会随着气流发生不规则的变化，在飞行中突然出现的上下抛掷、左右摇晃及机身震颤等现象。成熟阶段的雷暴云，最强的上升气流可达到 $50\sim60\text{m/s}$，同台风不相上下。低空飞行器在雷雨区内飞行，会遇到严重颠簸，使飞行高度在几秒内升降几十米到几百米；严重时，会使飞行仪表失真，使低空飞行器操纵困难甚至失控。

由上述可知，天气对低空飞行影响主要是飞行延误和飞行安全。因此，研究低空安全飞行气象保障具有重要的战略意义。国外对低空安全飞行气象保障技术的研究起步较早，部分相关理论研究较为成熟。其综合飞行力学、大气流体动力学、气象学和大气物理学等学科的研究基础，先后发展出多种低空气象探测告警回避综合飞行管理系统。因此，开展低空安全飞行气象保障技术研究，构建完备的低空安全走廊飞行气象保障系统是我国低空安全走廊飞行保障体系建设的当务之急。

8.2 低空安全走廊气象保障系统

8.2.1 飞行气象保障需求分析

目前，我国还没有完整的面向低空安全走廊的飞行气象保障系统。低空飞行作业主要还是依靠民航部门、军航部门以及用户自行开展的气象活动，存在气象服务结构较为单一、服务范围不太全面、服务资源配置不太合理等问题，一定程度制约着我国低空安全走廊的飞行气象保障系统的发展。同时，由于国内配套的通信、导航、监视和管制手段的相对落后或缺乏，我国低空飞行管制和服务能力还存在不少薄弱环节，"看不见、连不上、管不住"等低空监管问题比较突出，使得低空飞行对这一空域的安全带来了更多挑战，低空安全环境不容乐观。因此，维护低空飞行秩序和确保飞行安全是当前低空安全走廊运营中飞行保障的迫切需要。

在低空安全走廊的飞行监视系统与技术分析中，需要完整地获取低空飞行器的飞行状态信息和航迹信息，有针对性地建立飞行区域态势，为飞行监控和管制提供必要保障，这也是低空安全走廊中飞行监视系统的主要任务。

当前，低空安全走廊的飞行监视技术手段，主要包括雷达、光电/红外、ADS-B 等多种类型。在实际应用中，这些手段各有优劣，主要表现在：

① 雷达具有覆盖范围大、自动化程度高等优势，但低空监视雷达受部署区域内的电磁环境影响较大，部署成本较高，对于具有明显"低小慢"特征的低空飞行器的监视效果往往难以保证。

② 光电/红外手段具有使用成本低，使用灵活，不受电磁干扰，能够探测低、小、慢目标等优势。但是，该方法受气象环境影响较大，无法确保长期常态化低空监视。同时，该光电红外监视一般只能输出被监视对象的方位而不能提供其他类型运动信息。

③ 相比于其他类型的监视手段，ADS-B 属于合作式监视手段，它具有信息精度高、覆盖范围广等优势，但这一技术通常只针对合作式目标，而对于其他非合作式目标（如非法闯入的小型无人机、三角翼飞行器等）往往无能为力。

鉴于不同类型的低空监视手段的应用局限性，目前比较有效的低空安全走廊监视系统一般采用协同监视的基本思路：以 ADS-B 监视手段结合低空监视雷达和光电/红外探测，依托北斗导航系统获取精确的飞行位置，提升低空飞行器的导航定位、监视通信、业务处理和空域保障等能力；在此基础上，提供飞行情报、空中交通管制、航行告警等综合性低空飞行保障服务，确保低空安全走廊中飞行活动的安全性和空域使用效率。

分析我国低空环境和低空飞行器的飞行特点可知，低空安全走廊的飞行气象保障技术至少需要具备以下四种特点：

① 不定点：对不同地点、不同天气环境进行气象监测。

② 实时：气象设备需具有较高的采集频率，确保能够随时提取气象信息。

③ 连续：气象保障系统需在确保可靠性和连续性的前提下提供气象信息。

④ 特殊任务：能够对特定低空环境和特定低空飞行器进行多维度（不同时间段的周边

及多个高度层）、多要素（风速、风向、温度、湿度、气压等）气象保障。

低空安全走廊的飞行气象保障系统所需完成的基本任务如下。

① 提供气象信息：系统搜集风速、风向、温度、湿度、气压等气象情报，根据飞行器航行路线和飞行状况，分析并整理出适用于低空飞行器用户的飞行气象报告，为低空飞行器提供航行前后、事故勘察等相关工作流程中的气象服务。

② 低空监视信息综合处理：接收并处理低空监视雷达数据并完成相关处理，完成雷达、光电/红外等对空监视传感器监测信息的准确性验证、误差检测与修正和航线位置点坐标的转化与归一化，综合处理本系统所服务的低空域范围内的航线信息。对于合作式目标，还需获取基于北斗的飞行器实时位置数据，完成与雷达航迹的融合处理。

③ 空域管制：低空安全走廊的飞行气象保障系统需要具备对低空空域范围的监控和管理功能，协助空中交通管制人员提供低空安全走廊的管控服务。整套系统需借助低空监视雷达等设备获取服务范围内低空飞行器的流动状态，包括低空安全走廊的航域范围场面监视、飞行航线和飞行计划等监视信息，空中交通管制人员根据获得的监视信息，发出相应的空域警告指令和语音数据记录。

④ 飞行安全保障服务：通过通航公告、交通服务信息广播等低空飞行信息发布方式，建立与低空飞行器用户之间的实时低空通信，为系统所服务的低空空域范围提供空域管制、航线重叠和可控飞行撞地（CFIT）等具备潜在安全威胁的事故预警，并且在低空飞行器发生事故后能够确定相应空域位置，为应急救援人员提供气象信息，方便救援。

8.2.2 飞行气象保障系统

根据我国低空飞行的气象保障需求，建设一种基于地面气象探测、低空雷达监测、风云系列气象卫星和北斗导航卫星的陆、空、天一体化的低空安全走廊飞行气象保障系统尤为重要。该系统采用全方位多角度监测低空风速、风向、温度、湿度、气压等气象信息，由低空安全走廊的飞行管控中心分析、整理并生成相关对应空域指令。低空安全走廊的飞行气象保障系统组成如图 8-1 所示。

低空安全走廊飞行气象保障系统的核心是低空安全走廊的飞行管控中心。所有气象信息、飞行器状态和定位信息最终都汇总到管控中心，由管控中心分析整理，并通过地基通信网络发送气象预警、飞行计划、航行情况等空域指令给低空飞行器，以此完成一次安全的低空飞行任务。

① 一体式气象站：负责在低空飞行器常用起飞和着陆地点监测风速、风向、温度、湿度、气压等气象信息，并通过地基通信网络发送给低空飞行管控中心。

② 移动式气象监测平台：负责跟踪低空飞行器，实时监测气象信息，并通过地基通信网络发送给低空飞行管控中心。

③ 低空飞行监控雷达：具有副瓣性能好、抗地杂波能力强、目标分辨率高、数据更新率高等能力，负责监测低空安全走廊运营区域的低空空域障碍物信息和安全状况，在实际部署时应选择张角范围较为开阔的区域进行部署，并根据不同地形配备相应的信息交互链路。

④ 风云系列气象卫星：可以提供包括天气预测、遥感定位、自然灾害等大范围全方位高频率的气象监测信息，与地面气象监测平台协作运行，信息互补。

⑤ 北斗导航卫星：可以提供低空飞行器的实时位置数据，与监控雷达的航行路线信息可实现并行处理，北斗导航卫星可提供北斗短报文的地空通信方式，从而实现地空语音和数据传输服务。

图 8-1　低空安全走廊飞行气象保障系统

同时，根据不同的地域、环境和应用等需求，还可以对低空安全走廊飞行气象保障系统进行功能性拓展，建立协同式低空监视系统，增加 ADS-B 地面站、EO/IR 监视站点、VHF 通信地面站等专业性更强的服务站点，实现各种监视手段及设备的部署、管理和调度，控制地空通信链路和监视信息下行链路，完成监视信息的获取、转换、控制及融合处理。最终，在系统中生成所辖空域内的目标航迹和空域态势，完成与上级机关和其他空中交通管理部门和机构的任务协调。

此外，由相关气象部门提供的气象预测信息在低空安全走廊飞行气象保障系统中扮演着重要的角色。与一体化自动气象站和移动式气象监测平台提供实时气象信息不同，气象预测是根据当前和近期的天气形势，综合卫星云图和天气图等相关气象资料、地形和季节特点进行的，所提供的气象信息能够延伸至未来 10～15 天，为用户长期飞行计划的制订提供了有效的保障。根据用户所需，可制订不同的天气预报，如提前预测某个区域的温度、湿度、气压、能见度、风速、风向等信息，以此判断近期该区域是否适合低空飞行，从而保证飞行器和人员的安全，提升低空安全走廊中的飞行气象环境预警能力。

精细化水平和准确率是低空安全走廊气象预测的首要任务。为了确保天气预测的准确率，建立与低空安全飞行气象保障系统配套的气象预测系统，不能仅仅局限于满足低空空域安全的公共气象服务需求，还需要建立完整的、时空布局精细的、合理的观测站网，以获取陆地气象服务区、天气气候敏感区和关键区以及海洋地区的高精度、高准确度、及时、可靠的观测数据，才能实现气象保障系统的完备性、高效性和实用性，最大化降低低空飞行风险。

8.2.3　气象要素监测

气象信息的监测是低空安全走廊飞行气象保障系统的重要组成部分，对低空飞行计划的制订和飞行器事故的规避与救援起着至关重要的作用。低空气象的特点主要包括以下几个方面：

① 风切变和下冲气流影响明显；

② 温湿度梯度大，对流发展旺盛；

③ 局地背风波和地形波的影响多；

④ 低云和云蔽山概率大，以及过冷水滴层厚且高度低造成气压分布梯度大，难以预测；

⑤ 低能见度因素复杂。

基于以上特点，对风速、风向、温度、湿度、气压等气象信息的监测在低空安全走廊的运营中显得尤为重要。

（1）风速风向测量方法

现代风速风向的测量方式主要有机械式测量（图8-2）、热线热膜式测量（图8-3）、皮托管式测量（图8-4）、激光多普勒测量（图8-5）、风廓线测量（图8-6）、超声波测量（图8-7）等。

图8-2　机械式测量　　　　　图8-3　热线热膜式测量　　　　　图8-4　皮托管式测量

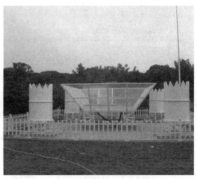

图8-5　激光多普勒测量　　　　　图8-6　风廓线测量　　　　　图8-7　超声波测量

① 机械式测量属于传统的测风方法，主要采用风杯和螺旋桨，其测风原理为机械转动带动测量部件进行测量。在机械转动的过程中，由于机械部件之间会产生摩擦，这时会引入启动风速的问题。当风场的风速很小时，风杯不会出现灵敏的转动，甚至不转动，导致无法准确测量此时的风速值。机械式测风方式大多应用于开放式外部环境，气候条件复杂，测量的机械部件很容易遭受到不同程度的损坏，自身还存在"过高效应"，难以满足高精度测量的要求。

② 热线热膜式测风法基于对流换热原理实现流场测量，与传统机械式测量方法相比，具有动态响应频率高、时间和空间分辨率高、耐受高温的优势。热线热膜的缺陷是热线易产生振动和应变，且存在应力效应，焊接要求高、难度大，热线极易被折断，维修费用高，维修后精度无法保证。热膜探头的技术还不成熟，应用可靠性低，有待深入研究。

③ 皮托管式测风法通过测量气流总压和静压以确定气流速度。严格地说，皮托管仅测量气流总压，又名总压管。同时测量总压、静压的才称风速管，但习惯上多把风速管称作皮托管。其优点是结构简单，便于安装。但缺陷十分明显：皮托管容易被空气中的灰尘堵塞，被腐蚀性气体损坏；当测量环境温度过低时，管口容易结冰，导致测量精度下降。

④ 激光多普勒测量是利用特定波长的激光束对大气进行探测取样，在光学接收部分的信号处理中还嵌入了国际先进的差分处理算法，又在模拟与数字信号处理中采用了国际先进的小波相关分离等关键技术，再利用专业设计的计算机控制平台，快速解算出视线方向上不同高度的风速、风向、紊流、风速剖面、风场数据等。其独有的特性是可以实时、高精度及高速度的测量低层大气风场，克服了低层大气气溶胶散射与大气分子瑞利散射对系统性能的影响。它主要可分为相干和非相干两种。它的基本测量原理是探测器上不同光频率的混频本振光和回波光产生和频、差频和主频。探测器通过识别这三种频率输出相关信号，再通过多普勒原理变化，最终得到径向速度。虽然算法先进，测量精度高，但是设备体积大，成本太高，维护起来很不方便。

⑤ 风廓线测量是基于多普勒效应的。它的基本测量原理是使用一束激光束照射到待测的运动流体，激光束内的微粒上发生散射，通过计算散射光频率的变化，根据多普勒效应测出流体速度。风廓线即风速随高度的变化曲线，可研究大气边界层内的风速规律。风廓线采用非接触式测量方式，具有测量精度高、测量范围大、速度分辨率高、不干预流场状态等众多优点，但成本太高，不利于推广。

⑥ 超声波气体流速测量，是利用超声波的传播速度随流速变化而发生变化的原理来测量气体流速的方法。随着数字电子技术和高速数字处理技术的发展，超声波技术的研究探索不断加深，给风速风向测量带来了新思路和新方法。使用超声波测量气体流速的方法主要有三种：多普勒法、涡街法和时差法。

a. 多普勒法基于多普勒效应，适合测量空气中有悬浮粒子的风场，受温度影响较大，需要做温度补偿来提高测量精度，有一定的局限性。

b. 超声波涡街流量计是在 Karman 涡街理论的基础上制成的，这种测量法仅适用于管道气体流速测量，在开放式环境中具有一定的局限性。

c. 时差法是利用超声波在空气中传播时存在顺风和逆风两种现象，根据顺风和逆风的时间差计算得到空气中的风速和风向值。

（2）温度测量方法

自从 16 世纪末伽利略发明了第一个温度计以来，温度检测技术经历了 400 多年的发展与进步，使得如今的温度计种类复杂、适用范围广。按照测量原理，温度检测方法大致可以分为六种，即基于物理热胀冷缩原理、热阻效应技术、热电效应技术、热辐射原理、声学原理和红外测温技术。

① 利用热胀冷缩原理制成的温度计是发明最早的温度计，也是使用最为广泛的一种温度计类型，其大致可以分为三大类：玻璃温度计（图8-8）、双金属温度计（图8-9）和压力式温度计（图8-10）。玻璃温度计是最常用的测温装置，具有价格低廉、测量准确、无需供电等优点，缺点在于若发生水银泄漏易导致污染。双金属温度计利用两种膨胀系数不同的金属带动指针偏转来测量温度，该测温装置适合用于中低温度环境测量，若温度过高，会导致金属阻值过大，影响测量结果。该设备具有体积小、响应速度快、线性度好、测量稳定等优点。压力式温度计是基于密闭环境内温度变化时液体饱和蒸气压和温度的函数关系原理制成的，当感温包感知温度变化时，饱和蒸气压加大，温度计内置金属受到压力变化发生弹性曲率的变化，带动指针转动，指示温度。该温度计体积较小，携带方便，读数直观，集合了以上两种温度计的优点。另外，结合不同加工工艺和材质，该温度计可制成防腐型、防震型温度计，可实现远距离传送触点信号、0～10mA或4～20mA的电流信号和热电阻信号。压力式温度计是目前使用最广泛的一种机械式测温装置。

图8-8　玻璃温度计

图8-9　双金属温度计

② 利用热阻效应技术制成的温度计，实质上是利用导体或半导体的感温特性。当温度升高时，导体或半导体的内阻值上升或下降，两者之间呈一定的线性或非线性关系，通过其线性或非线性关系可以得出对应的温度值。这一类温度计使用的元件主要有电阻测温元件、导体测温元件和陶瓷热敏元件。铂电阻温度传感器由于精度高、稳定性好、应用范围广，是中低温区域最常用的一种温度检测器，广泛应用于自动气象站的温度测量。

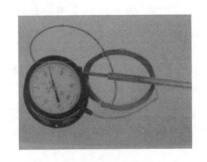

图8-10　压力式温度计

图8-11　热电偶温度计

③ 热电偶温度计（图8-11）主要基于热电效应原理，即将热电偶丝或者热电极两端接合成回路。当温度发生变化时，回路产生相对应的电动势，热电偶温度计则利用该原理，一端为测试端，置于被测物体中，另一端为冷端，与显示的仪表相连接，测试端两端温度相差

越大，测量越准确。因此，热电偶温度计适合测量高温环境。目前，该温度计发展较为成熟，并且具有测量范围大、精度高、热惯性小、构造简单、方便制作等特点，是使用较为广泛的一种温度计。

④ 利用热辐射原理制成的温度计是近年来发展的测温领域，由该原理制成的温度计均为非接触式温度计。这一类温度计主要包括以下三种类型。

a. 单色辐射高温计，也可以称为光学高温计，它是一种根据物体对于温度不同反射的单色辐射亮度不同制成的，主要运用普朗克公式。传统的光学温度计利用人眼直接观测被测物体的亮度变化，根据灯丝的电流值确定温度。由于人眼测量误差较大，新型的光学温度计采用光电敏感元件测量，大大提高了测量准确度。该温度计主要优势在于结构简单，使用方便。

b. 全辐射高温计，其原理为受到辐射热的物体能够根据本身的特性，反射、穿透和吸收辐射热，具体辐射的热能多少跟物体本身的温度存在一定的规律。

c. 色比温度计，主要根据物体在不同温度下发射的不同颜色的红外辐射测定。该温度计将红外能量通过滤波器发送到探头，探头将红外能量转化为电信号，并在色比温度计中显示转换后的温度值。

⑤ 利用声学原理制成的温度计的测量精度较高。它是基于最小二乘原理重建温度，结合超声波换能器间的声传播时间的测量方法，是近年来才发展起来的新技术。该温度计可以在特殊环境下对温度值和温度分布实时检测，判断被测环境的温度状况，对飞行器进行实时调节和控制。

⑥ 利用红外测温技术制成的温度计的测温原理，是根据相关规律从物体本身辐射的红外线中提取电平信号，该信号经过放大器和信号处理电路，通过仪器内部的算法和校准后输出温度值，物体所辐射的红外线能量大小与温度存在一定关系。该技术属于非接触式测温，与接触式测温相比具有响应快、使用安全及寿命较长等优点。因此，该测温技术常用于检测飞行器的设备，以保证飞行安全。

（3）湿度测量方法

湿度的表示方法主要有绝对湿度、相对湿度、露点湿度、霜点湿度、饱和水气压和体积比。最常使用的是相对湿度，它是一个无量纲的量，常表示为%RH。常见的湿度测量方法主要有动态法、静态法、露点法、干湿球法和吸湿法。其中，动态法主要包括双压法、双温法和分流法；静态法主要包括饱和盐法和硫酸法。以下对这几种方法进行具体介绍。

① 动态法中的双压法和双温法基于热力学 P、V、T 的平衡原理，常用来制作湿度发生器。双压法主要是根据道尔顿分压定律，随着气相总压力的变化，各组分气体分压也会随之变化。当温度不变时，可通过改变气体的总压力得到水蒸气的分压，达到指定相对湿度的要求。双温法与双压法类似，在恒定压力的条件下，将某一温度已知的气体首先放在饱和器内饱和，再放入测试室，将温度升高，结合道尔顿分压定律和气体状态方程计算出较高温度下气体的相对湿度。因此，以上两种方法适合测量高温下的湿度值。动态法中的分流法是基于绝对湿气和绝对干空气的精准混合。目前，采用动态法测湿的仪器精度较高，但制作复杂，成本昂贵，主要作为实验室的标准计量仪器使用。

② 静态法中的饱和盐法是湿度测量常见的方法。常用该方法对湿度传感器进行定量校准，其原理主要基于拉乌尔定律，即溶质融入溶剂中，溶剂的蒸发压下降，其下降程度与环境温度、溶质的种类和浓度成一定的函数关系。理论上，在温度恒定下，无机盐饱和溶液的表面气相也为恒定值。若需得到不同湿度空间，只需要改变无机盐的种类或者温度即可，但

温度的控制和平衡是影响湿度发生精度的重要因素。若饱和溶液液相与上方气相的温度有差异，会引起较大的湿度误差。使用采用该方法设计的装置时，需要一定时间平衡温度。因此，该方法简单易行，但对环境温度的稳定性要求较高。硫酸法是利用浓硫酸作为干燥剂，得到不同的硫酸浓度下的相对湿度。该方法温度平衡时间短，但稳定性较弱。

③ 露点法是一种古老的湿度测量方法，也属于热力学测湿技术中的一种。随着技术的发展，露点法也得到逐步的完善。该方法是基于不同水分含量的气体在不同温度下的镜面上会结露的物理现象，此时为露点状态；当温度低于0℃时，会在金属镜面结霜，此时为霜点状态。将一个光滑的金属镜面放置在一个相对湿度低于100%的环境中，降低环境温度，当靠近该金属镜面的相对湿度达到100%时，表面形成露，此时空气中的水汽达到饱和。根据Regnault原理，表面附着的水膜和空气中的水分处于动态平衡状态，由此可计算出空气相对湿度。

④ 干湿球法是18世纪发明的测湿方法，用干湿球方程换算出湿度值，间接测量湿度，测量条件为湿球附近的风速需达到2.5m/s以上。干湿球温度计即采用该方法，由两支温度计构成，一支在球部用白纱布包好，浸在水槽中，使其保持潮湿，为湿球，另一支直接暴露在空气中，无需纱布裹住，为干球。若空气中水蒸气量不饱和，则湿球表面不断蒸发，水蒸气汽化吸热。因此，干球表面温度比湿球高。空气越干燥，汽化（蒸发）越快，湿球温度和干球温度差距越大。当空气中的水汽达到饱和状态时，湿球表面不再蒸发，湿球的表面温度和干球相等，可利用干湿球的温度差与湿度存在函数关系计算得出湿度值。当使用干湿球法测量湿度时，需要在指定风速的环境下，不可任意使用。因为湿球表面水分蒸发的快慢与空气流速有很大关系，若使用不当，湿度测量准确度不高。

⑤ 吸湿法（电子式传感器法）与以往的物理学现象或者化学现象测量湿度方法不同，主要通过设计湿敏元件测量湿度，是20世纪90年代兴起的方法。目前，该方法主要向着集成化、智能化和多参数检测方向发展，可方便且广泛地应用于测湿系统中，但目前制作出适用范围较广的湿敏元件仍是需要攻克的难题之一。

基于以上方法和技术，可设计出不同的设备测量湿度。目前，湿度检测技术发展的重点方向是电子式湿度传感器。它属于高精度测湿仪器，其核心是湿度传感器。按照感湿元件的导电类型，湿度传感器有电阻式（图8-12）和电容式（图8-13）两大类，分别基于湿敏电阻和湿敏电容。湿敏电阻的原理是将一层感湿材料组成的薄膜吸附在外基片上。工作时，如果检测到被测空间中的水分吸附在感湿薄膜上，湿敏电阻会有规律地改变其电阻率和电阻值，对湿度的测量就是根据这种特性。常见的电阻式温度传感器有电解质型和陶瓷型。湿敏电容一般是由高分子薄膜电容组成的。常见的湿敏电容有高分子类（聚苯乙烯、聚酰亚胺、醋酸纤维）和氧化铝。

由于湿度传感器在使用过程中必须和大气产生接触，所以难以进行密封保存，这就导致了湿度传感器存在寿命短和稳定性差的问题。尤其是在控制时漂和温漂方面，湿度传感器远远不如其他类型的传感器。

（4）气压测量方法

气压是指作用在单位面积上的大气压力，即单位面积上向上延伸到大气上界垂直空气柱的质量。气压的国际制单位为帕斯卡，简称帕（Pa），气象测量中常用"百帕（hPa）"为单位。在标准状态下，760mmHg水银柱产生的压强为1013.25hPa，称为一个标准大气压。气压的大小与海拔高度、大气温度、大气密度等均有关，一般随高度的增加呈指数规律递减。无人机飞行时需要不同的气压标准来确定其飞行高度。低空空域的气压与高空空域的

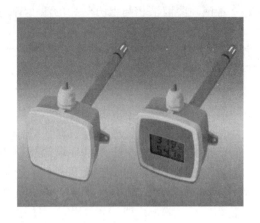

图 8-12 电阻式湿度仪

图 8-13 电容式湿度仪

气压相比，气压稳定性低，且各地气压不同，为避免撞击地面高大障碍物，测试当地气压尤为重要。

自 17 世纪 40 年代发现大气压力的存在开始，经过 300 多年的不懈研究，先后发展出多种精度较高的测量技术，主要有力平衡式测量技术、压阻式气压测量技术、谐振式气压测量技术和沸点式气压测量技术等。基于这些技术，可设计出一系列的气压测量仪器。

在气象上，采用力平衡式测量技术制作的测量气压的仪器主要有水银气压表（图 8-14）和空盒气压仪。目前，我国气象业务系统所装备的使用级气压测量仪器中，振筒气压仪（图 8-15）已替代水银气压表，被用于日常业务测量，解决了长期汞污染问题。另一种替代水银气压表的气压测量仪器是石英振梁气压仪，目前已作为二级计量标准使用。这两种气压仪主要采用的技术为谐振式气压测量技术。

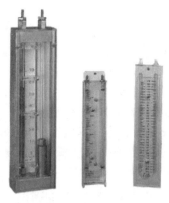

图 8-14 水银气压表

图 8-15 振筒气压仪

① 振筒气压仪，主要采用振筒式气压传感器，通过气压变化引起内部薄壁的张力变化，带来薄壁谐振频率的变化，间接测量气压。为了保证薄壁持续性地振荡，壁筒上集成了压电换能片。利用其正逆压电效应，引起筒壁变形振动的同时收集变形振荡信号，再将该信号移相、放大，部分反馈给压电换能片，形成正反馈振荡回路，另一部分作为输出。同时，为了防止发生温漂，应内置温度传感器，测量振筒温度，及时进行温度修正。

② 石英振梁气压仪，主要采用了石英振梁压力传感器。石英振梁压力传感器主要由石英晶体振动梁、隔离波纹管、平衡质量块、支撑结构梁、真空参考腔和外壳组成。其原理与

振筒气压仪类似。石英振梁压力仪具有稳定性高、非线性和温度系数小的优点，确保了测量的准确性。

作为MEMS技术早期成功的代表，基于单晶体硅的压阻效应气压测量技术的固态硅压阻传感器（图8-16）已成为当前应用最广泛的测压传感器。沸点气压表（图8-17）是结合沸点式气压测量技术设计出的测压设备。沸点气压表利用液体的沸点温度随气压的变化而变化的关系来测量气压。这种气压测量方式的特点是结合了温度的测量，将气压量转化为容易直接测量的温度量。

图 8-16 固态硅压阻传感器

图 8-17 沸点气压表

此外，近年发展起来的电子气压表（图8-18）也逐步进入了气压探测应用领域。电子气压表也称作数字气压表，这一类气压表使用了转换器，即将压敏元件的响应转化为与压力相对应的电气量，输出模拟信号或数字信号。目前，广泛使用的数字气压表通常采用多层次的冗余技术，目的是改进传统数字气压表的精确度和稳定性。在中央微处理器的控制下，使用三个完全独立的工作传感器，每个工作传感器内部都装有温度传感器进行自动温度补偿，三重冗余技术可进行连续监视和性能的检验。

图 8-18 电子气压表

随着我国低空域范围的陆续开放以及军民融合发展，与低空飞行器相关的气象设备将不断完善，低空飞行领域的发展必将平民化和大众化，低空空域资源的开发至关重要。低空安全走廊飞行气象保障，是低空空域资源开发的重要技术保障。尽管我国低空安全走廊飞行气象保障技术已经取得大量的研究成果，但与国外相关技术之间仍然存在着一定的差距。因此，必须不断加强我国自主研发气象设备的能力，积累与低空气象保障相关的系统集成技术和应用经验，完善国内低空飞行保障、监视、管制和通信等必要领域的相关技术，推动气象工程创新和应用，充分发挥风云系列气象卫星和北斗导航卫星等的系统优势，从而为我国低空空域资源的分配和运营管理提供可靠的气象保障。

8.3　低空安全走廊气象情报辅助决策

低空安全走廊气象情报辅助决策有助于确保低空安全运营。气象情报辅助决策信息的形式包括 Web Service 和消息发布/订阅。本节介绍的气象情报辅助决策信息采用 XML 描述，XML 版本使用 1.0。

8.3.1　信息内容

低空安全走廊气象情报辅助决策的信息内容，包括：气象情报辅助决策编号、决策专家代号、决策时间、决策信息来源、有效时间、气象等级、变化趋势、影响空域、空域高度、影响机场（停机坪）、影响航路、影响程度，以及对航空器飞行安全的影响等内容。

8.3.2　信息格式

低空安全走廊气象情报辅助决策设计中，需要结合气象情报辅助决策的信息内容，规范相应的气象情报信息格式。气象情报辅助决策信息的数据提供格式为 XML，数据元素具体定义如表 8-1 所示。

⊡ 表 8-1　气象情报辅助决策数据元素

序号	数据元素	说明	字段名	字段类型
1	决策编号	17 个字符： MDD＋YYYYMMDDHHMISS	MDDNO	string
2	决策专家代号	9 个字符：EXPERT＋3 位数字	EName	string
3	决策时间	14 个字符：YYYYMMDDHHMISS	Time	string
4	决策信息来源	最多 7 个字符：1/2/3/4 中的一个或多个，来源之间用"/"分开	Source	string
5	有效时间	29 个字符：YYYYMMDDHHMISS-YYYYMMDDHHMISS	TimeSpan	string
6	气象等级	1 个字符：1/2/3/4/5	MLevel	string
7	变化趋势	1 个字符：1/2/3(1:增强,2:减弱,3:不变)	Trend	string
8	影响空域	最多 200 字符：由空域代号串或由若干个位置点代字或经纬度位置组成	Scope	string
9	空域高度	11 个字符：5 个十进制数字＋"－"＋5 个十进制数字	AspHgt	string
10	影响机场	最多 200 个字符：由若干机场代字组成	Airport	string
11	影响航路	最多 200 个字符：由若干航路代字组成	Route	string

序号	数据元素	说明	字段名	字段类型
12	影响程度	1 个字符：1/2/3/4/5	Degree	string
13	对航空器飞行安全的影响	1 个字符：1/2/3（颠簸/避让/改航）	Influence	string
14	备注	最长 400 个字符：自由格式字符串	Remark	string

气象情报辅助系统，需要结合低空安全走廊运营覆盖区域的气象数据，对信息内容进行及时更新。气象情报辅助决策更新通知的数据元素，包括通知类型和决策编号，如表 8-2 所示。

▱ 表 8-2　气象情报辅助决策更新通知数据元素

序号	数据元素	说明	字段名	字段类型
1	通知类型	3 个字符：ADD 代表增加，MOD 代表修改，DEL 代表删除	Action	string
2	决策编号	17 个字符：MDD＋YYYYMMDDHHMISS	MDDNO	string

XML 格式示例如下：

① 气象情报辅助决策数据更新通知

```
<MDDNotify>
    <Action>ADD</Action>
    < MDDNO >MDD20110505123000</MDDNO>
</ MDDNotify>
```

② 气象情报辅助决策

```
<MDD>
    <MDDNO>MDD20110505123000</MDDNO>
    <EName>EXPERT001</EName>
    <Time>20110505120000</Time>
    <Source>1/2</Source>
    <TimeSpan>20110505120000 -20110506120000</TimeSpan>
    <Mlevel>1</Mlevel>
    <Trend>2</Trend>
    <Scope>ZUFH01 JTG</Scope>
    <AspHgt>00800 -01000</AspHgt>
    <Airport>ZUUU ZUCK ZUWX</Airport>
    <Route>A330 J45 H18</Route>
    <Degree>1</Degree>
    <Influence>1</Influence>
    <Remark>FREE TEXT</Remark>
</MDD>
```

8.3.3　信息流程

低空安全走廊气象情报辅助决策的信息流程如下。

① 气象情报辅助决策获取采用 Web 服务方式，服务名称为 MDDService。MDDService 服务提供以下操作。

　　a. 操作名称：getMDD；

　　b. 输入参数：string strMDDNO；

　　c. 输出参数：XML 格式＜MDD＞。

② 气象情报辅助决策更新通知采用发布订阅的消息形式。

气象情报辅助决策数据更新通知消息格式：XML 格式＜MDDNotify＞。

8.3.4　安全规范

低空安全走廊气象情报辅助决策，需要遵循如下安全规范。

① 消息真实性、完整性和不可抵赖性。为了验证在网络上传递的消息的发送者，保障消息在传输过程中不被修改，并使消息发出者不能否认消息的出处，推荐采用数字签名方式来验证消息，并保障其完整性和不可抵赖性。具体数字签名方法和数字签名手段由系统服务双方协商决定。

② 机密性。为了防止所传消息在网络中被他人查看，推荐使用传输层加密方式 SSL/TLS、IP 层加密方式 IPSec 或者其他内容加密方式为所传的全部或者部分消息加密。具体加密方法和加密手段由系统服务双方协商决定。

随着气象探测技术的不断发展，低空安全走廊气象情报辅助决策系统也将提供更为精准的服务，从而确保低空安全走廊的安全运营。

本　章　小　结

气象保障是低空安全走廊运营的重要保障。本章阐述了低空安全走廊运行的气象干扰因素，描述了低空安全走廊飞行气象保障系统，介绍了温度、湿度、气压等气象要素的监测方法，最后探讨了低空安全走廊气象情报辅助决策系统的设计思想，对于低空安全走廊的安全运营具有积极的现实意义。

第**9**章

低空安全走廊应用平台

9.1 低空安全走廊交通管理平台

我国地形错综复杂，山脉及水体交错分布，低空空域与地表之间，尤其是城市中的各类高层建筑之间的边界模糊复杂，是空域资源到地域资源的过渡区域，受地表波动、气流、城区地面建筑物影响较大，同时也面临许多不确定的社会因素（如地面的商业活动、重大节日聚会等）。因此，低空空域资源利用的风险系数相对较高。

在低空空域的飞行器包括大量的各类航空器，如通用航空飞机、飞艇、无人驾驶航空器等。探索低空安全走廊交通管理平台是确保低空安全的重要内容，也将为各类低空飞行器高效、合理地使用低空空域资源提供平台支持和技术保障。在低空安全走廊交通管理平台的建设初期，对低空安全走廊中的飞行器进行实时侦测和定位是保障有效监管的重要技术手段。例如，基于雷达、通信、导航技术的多源监测方法在低空安全走廊监管中的应用策略，波束方向探测仿真，信息作战环境下的舰船无源定位系统设计与实现方法，异构网络定位算法，采用 GPS-GSM 设计海上船舶监控系统服务器，原子陀螺定位技术，无奇点根数和坐标旋转的广播星历拟合技术及其性能评估，以及 RFID 识别技术与无人机结合开展农业畜牧定位研究等。上述相关探测及定位的研究成果印证了低空安全走廊中飞行器监测定位的可行性。

低空安全走廊交通管理平台，可对 3000m 以下低空进行航线规划，让飞行器按照规划航线起飞、降落，保障对空域内所有飞行器进行实时管控，同时对低空安全走廊中的飞行器进行实时侦测与定位，设立禁飞区域，避免在禁飞区域设立基站（非基站覆盖区域，接近禁飞区时通过飞行器的当前速度评估安全距离，并及时报警）。

禁飞区域包括：

① 所有政府及行政机关驻地；

② 所有涉密区域，如重要的军事基地；

③ 大坝、水库、电厂、变电站、油气输送管道等关系国计民生的重点区域；

④ 城区行政执法现场；

⑤ 大型公益或商业活动中心；

⑥ 车站、广场等人流密集地区；

⑦ 危险品制造区及化工工厂、重要仓库等；

⑧ 我国所有机场及周边区域。

在低空安全走廊的空中目标监管中，包括实时监测基站范围内飞行器的数量、高度、速度、是否携带违禁物品（炸药及危险品）、范围（尤其在禁飞区一旦发现，做到立即报警，在最短时间内进行有效干预）、飞行轨迹（实时跟踪并记录轨迹，做到可追溯）。此外，在低空安全走廊交通管理平台中，将构建低空飞行器监测网，即采用电磁、频谱扫描、音频、视频等多方式协同探测，通过多种侦测装备协同互补的工作，建立"一点发现，多维跟踪"的多侦测方式相结合的全天候、全方位探测系统，可及时获取目标位置、视频图像、操控无线电频率等多种信息。最后，为确保各类飞行器合理利用低空安全走廊进行作业，可以对飞行器加装认证模块，没有加装认证模块的飞行器将受到飞行行为限制，认证模块相对独立工作，确保飞行器可识别、监管。

9.1.1 飞行器交通管理平台建设方案

低空安全走廊交通管理平台将根据低空安全走廊的体系架构进行平台设计。低空安全走廊交通管理平台是低空安全走廊体系中综合服务平台的重要分支。该平台包括对低空飞行器实行实名认证准入制度；运用导航、通信、定位技术，结合主动式和被动式低空飞行器探测系统作为低空安全走廊监测平台的补充模块，构建低空监测网；采用低空安全走廊的路径规划方法，实现对低空安全走廊中的各类飞行器的探测与动态信息服务。

在飞行器交通管理平台构建中，低空飞行器实行实名认证准入制度，从生产厂家源头或后期加装认证模块。认证模块为小型轻量化装置，可外置或集成安装在低空飞行器上，主要由 GPS 或北斗定位芯片、4G/5G 通信模块、ARM 可编程芯片和电池组成。认证模块的作用是实现监管部门对低空飞行器飞行前的认证和飞行过程的全程监控。

低空飞行器认证实现原理如下：首先低空飞行器在放飞前，操作人员通过手机客户端或其他无线方式与之进行身份匹配，向认证模块提供飞行执照 ID 和飞行计划 ID，匹配成功后可持续通过 4G/5G 通信网络按固定时间间隔向监管平台发送低空飞行器 ID、飞行执照 ID、飞行计划 ID 及当前坐标（含海拔信息）等数据报文，报文内容通过监管平台进行可视化展示和实时监管。该设计方案的优点如下：可全地域、全天候上报飞行数据，只需一个监管平台即可解决该低空安全走廊监管区域内低空飞行器飞行状态的监管，可有效解决低空飞行器定位距离受限的问题；甚至在低空飞行器意外坠毁时，也可以快速定位到最后发送的坐标，缩小搜救范围，提高快速反应能力。

主动和被动式低空飞行器探测系统作为监测平台的补充模块，探测系统建设以永久或半永久的固定式监测站、移动式监测站（图 9-1）为主，逐步形成探测半径可交叉覆盖的探测网。

低空探测网的主要功能如下。

① 空域扫描：能够对监管空域进行扫描，模版比对，对新出现的低空飞行器目标实现快速捕获，即发现目标。

② 信号参数测量：能够对低空飞行器发出的数据链信号进行测量，包含中心频率、频谱带宽、信号强度等参数，即确认目标。

图 9-1 移动式监测站

③ 目标测向：通过电磁、频谱扫描等方式对低空飞行器进行方位角和高度测量，即锁定目标。

探测网可对探测区域内所有类型的低空飞行器进行实时监测和跟踪定位，记录运动轨迹，并将探测到的低空飞行器飞行数据实时上传到低空飞行器交通管理数据中心，在监管中心平台上统一显示。监管中心执行低空安全走廊路径规划，在重点部位设置"虚拟路障"的禁飞区，发现非法的低空飞行器有接近企图时进行提前报警，并通知执法部门根据具体情况对危险目标及时采取干扰、拦截、驱离、迫降、捕获等手段。

9.1.2 平台建设内容

在低空安全走廊交通管理平台建设中，根据低空飞行器监管的需要，分步骤建设数据中心、认证中心、交通管理平台、低空飞行器探测网以及执法中心，并提供预留气象、城市规划、环境监测、防灾减灾等职能部门业务数据接口。其平台结构示意图如图 9-2 所示。

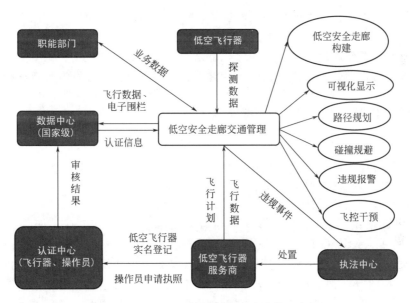

图 9-2　低空飞行器交通管理平台结构示意图

（1）数据中心

数据中心存储有关低空飞行器监管的各类数据，并提供大数据分析和信息服务，为低空安全走廊中的低空飞行器监管提供辅助决策。

（2）监管平台

监管平台设计包含低空安全走廊空间通道构建、数据可视化显示、操作员执照管理、气象信息服务接口和通信网络接口等关键技术。

① 低空安全走廊空间通道构建　按照飞行器类型划分飞行空域和航线。低空飞行器的自动化导航技术已经取得了很多实质性突破，如动态规避碰撞等，为保障飞行器的低空安全走廊的构建提供了技术支撑。根据飞行器的活动密度、飞行器的类型、作业目标及城市的人群及地物分布形式，采用网格化技术对空间进行水平和垂直划分，划定空中交通隔离区，实现低空安全走廊空间通道的精确构建和动态更新。

② 数据可视化显示　集成 GIS（地理信息系统），在系统界面上显示全国矢量地图（可

自由缩放）和当前关注区域内正在飞行的低空飞行器，可实时监控空中低空飞行器的数量、方位、速度、高度和航向，防止它们发生碰撞或者飞入禁飞区。移动鼠标到低空飞行器图标上可以显示低空飞行器基本信息、当前操作人员以及详细飞行状态。

③ 操作员执照管理　操作人员通过交通管理平台中的监管系统在线录入个人身份、受训记录、考核成绩等信息，申请操作执照；监管系统进行网络审核以决定是否分配执照 ID。

④ 气象信息服务接口　提供管理区域的大气气流和气象要素信息，对危险天气条件下的航线更改、飞行通道切换、应急管理提供气象保障。

⑤ 通信网络接口　预留通信接口，确保飞行器空中通信网络系统的协调和协作。

综上所述，低空安全走廊交通管理平台覆盖了低空飞行器探测网、数据中心、飞行器及操作员认证中心、低空飞行器服务商及执法中心多个模块及职能部门业务数据接口，包括低空安全走廊构建、可视化显示、电子围栏设置、飞行路径规划、碰撞规避、违规报警、飞控干预等多项技术。该平台的建设成果将有助于完善和充实低空安全走廊体系的内容，推动低空安全走廊产业的发展。

低空空域是国家亟待开发的重要战略资源。低空资源的广泛应用、不同飞行器在低空空域的规范使用、低空相关配套产业的有序发展以及低空空域中航空器的有效监管控已成为中国低空安全走廊产业健康发展的重要保障，也是军民融合的典型应用。低空安全走廊交通管理平台的建设将对推动低空安全走廊产业的健康、有序、可持续性发展具有积极意义。

9.1.3　TD-LTE 系统信令流程仿真平台设计

TD-LTE 系统是现网运行的第四代移动通信系统之一，近年来发展十分迅速，在低空安全走廊的数据通信领域具有重要价值。在 TD-LTE 系统中，信令作为终端与核心网之间的控制信息，承担着状态交换、释放链接、切换更新、发起寻呼等重要功能，TD-LTE 系统信令流程研究具有重要意义。

在 TD-LTE 系统链路或系统仿真平台设计方面，2011 年，Giuseppe Piro 与 Luigi Alfredo Grieco 等人设计了基于 C＋＋软件的系统仿真平台，该平台较简单地实现了 LTE 系统用户面协议栈及下行数据传输，但是此平台不支持控制面协议栈、上行数据传输及多天线 MIMO 传输；2013 年，西安电子科技大学利用 Matlab 设计搭建了上行链路的仿真平台，通过模块化的设计实现了调制编码方式选择、功率控制、资源调度、链路损耗计算等功能；2016 年，东南大学使用 Matlab 仿真软件搭建了上行和下行的链路仿真平台，并基于此研究了 TD-LTE 系统中的关键技术；2017 年，北京邮电大学采用将流程划分为功能模块的思想，搭建了 LTE 链路级仿真平台，完成信号的发送与接收以及小区初始搜索功能。从以上研究可以看出，国内外在根据协议设计搭建链路及系统仿真平台时，多数工作都只做物理层方面的仿真设计，而对信令流程和信令传输过程的设计较少。本节基于 TD-LTE 系统开机附着流程、UE 发起服务请求流程、寻呼流程三种信令流程和控制面协议栈各层协议，严格按照协议中定义控制信息在各层的处理过程，利用 Matlab 实现了控制面信息处理过程，过程中各功能均通过模块化设计，使得仿真参数可以灵活配置，且具有比较好的扩展性。通过本节设计的仿真过程，可以追踪低空安全走廊运营平台的控制面信息在控制面协议栈的处理过程，为今后控制信息传递过程中各功能模块的改进研究提供仿真平台。

（1）仿真平台设计

以开机附着流程为例，需要发送业务数据时，UE 发起的服务请求信令流程如图 9-3 所示，主要分为以下五步：

① 随机接入，即图 9-3 中的信令 1～2；
② RRC 连接，即图 9-3 中的信令 3～5；
③ 初始化 UE 消息，发起请求，即图 9-3 中的信令 6；

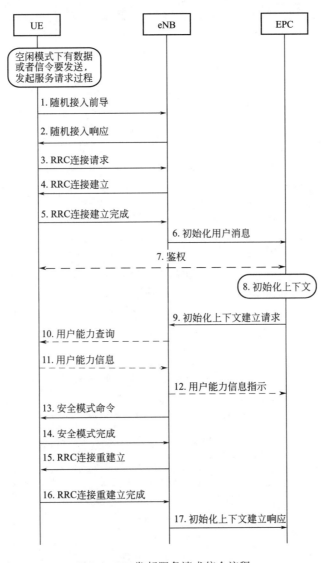

图 9-3 UE 发起服务请求信令流程

④ 对 UE 进行鉴权和加密，即图 9-3 中的信令 7；
⑤ 初始化上下文建立，即图 9-3 中的信令 9～17。
　　本节将以此流程为例，说明仿真平台设计结构与信令流程中每条信令的传输处理过程，并输出此信令流程实时仿真结果。
　　本节控制面协议栈仿真平台结构如图 9-4 所示，主要分为五个模块，分别是参数设置模块、信令数据模块、LTE-Uu 接口协议模块、数据分析模块及 S1-MME 接口协议模块。其中信令数据模块包含两部分，LTE-Uu 接口侧的 RRC 信令数据和 S1-MME 接口侧的 S1 信令数据，LTE-Uu 接口协议栈模块具有 L2 层和物理层协议功能，S1-MME 接口协议模块添加 SCTP 协议和 IP 协议的报头信息。

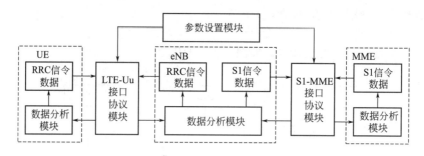

图 9-4　仿真平台系统结构

（2）参数设置模块

在本仿真平台中，将参数设置进行了界面化显示，如图 9-5 所示。在界面中分成了五个区域，分别是系统参数（System Parameters）、LTE-Uu 侧上行信道参数（LTE-Uu Up-Link Parameters）、LTE-Uu 侧下行信道参数（LTE-Uu Down-Link Parameters）、L2 层参数（L2 Layer Parameters）、S1-MME 侧参数（S1-MME Parameters）。

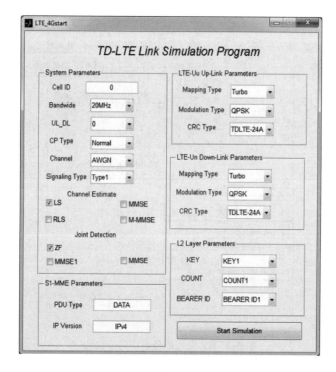

图 9-5　参数设置界面

其中，系统参数部分包括小区 ID（Cell ID）、系统带宽（Bandwide）、上下行配置（UL _ DL）、循环前缀类型（CP Type）、信道类型（Channel Type）、信道估计算法（Channel Estimate）、信号检测算法（Joint Detection）；LTE-Uu 侧上行信道参数包括映射类型（Mapping Type）、调制类型（Modulation Type）、CRC 类型（CRC Type）；LTE-Uu 侧下行信道参数包括映射类型（Mapping Type）、调制类型（Modulation Type）、CRC 类型（CRC Type）；L2 层参数包括完整性保护密钥（KEY）、计数器值（COUNT）、承载标识（BEARER ID）；S1-MME 侧参数包括数据块类型（PDU Type）及 IP 版本号（IP Version）。

（3）信令数据模块

在本节 TD-LTE 系统控制面协议栈仿真平台信令数据模块中，即图 9-4 中的 RRC 信令数据和 S1 信令数据，是本仿真平台的输入数据，而这些传输的 RRC 信令与 S1 信令皆从实验室的真实基站中抓取，实验室的真实基站环境与某通信公司合作搭建，核心网使用 TLE3000 产品，基带处理单元为 EMB6116 产品，在 UE 进行开机附着、服务请求和被寻呼时，通过某通信公司提供的特定软件抓取相应流程的信令数据，并从中整理出完整流程的信令。

（4）协议栈模块

这里将以仿真平台的 LTE-Uu 接口协议模块及 S1-MME 接口协议模块为例，对 LTE-Uu 接口侧 RRC 信令的传递过程及 S1-MME 接口侧 S1 信令的传递过程进行介绍。

① LTE-Uu 接口协议模块　LTE-Uu 接口协议模块处理 UE 与 eNB 之间 RRC 信令的传输，主要包括 L2 层的 PDCP 协议、RLC 协议、MAC 协议及物理层协议。图 9-6 是 LTE-Uu 接口协议栈。

LTE-Uu 接口协议栈中的 RRC 信令即为前文信令数据模块中的 RRC 信令数据，从真实基站中抓取获得。

传输信令数据的 PDCP PDU 格式如图 9-7 所示，其中 R 为 1bit 的保留位，其值置为 0；PDCP SN 为 PDCP 序列号，长度为 5bit；Data 传输 RRC 信令数据；MAC-I 为消息完整性确认码，长度为 32bit，由完整性保护算法计算得到；MAC-I（cont.）由 HFN 与 PDCP SN 构成，长度为 32bit。

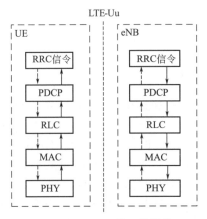

图 9-6　LTE-Uu 接口协议栈

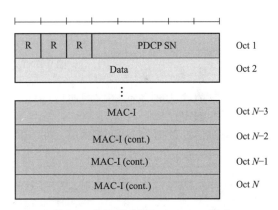

图 9-7　传输信令的 PDCP PDU 格式

当 eNB 发送安全模式命令（Security Mode Command）信令后，eNB 侧的 RRC 信令开始进行信令完整性保护和加密；UE 在发送安全模式完成（Security Mode Complete）信令后，UE 侧的 RRC 信令开始进行信令完整性保护和加密。PDCP 层完整性保护过程如图 9-8 所示，发送端的输入参数包括完整性保护密钥（KEY）、计数器值（COUNT）、承载上下行方向指示（DIRECTION）、密钥流长度（LENGTH）、承载标识（BEARER ID）及 RRC 消息本身（MESSAGE）；完整性保护算法有空算法、SNOW 3G 算法、AES 算法和祖冲之算法。发送端根据上述参数和完整性保护算法生成完整性校验码 MAC-I，接收端根据相同的参数与算法生成完整性校验码 XMAC-I，并与接收的 MAC-I 对比，若两者一致，则认为接收的信令数据与发送的信令数据相同。

同样，PDCP 层的加密过程如图 9-9 所示，发送端输入有加密密钥（KEY）、计数器值（COUNT）、承载上下行方向指示（DIRECTION）、密钥流长度（LENGTH）、承载标识

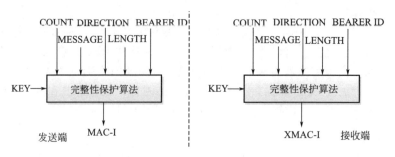

图 9-8　PDCP 层完整性保护过程

（BEARER ID）；加密算法有空算法、SNOW 3G 算法、AES 算法和祖冲之算法。发送端利用输入参数和加密算法计算出密钥流，明文（即发送的信令信息）与密钥流进行异或生成密文；在接收端，利用相同的输入参数和加密算法，便可生成与发送端相同的密钥流，密文与密钥流进行异或操作，恢复出发送的明文信息。

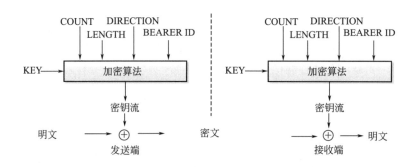

图 9-9　PDCP 层加密过程

在本节的 TD-LTE 系统控制面协议栈仿真平台中，使用了 SNOW 3G 算法进行完整性保护过程和加密过程。

控制面信令数据经过 PDCP 层后的 PDCP PDU 数据，在 RLC 层进行确认模式（AM RLC）传输，RLC 层确认模式协议数据单元（AMD PDU）分为两部分：数据域和段头。当 AMD PDU 数据不需要分段时，其固定部分传输格式如图 9-10 所示，当 AMD PDU 的数据中包含多个数据域，则需要附加扩展部分，由于本节中信令数据长度均小于设置的 RLC 传输数据大小，仿真中不需要扩展部分，故不在此处详述。

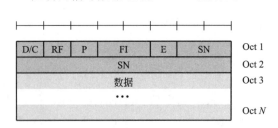

图 9-10　传输信令的 RLC PDU 格式

图 9-10 所示中 D/C 为 1bit 的数据控制域，其值为 0 时，表示控制面数据，其值为 1 时，表示用户面数据；RF 为重分段标志域，长度为 1bit；P 为轮询比特域，长度为 1bit；FI 为成帧信息域，长度为 2bit；E 为扩展比特域，长度为 1bit；SN 为序列号域，在 AMD PDU 模式下长度为 10bit，用于指示 AMD PDU 单元序列号。

控制面信息经过 RLC 层后的 RLC PDU 数据，在 MAC 层需要添加 MAC 头，经过 MAC 层后的控制面信息打包成 MAC PDU，传递至物理层进行调制编码等操作。本节的重点在于信令传输过程的仿真，对 MAC 层的调度算法及调度过程不进行详细研究，仿真过程中对传到此处的控制信令数据只做添加 MAC 报头处理。

经过 L2 层后的控制信令数据，会以 MAC PDU 的形式传递至物理层，每个 UE 在每个传输周期内的每个传输块中，只能传递一个 MAC PDU，在传递 RRC 控制信息时，上行 RRC 信令其在物理层所映射的传输信道为物理上行共享信道（PUSCH），图 9-11 所示为控制信令数据在物理上行共享信道上的处理过程。经过 L2 层的控制信息数据 MAC PDU 作为物理层输入数据，经过 CRC 添加、Turbo 编码、速率匹配、加扰、调制、预编码等过程后，从发送端 UE 处发往接收端 eNB 处，eNB 经发送流程的逆过程，将控制信令数据解析出来。

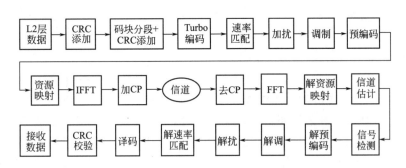

图 9-11　PUSCH 数据处理过程

下行 RRC 信令在物理信道上所映射的传输信道为物理下行共享信道（PDSCH），与物理上行共享信道相比，其在发射端的调制之后多了层映射的过程，帧结构也有所不同。同样，在接收端的解调之前多一步解层映射的过程。同样，本节设计仿真平台所使用的信道估计算法及信号检测算法，亦是经典的 LS 算法、MMSE 算法及 ZF 算法。

② S1-MME 接口协议模块　S1-MME 接口协议模块处理 eNB 与 MME 之间 S1 信令的传输，主要包括有 SCTP 协议和 IP 协议，图 9-12 所示为 S1-MME 接口协议栈，其中虚线表示上行传输，实线表示下行传输。

S1 信令即为本节信令数据模块中所述的 S1 信令数据，从真实基站中抓取的信令数据。对于传递至 SCTP 层的 S1 信令数据，添加 SCTP 报头后，传递至 IP 层添加 IP 报头。

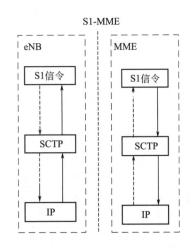

图 9-12　S1-MME 接口协议栈

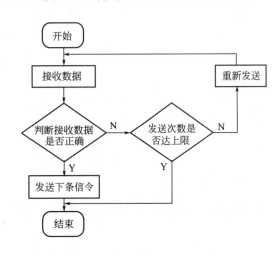

图 9-13　数据分析模块处理流程

（5）数据分析模块

数据分析模块在仿真平台整个架构中的位置在前文已有叙述，其在仿真平台中用于判断接收信令是否正确，是进行下一步操作的关键模块，其处理过程如图 9-13 所示。对接收到的信令数据判断接收是否正确，如果此条信令接收正确则发送信令流程中的下一条信令；如果此条信令接收不正确，则判断此条信令是否达到传输次数上限，如果没有则再次发送。

在 LTE-Uu 接口侧，对于没有安全模式命令信令之前的 RRC 信令，通过与信源信令数据进行对比，判断 RRC 信令是否正确，若信令内容一致则判定接收数据正确；若有不同，则判定接收数据错误。对于安全模式命令信令之后的 RRC 信令，则根据接收数据中 PDCP 层的数据进行完整性保护验证判断。在 S1-MME 接口侧，对于判断接收的 S1 信令数据是否正确，用的亦是与发送端数据进行对比的方法，与发送端数据相同则接收正确，与发送端不同则接收错误。

（6）仿真分析

本节将对仿真平台进行信令流程仿真分析，信令流程中的信令将按 TD-LTE 系统控制面协议栈 LTE-Uu 接口侧和 S1-MME 接口侧各层协议对数据进行处理。

仿真时各层参数设置如表 9-1 所示，除此之外，L2 层各协议报头中的序列号均设置为 1，并根据要求转换为相应位数的二进制数据，S1-MME 接口侧的信道将设置为理想信道，即信道值设置为 1，如此设置符合现实中的情况。在接收端，将对信令流程进行实时动态显示，即当一条信令成功接收后显示该条信令，此外，由于在 S1-MME 接口侧的信道为理想信道 1，而 LTE-Uu 接口侧的信道较为复杂，物理信道的处理过程尤为重要，故对仿真平台的物理层误码率进行了统计。

▫ 表 9-1　仿真中参数设置

模块	参数	参数值
系统参数	带宽	20MHz
	CP 类型	Normal
	小区 ID	0
	上下行配置格式	1
	信噪比	10dB
	信道类型	AWGN
	信道估计算法	LS
	信号检测算法	ZF
	信令流程类型	Type 1
物理上行信道参数	调制类型	QPSK
	CRC 类型	LTE-24
	映射类型	Turbo
物理下行信道参数	调制类型	QPSK
	CRC 类型	LTE-24
	映射类型	Turbo
L2 层参数	完整性保护密钥	128bit
	计数器值	32bit
	承载标识	1 0 1 0 1
S1-MME 接口参数	数据块类型	DATA
	IP 版本号	IPv4

当一条信令接收正确以后，则在图中画出相应的箭头。信令流程仿真结果如图 9-14 所示。其中，图 9-14（a）为仿真结果，实时地显示信令流程处理到的信令位置，图 9-14（b）所示为开机附着流程完整的信令流程仿真结果。

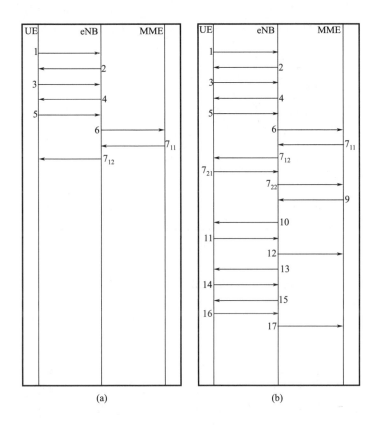

图 9-14 信令流程仿真结果

在图 9-14 中，图的最上方从左至右分别为 UE、eNB 和 MME。UE 与 eNB 之间的信令为 RRC 信令，eNB 与 MME 之间的为 S1 信令。每成功处理一条信令，则相应地在图中画出此信令方向及编号。图中信令的编号与图 9-3 中开机附着信令流程编号一致，并将图 9-3 中的鉴权过程分为了 7_{11}、7_{12}、7_{21}、7_{22} 四条信令。图 9-14（a）截取的为信令流程处理到信令 7_{12} 信令时的画面，其后的信令则正在处理中。图 9-14（b）则为开机附着完整的仿真流程，每一条信令都经过了协议栈中定义的完整处理过程，与图 9-3 中所述的开机附着信令流程一致，故所设计的仿真平台正确完整地仿真了整个信令流程。同样，其他两个信令流程仿真过程也一样，只是在参数设计界面中的信令流程选择中选相应的信令流程仿真即可，在此不再赘述。

在本仿真平台中，物理层的处理过程复杂且重要，此处设计的优劣将影响整个仿真平台的运行，故接下来将对物理层数据处理的结果进行分析。在 LTE-Uu 接口侧接收端分别对接收数据的解调误码率、解速率匹配误码率和解码误码率进行了仿真，图 9-15 所示为在信噪比为 $-52\sim-46$dB 时的误码率曲线，其中带圆圈的曲线为解调后数据的误码率曲线，带三角形的曲线为解速率匹配后数据的误码率曲线，带星号的曲线为解码后数据。

从图中可以看到，三条曲线随着信噪比的增加，误码率都是下降的，虽然个别点会比前点误码率稍微增加，如 -50.5dB 与 -51dB，分析其原因，可能是本仿真实验过程中设置的信噪比粒度较小所致，本实验中的信噪比增加粒度为 0.5dB，故统计过程中会出现如此情况，但是其差别在 1％以内，故差别在正常范围之内。当信噪比大于－50dB 时，所有曲线的误码率都降到了 8％以下。

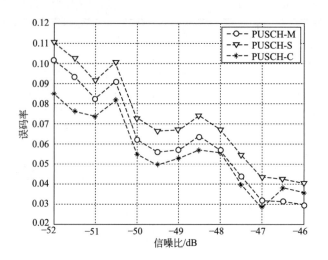

图 9-15　物理层数据包误码率仿真结果一

当信道信噪比设置为－30～－20dB 时，得到数据包误码率随信噪比变化的曲线如图 9-16 所示。图中各形状曲线的意义与图 9-15 中相同。

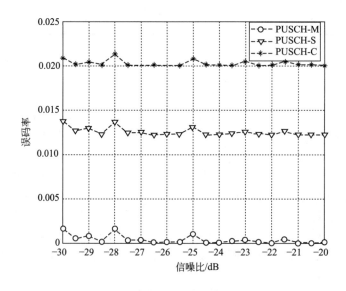

图 9-16　物理层数据包误码率仿真结果二

从图 9-16 中可以看到，当信噪比大于－30dB 时，各层数据的误码率曲线区域稳定，且均在低值范围之内，而个别点的值比前值的起伏更小，起伏值在千分之一左右，其原因与图 9-15 中起伏原因相同，这也间接证明了此解释的正确性。当信噪比大于－30dB 时，解调误码率在千分之二之内，而解速率匹配后数据误码率与 L2 层数据误码率基本上皆在 2％以内。通过两组数据的仿真，验证了所设计的链路仿真平台的正确性。

9.2　低空安全走廊移动终端数据处理

目前，我国有关低空安全方面的法律法规还不够完善，相关低空安全监管平台还不够成熟，我国的低空安全问题部分是由无人机引起的。目前，使用相对较多的无人机有以下两个普遍的特点：无人机的地面站与无人机联系多为一对一的连接模式，较少能实现多无人机间的信息显示；多台无人机相同区域间作业不能感知对方无人机的存在和航线，不能显示在信息平台上，易造成航线的重叠，严重的可能出现撞机等危险事件。

针对以上两点，本节提出了低空安全走廊监管数据移动显示平台的设计思想，其中移动显示平台的数据通信问题是平台设计的关键，多样化的通信方式让移动显示平台可以稳定地获取服务器端的数据信息，及时保障低空安全走廊中飞行器的飞行安全。

9.2.1　硬件选型

随着社会进步和人们生活方式的转变，传统数据显示平台局限的应用场合受到了挑战，例如台式电脑不宜携带的问题、笔记本电脑待机时间的问题等，手机等便携式数据采集平台作为移动端开始在各个领域逐步推广开来。同时由于数据采集多用于野外作业，便携、低功耗等特点逐渐开始成为野外作业设备着重考虑的问题。

目前，市场上投入大量使用的，可以满足以上需求的产品大致分两种：第一种为特殊定制的移动采集设备，优点是产品满足项目需求，可定制特殊数据接口，大部分具有三防特性，缺点是开发周期长，成本较高；第二种为智能手机、平板，优点是设备稳定性好，价格选择空间大，市场易于获取，缺点是设备可能需要添加外围设备，三防性能弱，特殊环境需要特殊的保护措施，例如在高湿环境或雨天野外采集需加装防水壳。其中智能手机、平板由于其大量普及，成了数据移动采集平台的首选，使得硬件开发成本得到很大程度降低。未来的低空安全走廊的相关硬件选型，可以基于国产化硬件考虑，实现硬件产品的自主可控。

9.2.2　开发平台环境

Android 系统由于其开源系统特性得到了大量用户和开发者的青睐。但未来在低空安全走廊领域，需要研发自主可控的操作系统替换 Android 系统，实现在开发平台上完全自主可控。

9.2.3　通信方式选择

由选择的硬件和软件可知，通信可采用 Java 语言来编写相关的代码，即基于手机移动端的 Android 系统的通信方式。

本平台设计的技术思路主要是通过 Android 手机端安装相关 App 软件来完成数据显示等操作。通过后台获取区域内多机机载 GPS 定位信息，把低空飞行器的实时位置显示在第三方地图服务提供商，同时把每个时间段飞行器的位置信息作为数据表存入后台数据库中。通过调用 Android 通信的 API 来获得服务器端的低空飞行器的飞行信息。借助移动客户端和服务端大量通信来完成信息的显示，此系统基于 C/S（Client/Server，客户端/服务器）的架构，移动显示平台作为显示端能显示某区域飞行器位置、航速、航向、航迹等信息。接入网络的方式分为有线连接和无线连接。

有线通信主要有 RS-232、RS-422、RS-485、IEEE-488、USB 总线等。无线通信运用的无线通信技术，主要指蓝牙、Wi-Fi、IrDA、ZigBee、Z-wave、UWB（超带宽）、WiGig（Wireless Gigabit，无线千兆比特）、WUSB（Wireless USB）、WiHD（Wireless HD）、WHDI（Wireless Home Digital Interface，无线家庭数字接口）、NFC（近距离无线传输）、RFID、EnOcean、微波通信、卫星通信等技术。

智能手机端已经内置 Wi-Fi 和蓝牙模块，留有 microUSB 接口，但是否需要接入其他模块，在调研时进行了大量的分析和对比。最终，选择用有线通信和无线通信两种方式结合来进行低空飞行器监管数据通信。有线通信方式相对于无线通信方式拥有更高的可靠性，同时也具有更好的抗干扰能力，而无线通信方式可以节约硬件设计成本、购买成本，不受连线的束缚，两种方式各有适宜的应用场合。

（1）有线通信

有线通信主要从可接入终端设备数量、接口类型、最大传输速率、通信传输方式、高低电平范围、最大传输距离、成本、安全性、应用场景等方面进行对比。

其中，RS-232、RS-422、RS-485 为同一系列不同发展时期的产物。RS-485 可接入终端设备最多为 32 台，相对于 RS-232 和 RS-422 可接入更多设备。同时，RS-485 理论传输距离可达 1219m。相比于 RS-232 的 15m 和 RS-422 的 1219m，也拥有足够的传输距离。另外，RS-485 在加入中继器后传输距离最远可达 10km。从设备发展的角度，选择 RS-485 预留出了升级发展的空间。

从实际工程来看，在要求通信距离为几十米到上千米时，广泛采用 RS-485 串行总线标准。RS-485 采用平衡发送和差分接收，具有抑制共模干扰的能力。总线收发器具有高灵敏度，能检测低至 200mV 的电压，故传输信号能在千米以外得到恢复。RS-485 采用半双工工作方式，任何时候只能有一点处于发送状态，因此，发送电路须由使能信号加以控制。RS-485 用于多点互联时非常方便，可以省掉许多信号线。应用 RS-485 可以联网构成分布式系统，其最多允许并联 32 台驱动器和 32 台接收器。

RS-485 有两线制和四线制两种接线，四线制只能实现点对点的通信方式，现很少采用。目前，接线方式大多采用两线制接线方式，这种接线方式为总线式拓扑结构，传输距离一般在 1～2km 为最佳。如果超过距离，增加中继可以保证信号不丢失，但结点数有限制，结点越多调试起来越复杂，不过后期维护比较简单，常用于串行方式，经济实用。

IEEE-488 总线是并行总线接口标准，总线上最多可连接 15 台设备。最大传输距离为 20m，通用串行总线 USB 传输多用于 10m 以内的数据传输。因此，对比工程中常用的有线通信方式，从终端设备数量、最大传输速率、最大传输距离等主要方面可知，RS-485 通信方式具有一定的优势，结合低空安全监管平台所涉及的数据通信要求，RS-485 可以满足工程需要。

在硬件连接设计中，手机端需要通过 microUSB 接口来得到相关的访问权限，同时手机应该具有 OTG 功能，作为 Host 端，硬件连接时接入 microUSB 转 USB 转换接头，从而转换为普通 USB 接口，然后需要转接 PL2303HXD 或其他串口芯片，把 USB 接口电平转换为串口电平。转换为串口电平后，可以连接 MAX485 芯片，通过 MAX485 芯片把串口电平转换为 RS-485 电平，再接入合适型号的双绞线，完成手机客户端和服务器端的长距离有线通信。

在程序设计中，需要注意部分关键点：

首先，要在 AndroidManifest.xml 中加入 USB 使用的相关权限。

```
<uses-permission  android:name="android.permission.MOUNT_UNMOUNT_FILESYSTEMS" />
<uses-permission android:name="android.permission.WRITE_EXTERNAL_STORAGE" />
```

其次，在 Android 串口通信时要加入串口芯片的驱动包。本设计中调用了 pl2303driver.jar，使用不同的串口需要调用相关芯片的驱动包。如需适配多种芯片，可以写入自己的驱动程序，通过 NDK 来获得驱动包。

在编写程序时，首先需要在布局文件设置 spinner 中配置波特率，同时在 Java 文件中编写相关串口初始化程序。示例程序如下。

```
private PL2303Driver.BaudRate mBaudrate = PL2303Driver.BaudRate.B9600;

private PL2303Driver.DataBits mDataBits = PL2303Driver.DataBits.D8;

private PL2303Driver.Parity mParity = PL2303Driver.Parity.NONE;

private PL2303Driver.StopBits mStopBits = PL2303Driver.StopBits.S1;

private PL2303Driver.FlowControl mFlowControl = PL2303Driver.FlowControl.OFF。
```

最后，通过相关的 API 来实现串口的打开、连接、读取数据、写入数据、关闭串口功能，通过设置监听器来监听是否有串口接入。图 9-17 是 RS-485 通信界面。

图 9-17　RS-485 通信界面

（2）无线通信

对比目前主流的无线通信方式和手机端已经加入的无线通信方式，Wi-Fi 和蓝牙具有其他无线模块在手机端无法比拟的优势。同时，手机蓝牙可以弥补在无 Wi-Fi 的情况下对服务器数据的获取问题。此外，一些无线通信模块都需要另行加装，对设备的稳定性和可携带性都有一定的影响。

从实际工程来看，手机 SIM 卡也可以成为无线通信的一种方式，通过手机数据连接获取服务器的数据，但 SIM 卡的流量有限且存在缴费问题，对当地的基础设施依赖较多，在一些偏远山区，手机信号和网速无法满足实际需求，因此设计不涉及 SIM 卡的无线通信。其中，无线通信中的蓝牙是一种支持设备短距离通信的无线电技术。它是一种无线数据与语音通信的开放性全球规范，它以低成本的短距离无线连接为基础，可为固定的或移动的终端设备提供廉价的接入服务。蓝牙技术的实质是为固定设备或移动设备之间的通信环境建立通用的近距无线接口，将通信技术与计算机技术进一步结合起来，使各种设备在没有电线或电缆相互连接的情况下，能在近距离范围内实现相互通信或操作。其传输频段为全球公众通用的 2.4GHz ISM 频段，提供 1Mbps 的传输速率和 10m 的传输距离。

蓝牙使用跳频技术，将传输的数据分割成数据包，通过 79 个指定的蓝牙频道分别传输数据包。每个频道的频宽为 1MHz。蓝牙 4.0 使用 2MHz 间距，可容纳 40 个频道。第一个频道始于 2402MHz，每 2MHz 一个频道，至 2480MHz。有了适配跳频（Adaptive Frequency-Hopping，AFH）功能，通常每秒跳 1600 次。蓝牙拥有安全性高的优点：蓝牙设备在通信时，工作的频率是不停地同步变化的，也就是跳频通信；双方的信息很难被抓获，防止被破解或恶意插入欺骗信息，同时拥有易于使用的优点。蓝牙技术是一项即时技术，不要求固定的基础设施，易于安装和设置，智能手机中已经集成了蓝牙模块，可以直接编写蓝牙程序。

手机中还集成有 Wi-Fi 模块，通过 Wi-Fi 可以得到服务器数据，在没有网络的情况下，使用蓝牙可以实现无线数据连接。

蓝牙编程需要解决以下关键点：首先在 AndroidManifest. xml 中声明获得蓝牙权限。

```
<uses-permission android:name="android.permission.BLUETOOTH_ADMIN" />

<uses-permission android:name="android.permission.BLUETOOTH" />
```

在布局文件中设计好相应的布局，并在 Java 文件中调用蓝牙相关 API 编写蓝牙程序，在调用蓝牙时首先需要得到蓝牙适配器，判断手机是否支持蓝牙，并且显示当前蓝牙的状态，如果当前蓝牙未打开，则打开蓝牙，并让蓝牙处于可被搜索状态，设置好可被搜索到的时间，获取到蓝牙使用权后查找之前配对的设备，如果配对过，直接在列表中显示配对的设备，未配对的设备显示在未配对的列表中。显示的配对设备在 ListView 列表中，对列表设置监听器，当点击搜索到的设备列表设备选项时进行连接。在连接时要使用串口服务 UUID 码 00001101-000-1000-8000-00805F9B34FB，当 UUID 码相同时，设备连接成功。在移动显示设备平台中，Android 手机端设备可以适当通过 Toast 方式来显示相关设备信息。在连接好设备后可以建立数据库数据的调用，通过数据调用低空飞行器的信息来把相关的信息发送到设备活动 Activity 中并显示。

通过比较有线通信和无线通信的各种方式可知，Wi-Fi 和蓝牙都可以作为无线通信连接，RS-485 作为有线通信连接。在无网络连接的情况下，RS-485 和蓝牙可以实现稳定的数据传输。

9.2.4 技术验证

无线蓝牙通信验证和有线 RS-485 通信验证通过两台智能手机作为硬件基础进行相关测试。其中一台智能手机作为服务端，另一台智能手机作为客户端。

无线通信连接验证：当蓝牙通过 UUID 进行连接时，作为服务端的低空监管数据设备向客户端设备分发数据，移动显示设备通过设备 ID 来获取不同的数据协议进行对应设备解析。

有线通信连接验证：服务端首先接入 microUSB 转串口硬件，然后串口端接入转换电平模块转换为 RS-485 电平接口，同时与另一个 RS-485 电平接口连接，再次转换为 microUSB 接口接入客户端智能手机，完成硬件连接之后，就可以通过不同通信协议中的设备 ID 字段判断选择何种通信协议进行解析，以完成不同低空飞行器的数据接入。解析结果如表 9-2 所示。

⊡ 表 9-2 数据解析结果

设备 ID	飞行器型号	飞行高度/m	经度/(°)	纬度/(°)
AC25	Plane1	200	东经 113	北纬 40
BC25	Plane2	150	东经 115	北纬 60
CC25	Plane3	300	东经 120	北纬 55

通过对通信设备 ID 的识别，数据移动显示模块成功解析出模拟的多目标飞行器的飞行

器型号、飞行高度、经度、纬度数据。后期可根据需要添加更多飞行数据，提升相关监管人员的监管效率，实现多目标的监管，避免现有设备一对一监测、信息交互的不便，可以同时感知并显示多目标的具体方位。

综合上述，基于 Android 系统在低空安全监管数据移动显示平台的通信有三种实现方式：Wi-Fi 通信、蓝牙通信、RS-485 通信。在无网络情况下，蓝牙通信和 RS-485 通信是一种较好的方式，可以满足一定区域内移动显示平台的数据获取，RS-485 通信约1200m 的长度可以满足一般的需求，而蓝牙通信与 Wi-Fi 通信互为补充，提高了无线通信的灵活性，在距离服务器较近时（约为 10m）可以直接与服务器进行蓝牙通信，免去了 Wi-Fi 的流量费用。不同的通信方式都有其优点和不足，在使用时需要灵活选择，使通信系统在无人机低空安全走廊监管平台的移动终端数据显示中具备较好的环境适应性。

9.3　低空安全走廊运营的大数据与区块链融合技术

9.3.1　低空安全走廊运营中的大数据与区块链

低空安全走廊运营平台建设中，大数据和区块链是其中的关键技术。以下将简要介绍大数据技术及区块链技术在低空安全走廊运营平台中的应用特点，以及大数据与区块链的融合技术。

（1）大数据技术在低空安全走廊运营中面临的挑战

低空安全走廊运营，涉及海量的多元异构大数据。单独依靠大数据技术形成的共享数据，运行中面临着信息丢失、隐私泄露、信用缺乏、监管无力等诸多问题，制约了大数据在低空安全走廊体系建设中的进一步发展。而区块链技术通过其加密分享、分布式账本等特征为数据流通与共享提供了新方法和思路，可以与大数据技术形成互补。大数据技术和区块链技术是基于互联网背景下发展起来的两种独立的技术，与低空安全走廊体系的发展有着密切的联系。低空安全走廊产业配套与支撑体系如图 9-18 所示。

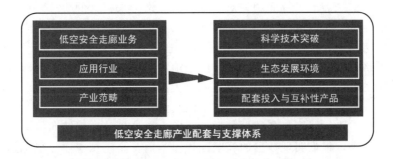

图 9-18　低空安全走廊产业配套与支撑体系

由图 9-18 可知，低空安全走廊产业配套与支撑体系的设计，需要结合低空安全走廊的业务流程、低空飞行器的行业应用场景和整个低空产业的发展趋势，实现对低空安全走廊的技术突破，营造低空生态发展环境，开展配套的基建服务和多元化互补产品的研发，推动整个低空产业的健康发展。

低空安全走廊的核心公共资源是数据。运用大数据技术，能够存储海量数据，对数据进行关联分析，充分挖掘低空安全走廊运营中的各种目标数据。然而，大数据技术在低空安全走廊的业务化运营中，面临数据标准化、数据安全等诸多挑战。

在低空安全走廊运营过程中，数据类型呈现多元化趋势，飞行服务站和飞行服务系统建设包含了大量的多元化数据，需要开展数据标准化建设。飞行服务站分为 A 类飞行服务站和 B 类飞行服务站。A 类飞行服务站能够为多个机场提供相关的监测和飞行数据服务。B 类飞行服务站只是为一个机场提供数据服务。飞行服务站的通用服务功能包括飞行计划服务、航空情报服务、航空气象服务、告警和协同援助服务等。飞行服务站的服务内容贯穿整个低空飞行活动。在飞行服务站的工作期间，分析各类基础数据，对冗余数据进行优化，建立标准化公共数据资源，对于发挥大数据的优势、促进飞行服务站的高效运营具有重要的推动作用。在整个飞行服务系统建设中，除了包括飞行服务站，还包括低空云数据中心、智能化服务保障系统、企业运行任务平台及其他面向市场的信息系统。为了实现飞行服务系统的一站式服务目标，需要综合分析各类数据源，将数据进行标准化输出，提升飞行服务系统的数据服务能力。

数据安全是低空安全走廊运营的重要保障，是指通过采取必要措施，保障数据得到有效保护和合法利用，并持续处于安全状态的能力。当前，云计算的广泛使用，使得低空安全走廊在不同运营场景下的网络边界将逐渐消失。在低空安全走廊的运营过程中，如果数据失去保护，在平台的数据层和应用层将会出现信息泄露以及信息篡改风险，引发数据安全问题。数据安全具有三大特性：保密性、完整性、可用性。数据的保密性是指对数据进行加密，只有授权者方可使用，并保证数据在流通环节不被窃取。数据保密性包括网络传输保密和数据存储保密。这一特性，要求加密技术必须自动、实时、精确、可靠。数据的完整性是指数据未经授权不得进行修改，确保数据在存储和传输过程中不被篡改、破坏、盗用、丢失。这需要在加密的基础上，运用多种方案和技术来实现。数据的完整性是数据安全的核心。为了保障数据的完整性，必须设置部门人员权限和文件密级，这样可以严格控制文件的流向，监控文件访问人员的操作行为，从源头上控制数据泄露。数据的可用性是指经授权的合法用户必须得到系统和网络提供的正常服务。在低空安全走廊平台的运营中，需要为合法的低空使用者提供便捷的服务保护，同时也要防止数据泄露。

当前，低空空域的数据通信存在通信覆盖相对有限、电磁环境复杂、无线电通信保障相对孤立、数据链通信能力不足等问题，对数据的安全性带来极大的挑战。低空通信容易受到地形地貌的影响，尤其是山区和无人区，存在通信盲区，通信覆盖半径有限，数据的可用性相对较低。低空空域中，存在各式各样的军民用地面通信系统，对电磁环境造成很大的影响，也对无线网络频率管理提出更高的要求。当前主要的低空管制系统的地空通信是单独成网的，临近范围的电台无法共享共用，很难满足大区域、长途通信保障需求。因此，运用数据链通信，实现自动监视是低空空管发展的主流趋势。

然而，一些低空飞行器不具备数据链通信手段，即使具备数据链通信的飞行器，数据链机制也存在较大区别，很难实现数据的互联互通。当前，高频航空通信很难达到低空全面覆盖，为了实现不同数据传递网络间的无缝链接，需要结合 4G/5G 通信技术和自动监视技术，有效利用当前的基站，将数据链系统运用在低空通信。

随着 5G 网络技术的发展，低空空域飞行器的移动性管理将进一步增强，以实现低空全覆盖。传统 4G 网络，移动速度可以控制在 350km/h，采用 5G 技术可以达到 500km/h。目前，地面基站天线在低空位置存在一些信号干扰，而 5G 聚焦了无线信号波束的性能，降低了用户与用户之间的干扰。随着 5G 通信技术的广泛应用，在操作和管理层面将以 5G 通信网络为核心，依靠网络系统，达到整个系统的信息管理，确保不同的数据服务互相融合，使低空通信向着高速、大容量传输方向快速发展。最终，低空通信可以采用多链路共存的方式，将多条无线链路运用于同种低空飞行器中，经过多链路调节和管理，对数据进行分级保护，确保低空通信的数据传输安全。

此外，在低空空域的逐步开放过程中，通航机场和无人机起降坪也将面临不同类型的低空飞行器的高频次、高密度频繁起降作业，获取的实时数据量较大，对低空安全走廊的数据安全带来全新的挑战。因此，低空安全走廊的数据安全机制构建，需要综合考虑数据的保密性、完整性、可用性，构建统一规范、互联互通、安全可控的数据开放机制，确保低空安全走廊中数据服务的实时性，保障数据交换的安全性。

总之，开展数据标准化规范建设，构建数据安全交换机制，对数据进行分级保护，对于防止低空安全走廊运营中的隐私数据泄露，发挥大数据技术的精细化数据分析能力，提升低空安全走廊的数据安全保障能力和科学化运营效率具有积极意义。

（2）区块链技术

区块链技术是一种分布式数据库技术，在低空安全走廊运营体系建设中具有重要的价值。区块链分布式储存的链式数据系统，包括区块链的层级结构和各区块结构。其中，区块链的层级结构如图 9-19 所示。

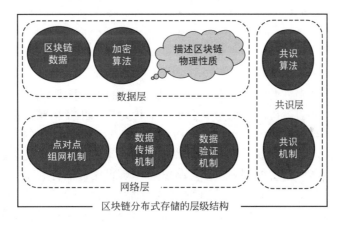

图 9-19 区块链分布式存储的层级结构示意图

由图 9-19 可知，区块链层级系统包括三个基本层级，即数据层、网络层和共识层。其中数据层涉及区块链最底层的技术，数据层封装了区块链的数据、加密算法等核心技术，包含交易信息的区块由后向前有序连接起来的一种数据结构，描述了区块链的物理形式。网络层利用了点对点网络技术实现了各分布式网络节点的连接和通信，包括了点对点组网机制、数据传播机制和数据验证机制。用户节点通过一个共同的区块链结构实现连通，具有平等、自制、去中心化的优势。共识层是区块链系统的核心，可以实现全网分散的节点在去中心化的区块链系统中针对交易和数据达成共识，包括共识算法和共识机制。除了上述三个基本层级外，还涉及区块链技术的应用，所有的业务应用都封装在区块链的应用层，使得区块链技术能与行业发展融合起来。

区块链技术是一种比大数据技术更高级的、更安全、更精准的互联网技术，其采用分布式数据库技术，没有中心系统，每一个单独区块节点都有系统完整的信息和可追溯性，且数据是公开透明的，去信任化的，能够更好地解决大数据下低空安全走廊运营中的中心化和信任问题，为低空安全走廊的进一步发展提供技术平台和支撑。

区块链系统是由一个个的区块构成的。构成区块系统的基本单位，包括区块头和区块体。其中，区块头封装了前区块的时间戳、当前版本号、随机数等信息，对整个区块链起基础性的决定作用。区块体包括了参与主体交易数量和交易过程的具体情况。这些交易通过根节点间接被散列，通过对每笔交易的数字签名保证每笔交易无法被篡改，保证多主体间信息共享决策的一致性，实现交易主体身份与交易信息的不可伪造、公开透明。

区块链系统中，数据信息被储存在区块链系统的单独块中，通过加密签名验证方式将单独块形成首尾相接的链条形式。其本质是一个分布式账本数据库，并通过共识算法和技术保证各节点交易数据的一致性。具体来说，在这种分布式账本数据库中，由许多对等节点组成，各节点上参与主体交易的数据通过哈希加密算法被打包成一个个数据区块，每个数据区块包含时间戳、交易者、交易事项、随机数等密文信息，系统中每个数据区块按照时间顺序排列成数据区块链条。链条中参与交易的节点利用哈希算法验证数据的完整性和真实性，并通过共识机制进行一致性验证，从而建立各节点之间的信任机制。在区块链技术应用中，海量用户可以实现互相对比信息，在保证数据真实、信任、完整、可靠的基础上，共同参与区块链系统的数据验证、维护、存储等活动。区块链技术下，采用分布式存储数据，数据分散记录在区块链上各节点，同时数据分享采用节点同步式，可以在全网将数据更新并进行广播。数据的查询和上传采用点对点模式，交易各方可以通过区块链系统查找对方的信用记录，不依赖于单一节点的可靠性，每个节点都可以同步全网数据，任何单个节点对数据的删改都是无效的。区块链具备自信任特征，不需要通过政府的行政管理、法律约束以及其他第三方的监管就能够在共享参与各方之间形成天然的信任合作关系，成为低空安全走廊产业进一步发展的重要技术支撑。

低空安全走廊建设中，若采用传统方法，将会面临运营中成本高、运营负担加重等难题。区块链技术引入以前，传统的低空安全走廊的构建思想主要依赖于第三方平台，集中共享资源的供给和需求，是一种中心化的网络构架模式，其运行中面临的流程繁杂、共享资源提供、供需双方资质认证、市场推广、后期共享资源使用维护、相关配套服务等问题，涉及从线上到线下，从共享产品的提供到使用，从平台基础设施等硬件到服务等诸多环节，都需要大量的资金和人力的支持，运营成本和时间成本都很高。去中心化的区块链技术引入之后，数据都分散存储在不同的网络节点，每个节点只需要负责维护对应的数据和任务，保证了低空安全走廊运营平台中数据的安全性和准确性，采用广播的方式在区块链上同步发布数据更新信息，可以大大减轻低空安全走廊构架下的运营成本，提高运营效率。同时，自信任体系的建立，可以通过可追溯的、同步维护的管理机制，使共享各方无需第三方就能自行达到数据的一致性，管理成本也大大降低。

区块链技术，有助于打破低空安全走廊运营中的信息孤岛，促进信息高度共享，实现数据真实性认证，提高共享资源的利用效率。在传统的大数据处理中，大量的信息数据被各个云数据中心垄断，企业对数据的掌控和实时调度比较滞后。同时，由于不同行业间的大数据共享机制和传播机制缺乏统一的标准，导致信息数据通常需要进一步加工和提炼才能使用，使得共享受限，形成信息孤岛。而区块链技术的应用，其分布式储存和去中心化的工作模式，使得各节点数据能同步存储和更新、广播，让数据信息发展成为一种标准化的社会资源。在互联网环境下，现代社会数据和信息都呈现出爆炸式增长趋势，信息数据的生产与传播速度大大提高，也使得信息的安全性和真实性有待考证。在自媒体海量化消息膨胀的情况下，信息不对称和不透明现象突出，使得大规模的共享活动难以走向良性发展的轨道。而区块链下采用标准化的储存技术，采用区块加链式信息传递方式，形成一本任何信息交易记录都可以向全球区块链网络公开的总账簿，大大提升了信息的真实性、有效性和安全性，为促进低空安全走廊运营体系的信息资源高度共享和充分利用奠定了坚实的基础。

（3）大数据与区块链的融合

数字货币、智能合约、智能物联网等技术，推进了低空安全走廊体系中的共享空间扩张、共享规模扩大，使得区块链技术与低空安全走廊产业的融合进一步加深。在大数据和区块链的融合发展中，各节点之间的交易和智能合约的部署都要建立在数字货币的基础上。而以区块链技术为基础的智能合约，通过数字加密和数据的不可篡改特性，不仅能保障交易的安全性和有效性，还能够有效连接低空安全走廊产业共享经济运行的各节点主体，促成共享空间的扩张，使得越来越多的资源实现共享，大众能够开放性地制订相关共享物品和服务的共享协议，共同见证、履行、监督资源的使用过程。同时，随着共享规模扩张、共享资源增加，智能合约机制也能大幅度地提升低空安全走廊运营平台中的共享资源的使用率和使用价值。另外，区块链技术实现了去中心化的分布式云网络物联网，这种智能物联网技术的应用，使人与机器、机器与机器之间能够采用一种通用的语言进行交互，将会为低空安全走廊的运营带来全新的商业模式，为低空安全走廊产业带来全面创新与改革。

9.3.2　低空安全走廊中的区块链与大数据融合运营

建立在区块链技术上的低空安全走廊产业共享经济运行中，区块链系统和共享经济发展相融合，能够形成共识机制、交易机制、支付机制、信用机制和监督机制共同有序作用的共享经济运行机制。各种机制相互配合，共同完成低空安全走廊运营活动中涉及的不同环节的数据记录和广播，能最大限度地实现低空安全走廊运营平台的资源共享、信息共享和价值共创。

区块链技术与大数据在低空安全走廊体系的融合如图 9-20 所示。

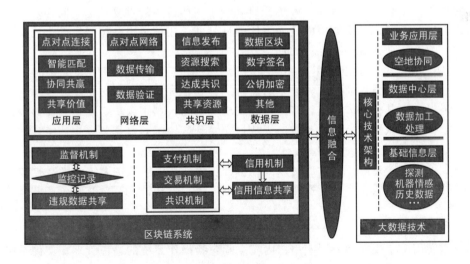

图 9-20　区块链与大数据的融合框图

由图 9-20 可知，大数据技术是在低空安全走廊核心技术架构的基础上，由基础信息层、数据中心层、业务应用层组成。而区块链系统包括了应用层、网络层、共识层和数据层，利用信用机制实现信用信息共享，搭建监管机制，实现违规数据共享。因此，大数据技术与区块链的信息融合，可以实现数据资源互补，进一步保障低空安全走廊运营的数据安全性和数据处理的时效性。

区块链系统在低空安全走廊运营中具有如下特点：

① 达成共识　在区块链技术下的低空安全走廊运行中，共识机制主要涉及数据层、网络层和共识层共同作用的行为，共享资源通过共享平台在区块链技术下形成共享资源数据区块，并通过数字签名、公钥加密等技术来保障共享数据存储的安全性，同时，共享资源利用网络层完成数据验证和传输，利用共识层发布共享资源信息和需求搜集信息，促成共享资源拥有方或提供方与需求方达成有效共识，实现供需双方的有效链接。

② 形成交易　在整个低空安全走廊运营中，交易机制是核心部分，涉及整个区块链系统的运行。首先，共识机制促成了交易行为的发生和交易机制的运行。当每发生一次交易，便会在对应的交易区块链中完成此次交易的信息确认和记录，用户信息、交易的时间节点、地理位置、交易的共享物品或其他资源、交易执行情况等都会被记录进一个新的区块中，同时还会用加密技术进行数字签名，保证本次交易数据的真实性，从而形成一个新的区块链节点，追加到区块链系统中。

③ 触发支付　在低空安全走廊运营过程中，交易形成之后，区块链系统会根据交易所需费用自动触发支付机制，完成支付。首先系统根据交易金额在付款方的货币区块中确定需要扣除的费用数额，再根据区块链的"智能合约"机制自动触发转账操作，减少使用者账号中相应的数字货币，并将对应的等值数字货币增加到低空安全走廊运营商的账户。这样操作不需要通过第三方金融机构，只需要通过货币区块将电子数字货币进行转移就可以完成支付，而且交易更安全、更便捷。

④ 信用记录　在整个低空安全走廊运营体系的共享经济运行中，共享资源数据、用户使用数据等所有信用数据都会通过信用机制进行记录，涉及整个区块链系统。整个过程中如果出现了某些失信行为，用户标识、使用时间、失信行为描述等信息将会反馈到共享体系中，形成一个信用区块节点追加到区块链系统中进行保存，并以公开、透明的方式传播信用记录，实现信用信息共享，从而有效防止不良信用主体行为的重复发生。同样，用户、共享资源提供方以及共享运行机制中的其他主体的良好的信用记录也会按同样的方法记录在区块链系统中，更有效地促进共享经济的良性发展。

⑤ 违规监督　除了对最终用户和诚信行为进行监督和记录外，区块链还能对共享体系中的所有节点进行监督，通过预先设定的监管流程和标准，在每次交易中，程序会主动判断共享资源提供方、其他主体等是否存在违规交易等行为，利用区块链发布相关违规信息并进行真实性验证，确认无误后会自动将违规数据记录到区块链的监督节点中，实现违规信息的记录。

考虑到低空安全走廊产业发展对国民经济的重要作用，区块链系统和大数据技术的深度融合，需要以国产低空安全产业操作系统做基础支撑。典型的国产低空安全产业操作系统如图 9-21 所示。

由图 9-21 可知，低空安全产业操作系统包括用户空间、内核空间（含设备驱动）和硬件。用户空间用于实现空地协同应用；内核空间包括操作系统的进程管理、文件系统、设备驱动、通信及安全等；硬件包括国产化硬件适配，兼容国外硬件产品。

总之，探索大数据技术与区块链技术的融合技术，采用区块链分布式、去中心化的技术，结合大数据挖掘和分析技术，构建一个无需第三方参与的自组织数据传输系统，将为低空安全走廊运营提供一种自信用机制，将大数据网络更有效、有序地连接起来，进而推动低空安全走廊运营向更高效率、更优智慧和更少消耗的方向发展。

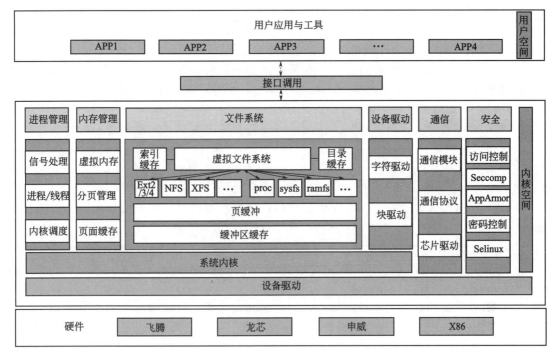

图 9-21 低空安全走廊产业操作系统

9.4 低空安全走廊产业应用

9.4.1 空管领域应用

随着我国经济的发展，公众对于低空空域的需求不断增大，低空运输业在未来发展中具有巨大潜力，然而低空空域的航线规划以及终端区设施难以满足其发展需求。在经济增长的同时，伴随着国际地位的提高，我国国防安全对低空空域资源的使用提出了更高的要求。传统的民航与军航单纯的区分"航路航线内"和"航路航线以外"的"统一管制，分别指挥"思想已经不能满足当前的低空空域运行需求，更难以满足军、民航未来的发展需求。

低空安全走廊通过灵活可变通的空域结构与程序，挖掘低空空域的使用潜力，提高低空空域整体利用率。在空域的管理中，各个国家的空域管理方法有所不同。德国将空域管理划分为三个等级，战略性空域管理、预战术空域管理、战术性空域管理，并通过划设条件航路、临时保留区域、临时隔离区域实现空域灵活使用。我国在空域改革中，已经划设了临时航线，其功能类似于条件航路。在限制区内有活动时，临时航线关闭，待活动结束后，将空域释放，开启临时航线，这种实时动态空域管理，在一定程度上调节了双方空域使用上的压力。然而，在低空空域的管理方面，国内外仍然缺乏一套完整的理论体系。

低空空域灵活使用是一个体系概念，包括战略层面、预战术层面和战术层面。单纯的构建战术层面的体系，只能适当缓解当前现状，不足以挖掘低空空域巨大的使用潜力。面向未来的发展与规划，应当从全方位多层次出发，构建相关法律体系与空域框架，构建与之匹配的低空空管制度，实施具体可行的管制方法。在我国低空空域改革中，既要统筹好全国航空业的发展，又要着眼于部分矛盾突出的地区，最大限度地满足军、民航对低空空域使用需求。

为了解决好低空空域的灵活使用问题，还应考虑划设与临时保留区域、临时隔离区域类似的空域结构，来疏解军、民航对低空空域的使用矛盾。

按照 2010 年印发《关于深化低空空域管理体制改革的意见》，当前低空空域改革试点将低空空域划分为管制空域、监视空域、报告空域进行管理。对于推广低空空域改革试点，当前仍存在技术、监管等诸多问题。

① 低空空域监控技术尚未成熟。通航涉及飞行器种类繁多，在山区和丘陵地带监控困难的问题较为突出，对于小型无人机，更是难以监控。此外，监管制度尚未成熟。原有通航管制工作条例过于陈旧，部分内容不适应当前管理。对违规操作的通航，监管与处罚较为困难。担负空域监控的部门发现时，只能联系公安部门进行执法，时效性较差。

② 低空空域是通航活动的主要区域。目前，通航在我国仍处于起步阶段，有巨大的发展潜力。通航的发展不仅有利于经济发展，还可以为我国补充低空飞行人才。对于通航，需要因地制宜的发展，增加西部地区的产业布局，同时疏解飞行器活动密集地区的空中交通压力，在建立好防空安全的前提下，促进通航发展。考虑到某些地区的实际情况，低空空域改革还应稳步推进，原有模式和新模式还应长期并存。

③ 低空航空管制的未来发展趋势是，如何提高现有低空空域资源下的空域利用率，使低空空域效益最大化。为实现这一目标，需要从制度、技术、管理、人才队伍建设等诸多方面进行深入的考量。2008 年国家空管委下发《关于建立军民航联合空中交通管制运行机制的意见》，明确了我国要建立国家、地区、分区（终端区）和机场的"四级军民航空管联合运行体系"。

④ 目前，我国的军民航联合管制存在诸多难点，如运行模式不统一等。由于军民航都有其自身的特殊性，运行难以统一。民航内部，东部沿海地区已实现雷达管制，西部部分地区仍使用程序管制。军航与民航存在差异，联合运行对接困难，其信息共享不顺畅，由于军航活动具有保密性，在一定程度上无法实现现有信息的资源共享。

综合上述分析可知，为了实现对低空空域的科学管理和资源挖掘，需要构建低空安全走廊产业生态系统。

① 低空安全走廊产业生态系统定义：是对低空安全走廊产业的发展产生重要影响的各种要素的集合及其相互作用的关系，是由与低空安全走廊产业的产品研发、生产与应用有关的大学、科研机构、原材料供应商、核心生产者、互补投入生产者、互补品生产者、中介组织、消费者等产业的各类参与者，以及由该产业发展的支撑因素与外部环境等构成的低空安全走廊产业赖以生存和发展的有机系统。

② 低空安全走廊产业操作系统是低空安全走廊生态系统落地实施的核心资源，对于支撑低空安全走廊产业中的新兴技术、新兴商业模式和新兴企业的成长与变革，以及推动该产业的繁荣具有重要的应用价值。

③ 为了将低空空域的使用效率提升至最大化，可以结合低空安全走廊产业操作系统，开发低空安全走廊综合服务平台。低空安全走廊综合服务平台，通过对低空安全走廊覆盖的低空空域服务质量、飞行航迹稳定性、空域结构性来实现对低空安全走廊的科学运营。其中，低空安全走廊运营中的空域服务质量，包括飞行情报区、终端区等各节点流量的直观体现，以及低空安全走廊中的噪声监测、隐藏冲突系数、运行效益等内容；飞行航迹稳定性是以低空空域飞行模式下飞机侧向以及垂向偏差率的分布统计以得出其实际航迹信息；空域结构性则是以低空安全走廊覆盖的低空空域具体利用率、网络连接情况、通信效率等内容来体现的。

④ 低空安全走廊运营体系，可以通过对相应低空空域运行基本数据做全方位的统计整理和分析，完成对低空空域运行预测模型的构建，之后通过模型运作，为低空安全走廊的空域整体结构优化改善提供有力依据。

总之，低空安全走廊在低空空管领域中的应用较多，能够为低空空域的开发和运营提供基础保障，进而推动整个低空安全走廊产业生态系统的可持续发展。

9.4.2　公安领域应用

近年来，以无人驾驶航空器为主的飞行器广泛应用于低空空域，低空交通和低空安全走廊产业发展的时代已经来临，低空将是继陆地、海洋、高空之后的又一新的重要战略资源，是军用航空、警务航空和通用航空的主要活动区域，蕴含了巨大的经济和社会价值，将会极大地带动社会经济的发展。可以预见，未来的低空空域可能会成为拉动经济增长的又一重要引擎，与此同时，低空安全也可能会是未来国家安全的重要组成部分。

截至目前，全国各级公安机关已经有一万多架无人机，警用无人机已经逐步应用到各个警种。公安机关工作特性要求相关警力必须能够快速反应、快速处置，因此，无人机的警务应用要求现场部署快，具有良好的隐蔽性、安全性和高可靠性。当前，警用无人机作为低空安全走廊产业生态系统中的重要组成部分，在警务实战领域运用已日趋成熟。此处着重从警用无人机发展的现实意义、应用展开说明，对当前警用无人机应用面临的问题进行分析，立足实际，就警用无人机的发展提出简要构想。

（1）大力发展警用无人机的现实意义

2019年5月7日至8日，全国公安工作会议对新时代公安工作提出了新的更高要求，强调要坚持政治建警、改革强警、科技兴警、从严治警，履行好党和人民赋予的新时代职责使命。目前，以无人机为代表的无人智能系统集成技术向智慧警务业务应用的发展趋势已非常明显。随着智慧警务的深入建设，无人智能系统集成技术已经进入了"综合应用、深度应用、应急应用、社会应用"的全警种应用新阶段，对提升智慧警务综合信息的实时性、多样性和交互性形成了有效支撑。无人机在"智慧警务"建设中的参与和应用高度契合数字化、智能化、可视化、现代化的新型智慧警务发展方向。作为"人工智能"在"智慧警务"建设中的具体表现，无人机挂载的任务吊舱结合互联网、物联网、云计算、视频成像等技术，可根据公安工作的需要在现实社会不同领域、空间和层次上感知并采集相关信息，可对数据信息作出快速、合理、灵活的智能响应，不断推动警务实战改革，推动公安工作整体升级，实现警务效能提质增效。

（2）低空安全走廊产业生态系统中警用无人机的应用

在传统的实践运用中，警用无人机在各级公安机关、各专业警种维稳处突、抢险救援、交通管理、边境管控、大型活动安保等警务工作中发挥着重要作用，承担着动态巡逻监控、特定目标实时监控和空地协同应急处突的功能，在警务实战领域应用十分广泛。对于公安侦控工作而言，无论是目前已经日益成熟的信息化侦察，还是在积极探索的大数据侦察，其本质都在于实现信息的广度与深度的收集与探索。警用无人机在警务实战中充分发挥其"反应快、盯得牢、时效高"的特点，可快捷高效地完成立体化感知、现场态势统揽、空中监控取证、精准抛投打击处置等任务，使侦察围栏理念由二维平面向三维立体感知、由静态布控向动态巡控转变，使科技导侦、信息导侦的理念得到有效贯彻实施。基于以上说明，在可行条件下，警用无人机可以深入地融入需要动态信息交互感知的警务活动中。

（3）警用无人机发展面临的主要问题

① 面临技术层面的应对性革新问题　当前，无人机在警务实战应用领域，面临核心技术的应对性革新和平台的系统性构建及信息平台的实时交互衔接问题。无人机在警务实战中的主要作用是完成侦察前端到指挥后端的实时动态信息交互感知，实现信息不完全条件下信息缺口的补充，以及不确定条件下异构平台分布式资源的动态分配与调度。从无人机本身来讲，当前仍处于视频图像采集、机械挂载等基础功能应用的"初级应用模式"，其距离作为社会治安立体化防控中信息化建设的新载体、新平台、新技术和新手段，实现系统融合、数据共享、智能分析的"深度应用模式"发展还有较大差距。一方面，无人机的功能系统运用还处于较为单一的状态，仍然不完善，尤其是与警务信息平台的融合尚在探索阶段；另一方面，无人机自身的运算能力和遥控的本身计算力还不足以支撑更加庞大的数据以及信息的叠加和实时处理。因此，无人机在技术层面需要适应性革新和完善。

② 面临人才的专业性培养问题　科学技术的发展要以人为主导，大力发展科学技术，并将科学技术运用落地，培养人才是关键。当前，警用无人机的快速发展带来了技术与运用不相适应的突出矛盾，既懂公安业务又精通飞行技术的专业人才更是凤毛麟角。由于专业人才匮乏，用法单一，警用无人机的实战效用尚未得到充分发挥。

③ 面临运行管理机制的规范性问题　一是法律法规尚未健全。作为国家航空器的警用无人机虽然在管理上实现了初步有序，但毕竟缺乏权威依据，没有统一的"总开关"，各地管理仍存在形式多样的情况。二是适航管理体系尚未引入，技术标准体系尚处于探索阶段。警用无人机立足适航管理，从管理、运行和安全的角度，在技术标准、人才培养、机型配备、登记注册、任务使用、飞行监控、维修保障、报废处理等方面还没有建立完整成套的体系。三是与军方的飞行协调机制尚未完全建立，在全国范围内呈现出了不平衡不充分的态势，有的地方的警用无人机仍不同程度存在黑飞情况，极大地增加了飞行安全风险。

（4）警用无人机的发展构想

无人机在国内警务领域的应用已经取得了一定的实战效果。在无人机技术越来越成熟和进步的今天，如何更深入地将无人机应用到警务活动的各个领域，除了升级无人机设备本身外，更关键在于按照立体化防控、网格化管理、专业化建设、实战化运行的要求，形成科学、规范、有序的管理体系，并结合实战深化应用，不断创新无人机警务实战技法以及配套的软件应用系统的充分研发和利用，从而促进警用无人机核心战斗力生成和警务模式的创新转变。

① 管理层面要从法律规制、体制架构、设备技术标准、适航审定、飞行标准、人才培养体系、空中交通管理、飞行安全管理等多个领域开展大量的研究工作，做好顶层设计，不断推进警用无人机综合应用体系的建立健全。

② 技术层面要在协同控制技术的基础上，对无人机作战模式及设计理念实现新突破，带动空中通信和组网、控制架构、多任务规划和合成控制指挥等技术的同步发展。在无人机协同应用上，要积极搭建"警务应用平台"，深度融入公安"大情报""大数据"，实现资源共享、高效集成，将无人机系统群作为有人搭载平台的传感器和武器系统的功能延伸，将虚拟的标注叠加、大数据的融合、智能识别、SLAM感知定位等功能应用放到后台进行处理，提高整个系统的态势感知和情报监视侦察能力，实现前后端实时交互，保证更安全的防护距离。

总之，随着低空安全走廊运营体系的建设，以及低空安全走廊产业生态系统的不断完善，无人机在公安领域的应用范围也将越来越广。

9.4.3 环保领域应用

在环保领域，突发环境污染事件是环保部门长期面临的工作难点。突发环境污染事件不同于一般的环境污染，具有发生突然、扩散迅速、危害严重、污染物不明及处理艰巨等特点。突发环境污染事件包括重点流域、敏感水域水环境污染事件，重点城市光化学烟雾污染事件，危险化学品、废弃化学品污染事件，海上石油勘探开发溢油事件，突发船舶污染事件等。辐射环境污染事件包括放射性同位素、放射源、辐射装置、放射性废物辐射污染事件。此外，在矿产资源开采过程中，通常会对地理环境造成影响，如导致地表分裂、地表景观出现巨变等。在开采过程中还会出现会地表塌陷、水土流失、生态恶化等情况。突发环境污染事件的主要特征包括突发性、难以预见性、破坏性、紧迫性。突发环境污染事件对应急管理的要求是：迅速判明情况，查明事件原因；实现快速响应，尽快到达现场；采取果断措施，实施正确指挥；进行紧急救援，防止事态发展；妥善安排善后，尽力减少损失。

针对上述环境污染特点及应急要求，可以基于低空安全走廊运营平台，使用无人机携带遥感设备，对相关环境监测数据进行快速准确获取，分析并处理所获取的数据，为制订生态环境有效修复方案提供可靠依据。首先，基于低空安全走廊运营平台，无人机能够实现快速响应，在第一时间到达现场，迅速展开作业。在低空安全走廊运营平台中，无人机可超低空安全作业，受天气条件的限制相对较小，且获取地面影像的速度非常快。其次，基于低空安全走廊运营的综合服务服务，无人机能够快速采集现场数据，将现场的视频、音频信息传送到运营平台及现场指挥中心，供指挥者进行判断和决策。无人机能方便地使用摄像机、热像仪等各种载荷，在动态分配的低空安全走廊中作业，可以快速获得相关图像数据。即使是普通的民用级专业数码相机，也能安装到无人机的平台上，配合自动曝光摄影等一系列先进技术，就能自动获取高清晰数码照片。通过后期处理生成的数码影像和地形图，可为污染事件评估和污染治理提供可靠的数据保障。环保部门能够掌握现场情况第一手资料，对情况的分析更加全面、准确，使判断和决策更加及时、正确，反应更加迅速，各部门以及各类应急人员的协调也会更加充分。

在生态环境监测中，低空安全走廊运营平台中的无人机具有快速响应、实时监测等监测优势。森林生态环境能够对空气起到有效净化的作用，对人们的居住环境进行有效改善，同时为动植物提供栖息地。利用森林资源，能够有效防止水土流失，以及防风固沙等，同时能对全球变暖现象进行有效遏制。面对目前森林资源开采不断加剧，以及森林火灾频发等情况，可以在低空安全走廊运营平台中使用无人机开展环境监测，对森林相关数据进行获取，对火灾情况进行监测和分析，这将有利于救援活动的顺利开展，使火灾损失减少，使防火机制进一步完善。

低空安全走廊运营平台，可以用于水土保持监测，主要监测内容包括水土流失、土壤、地形地貌等情况。低空安全走廊中的无人机航拍及测绘作业，能够对水土流失区域进行全面调查，对水土流失量、土量等重要参数进行收集，并对水土保持情况和效果进行观察。若采取的水土保持措施未起到应有的效果，可利用无人机及时反馈信息，并对其进行综合评估和合理调整。低空安全走廊运营平台中的无人机，在水域监测中具有重要价值。经济建设的飞速发展，对生态环境也造成了极大的影响，尤其导致河流污染严重，同时流域的实际污染情况无法准确反映。基于低空安全走廊运营平台，采用无人机开展生态环境监测作业，可以有效克服地形不利、人工采样不安全等因素，对低空安全走廊覆盖的地面水域实现实时监测，使工作效率有效提高。

低空安全走廊运营平台，可以用于空气质量的环境监测。目前，工业发展加速了经济发展，同时也造成了较严重的环境污染问题。其中，工业废气问题日益凸显，如汽油、煤炭燃烧的石油化工废气，机械设备运转过程中产生的废气，以及机动车排放的废气等，都会造成严重的大气污染。通过低空安全走廊运营平台，采用无人机监测技术，能够对空气质量进行检测，并充分发挥先进监测技术的作用，通过所获取的遥感图像，对监测区域中的相关指标进行分析，主要包括温度、二氧化氮、湿度等，对大气样本进行采集和分析检测，利用地面数据处理系统，对采集的数据进行处理和分析，并与大气安全指标相比较。在核辐射污染的区域，人工监测方式会对人体健康造成严重影响。因此，基于低空安全走廊运营平台，能够有效避免对监测人员的危害，同时能够对核辐射污染情况有全面、准确的了解，并对现场数据进行分析，对下一步的治理方案进行明确和制订，有效控制污染影响范围和程度。

总之，低空安全走廊的应用和推广，以及无人机的广泛使用，将为环保事业的发展以及环境监测数据的准确提取提供有力的技术支持。

9.4.4　应急领域应用

自然灾害的发生会直接或间接对人类生命财产、生态环境、社会和经济建设造成破坏。迅速、准确地获取灾情信息有助于管理部门快速掌握灾情，评估灾害损失，做出科学的抗灾决策。

我国是自然灾害多发频发国家。山体滑坡、崩塌、泥石流等这些较为严重的灾害通常发生在偏远且地形地貌复杂的深山老林，人力难以到达。在自然灾害发生时，需要及时开展应急测绘工作。

在应急测绘工作中，获取灾情影像或信息的方法主要有以下四种。

① 人工实地勘测调查获取。该方法工作量大、效率低、费用高且不安全。

② 卫星获取。该方法需受卫星运行周期及卫星影像空间分辨率等因素的限制。

③ 载人航空摄影技术获取。该方法需配备精良的设备，且需保障飞行人员的人身安全。

④ 基于低空安全走廊运营平台，利用无人机开展测绘工作。

低空安全走廊运营平台对于灾情处理具有较大的优势，能够为无人机快速动态分配安全的空中走廊。低空安全走廊中的无人机，可以搭载多种传感器，安全快捷地进入灾害区域，快速获取大范围高清晰的光学影像、视频影像等，并将实时图像传回后方指挥中心，让专家和救援人员及时通过影像掌握地质灾害发生情况，根据影像分析制订应急决策措施。此外，结合低空安全走廊中无人机拍摄的影像，提取受损建筑物的三维信息等，可以获取灾害后的损毁信息，及时精确地评估损毁情况，并依据此开展后续应急救援计划。

在城市交通应急处理领域，采用低空安全走廊，通过无人机技术可以全面掌握事故现场情况，及时作出应急响应，搜集、整理现有信息资料和动态反馈安全信息资料，组织人力、物力实施救援或采取相应措施化解城市危机，提升信息反馈、指挥决策、实施救援的及时性和实时性。例如，基于低空安全走廊运营平台，采用无人机系统作业，可以在第一时间保护现场，记录最真实的和原始的事故情况，避免一些交通纠纷，帮助交通管理人员充分掌握事故的情况发展，提高现场紧急治疗的效率，有助于处理事故和减少伤亡人数，给运输管理者带来了更有利的证据。低空安全走廊中的无人机系统具备飞得快、看得清、传得到的特点，完全胜任此要求："飞得快"，保证无人机能够快速达到事件现场，确保第一时间掌握现场情况；"看得清"，保证通过实时高清影像数据获取事件现场动态画面和位置信息，为指挥调度中心的领导提供广阔的空中视角，以便掌握事件现场的宏观态势，为处置方案的科学决策提供支撑；"传得到"，通过搭载语音喊话设备，将指挥指令实时传到现场的处置人员、涉事人员和围观群众，提高应急处置效率。在高速公路发生交通事故时，会带来突发性的大面积交通拥堵，很多时候救援人员到达现场发现有些救援急需设备和药品无法及时到达现场，受伤人员无法得到及时转移和救治。基于低空安全走廊运营平台，无人机可以避开拥堵的车流和人群，按照临时低空安全走廊通道，直接降落在现场，投送急需的物资和器具，一些大型的无人机甚至可以通过救生吊篮等设备直接将伤势较重的人员快速转移到医疗救助点，为伤者的抢救赢得宝贵时间。

此外，在海事应急搜救中，基于低空安全走廊运营平台，利用无人机搜救，能够快速准确到达事故现场，第一时间在目标区域进行搜救，通过机载红外传感器进行全方位、无死角搜寻，避免因人为不确定性导致的遗漏，对于巡航船无法到达的危险区域，借助机载影像设备可以把现场画面实时传回控制指挥中心，为海事部门快速布置救助任务提供信息保障，提高了应急搜救的效率和成功率。

总之，低空安全走廊运营平台，可以大范围、高精度、高清晰的方式全面感知复杂场景，为应急救援提供直观视觉体验和丰富的地理信息，在应急领域具有巨大的应用前景。

9.4.5 水利领域应用

低空安全走廊产业在水利领域的应用范围十分广泛。水利流域管理一直面临着"采集手段亟待提高，流域监管水平急需加强"的现状。低空安全走廊运营平台能够在确保低空安全的情况下，应用无人机遥感监测技术为流域管理提供先进的服务及良好的解决方案。

基于低空安全走廊运营平台的无人机遥感监测技术，能在水政执法、污染源调查、库容监测、水土保持等诸多方面得到广泛应用。

（1）水政执法

目前我国相关水系的流域水政执法范围都十分广阔，传统上一般都仅仅凭人力发现违法水事案件，因而执法效率相对较低。通过无人机遥感监测技术，可以搭建起流域遥感遥测监控工程，为流域编织一张张"天网"，对桥梁、码头、道路、疑似开挖工程、护岸整治工程、环境整治工程等进行常态化的遥感监测，有效解决各类水事违法行为发生地分散、监测困难等执法难题，如图9-22所示。

(a) 码头　　　　　　　　　　　　　　(b) 疑似开挖工程

图 9-22　低空安全走廊中的水政执法遥感监测

基于低空安全走廊的水政执法遥感监测，具体应用解决方案如下：通过多期影像对比、已有资料的上传分析，制作执法专题图，然后通过低空安全走廊运营平台中的无人机进行现场核查，获取准确的占用面积和容积，对疑似违规违法建设行为进行全面、连续的监测。在此基础上建立采集系统，辅助水政执法工作的开展，并提供自动报告生成、统计成果自动输出等功能，使得执法对象更加明确，辅助制订科学合理的执法方案，在提高水政监察执法效率的同时，实现水政执法过程的数字化管理，使得执法过程可控、可查，促进执法透明化、公正化，为流域水政监察部门提供有效的信息支撑。

（2）污染源调查

对于长距离调水工程而言，水源区的水质安全至关重要。在污染源调查方面，通过无人机遥感监测技术，可完成水源区内网箱全覆盖调查，全面掌握水源区网箱养殖数量和分布以及变化情况（图9-23），为水质保护管理决策提供可靠的数据支撑。

(a) 网箱养殖影像(远)　　　　　　　　　　(b) 网箱养殖影像(近)

图 9-23　污染源调查

（3）库容监测

一直以来，在流域库容管理方面存在着如下问题：

① 少数已批复占用库容项目存在超占库容现象；

② 部分项目涉河建设有关手续未及时办理；

③ 部分项目实施与管理要求存在差距。

针对上述问题，可以在低空安全走廊运营中，采用无人机遥感监测技术，核查流域有效库容占用情况和占用数量。图 9-24 是基于无人机遥感监测的库容监测影像。由图 9-24 可知，通过该技术，能加强流域水库库容保护，确保已批复占用库容项目的高效实施，提升相关决策的科学性和可执行力，从而最终保护流域库区的生态环境安全。

（4）水土保持

绿水青山就是金山银山。在一些流域的下游河段，土壤侵蚀以水力侵蚀为主，水土流失问题被认为是一直是某些地区最主要的生态环境问题，也是山地资源可持续利用的最大障碍和基本制约因素。

在水土保持方面，应用无人机遥感监测技术可以实施对流域重点关注区的水土流失遥感动态监测。利用无人机技术进行野外复核，能极大提高工作效率。图 9-25 是应用无人机遥感监测技术绘制的某地区土地利用现状。应用无人机遥感监测技术，其成果有助于客观、及时、全面地掌握流域重点关注区水土流失动态情况，为水土流失状况分析与评价提供基础数据。

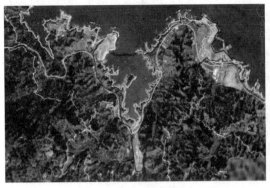

(a) 侵占库容前的影像

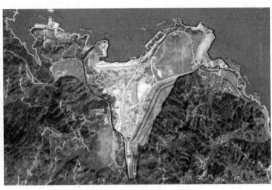

(b) 侵占库容后的影像

图 9-24　库容监测

图 9-25　土地利用现状图

总之，随着我国水利现代化建设的不断发展和进步，加快水利信息化建设，有力支撑水利规划、建设、监测和管理等各项工作，特别是应对频繁发生的水涝干旱、森林火灾等灾害影响，已成为摆在我们面前的重要问题。低空安全走廊运营平台，可以综合无人机系统的机动灵活、续航时间长、视频影像的实时传输和不受地形地貌等区域环境影响的优势和特点，在水利行业的防洪抢险、水文水资源监测、水土保持监测等方面有着广泛的应用前景。

9.4.6　农业领域应用

农业植保无人机在当前农业生产的诸多领域，尤其是在农田管理、农作物病虫害防治方面具有良好的应用效果，一度成为时代的研究热点。低空安全走廊运营平台能够保障农业植保无人机有序高效地开展作业活动。低空安全走廊运营平台，在现代农业领域的应用优点主要体现在以下几个方面。

首先，相较于传统的农业技术，在农业生产方面应用，基于低空安全走廊运营平台的保障，农业植保无人机可以在农业喷洒方面取得更为安全、快速的效果。农业无人机在农业喷洒方面的高效应用，对节省农药喷洒、农作物管理时间具有重要意义，同时还可以大程度上降低农药使用对农业工作人员的伤害。农业植保无人机在农药喷洒方面具有高度、广度以及农药喷洒剂量切换自由的优势，同时可以使得药物的喷洒更为均匀，在农药覆盖面以及沉积效果的提升方面都具有明显效果。

其次，低空安全走廊的动态更新特性，对于农业植保无人机的灵活作业具有积极作用。由于农业无人机主要是应用飞控导航以及遥控操作，农业无人机在农药喷洒方面具有灵活、自主的特点，同时其工作过程受到农田地形和高度的影响较小。目前，农业无人机在对农田农作物生长情况的检测和数据采集方面具有明显应用效果，其所收到的信息可以通过无线传输技术传送到地面指挥系统中，通过大数据技术的分析处理，可以为农业工作人员对农田的针对性管理提供依据，对农业生产效率的提升具有重要意义。

此外，农业植保无人机在飞行过程中会产生大量的数据。普通设备对这些数据的处理以及分析效率较为低下，甚至无法进行分析处理工作，可以应用低空安全走廊运营平台的大数据技术对其进行处理。这样一方面解决了无人机工作中数据处理困难的问题，另一方面也实现了无人机性能和应用效率的提升。农业植保无人机一般都会搭载多种多样的传感器，在完成无人机与交换机设备之间的信息传输后，交换机设备会将获取的信息传送至数据采集器，以实现数据的汇集。当出现意外情况，如无人机因受到其他搭载设备的影响，无法进行数据的分析工作时，数据将会直接传输至地面站。低空安全走廊运营平台采用基于大数据应用的通信链路的传输方式，可以有效提高数据信息在无人机与地面站之间传输的效率和质量。地面站在接收到数据信息后，会根据相关的标准规范对数据进行规范处理，同时还能够实现有效数据的快速提取，并对数据精细划分，实现信息的预处理、分析以及挖掘效率的提升，同时实现信息处理工作中心的转变，为数据的分析工作提供保障。

低空安全走廊的航线规划过程，是农业无人机在使用中最为重要的环节之一，其主要是利用方块区域类型的计算方式对航线进行规划。在实际应用过程中，容易出现区域方块重复造访的现象，主要是由于路径的规划不合理。为有效预防此类问题的出现，在实际路径规划过程中，应该以优先性为基本原则，即优先对同一行列的方块区域进行数据分析，依次递进，直至规划工作完成。首先，可以通过创建二维坐标系，有针对性地对无人机的飞行方向进行分析规划，获取无人机的具体航线情况，并以此为基础实现最终目标和背景区域内容的获取；其次，应该根据实际情况对农业无人机设备的数据进行收集和处理，以此使得设备的应用效果有所提升。

总之，农业生产作为我国国民经济的重要支撑，其生产效率的提升对人们生活水平的提高具有重要意义。低空安全走廊运营体系，对于保障农业植保无人机有序作业，提高农业生产效率具有重要意义。

9.4.7　交通运输领域应用

交通运输管理包括交通工程建设、交通勘察设计、桥梁健康监测、交通安全巡逻等领域。在运输管理过程中，基于低空安全走廊运营平台，无人机可以开展如下作业。

（1）交通工程建设

在低空安全走廊运营平台中，无人机可以应用在交通工程建设中，监督现场施工和工人的操作。利用无人机技术的高清摄像头，从现场施工和项目施工的不同角度对工人的工作进行监控。同时，低空安全走廊也被用来确保工人的安全，利用无人机传递信息速度非常快，可为事故人员提供及时的救援。低空安全走廊，让整个交通项目在管理者的眼中展现出来，不仅规范了工人的工作状态，也提高了工人的安全意识。低空安全走廊中的无人机，可以检测施工质量，尤其是特大桥梁施工中出现的混凝土蜂窝麻面、露筋甚至裂缝问题，人工检测危险性大、效率低、难度大，采用无人机搭载自动扫描摄像头，围绕受检体表面飞行，向地面接收系统回传数据，进行分析，判断变形程度。与传统人工检测相比，基于低空安全走廊运营平台的无人机系统，检测安全、高效，无需架设脚手架、机械设备等，可以大大加快施工进度。

（2）交通勘察设计

公路规划勘察设计传统方法既耗时又耗力，尤其是跨越山区、复杂地形条件下的勘察工作，勘察测绘人员需要翻山越岭，既艰苦又面临诸多人身危险。利用低空安全走廊开展无人机作业，可以最大限度地节省时间，了解城市路面情况，从而设计出更加合理的交通路线。公路路线规划和设计是最耗时、最消耗能源的，因为穿越不同的复杂地形，如果手动探索不仅浪费时间，而且还增加了风险因素。在低空安全走廊运营平台中，将数字化测量设备搭载在无人机上，并结合遥感技术，可以获取勘察区域高分辨率遥感影像，利用影像处理软件对影像数据进行处理后可以获得高质量的测绘图，与传统测绘方法相比，具有劳动量小、速度快、成本低、技术含量高等特点。

（3）桥梁健康监测

利用低空安全走廊运营平台，无人机在桥梁健康监测中将发挥巨大作用，可以帮助交通管理者快速掌握城市主要桥梁需要维修或维护的信息，也可以检测出更适合桥梁建设的区域。目前，随着城市交通压力的增大，城市中大部分桥梁老化严重。由于承载能力的要求，大多数桥梁都是用特殊的建筑材料建造的。利用无人机技术对桥梁进行健康监测后，必须进行有效的维修，确保桥梁使用的安全，延长桥梁的使用寿命。桥梁健康监测，特别是特殊结构桥梁（如斜拉桥、悬索桥、钢管混凝土拱桥等）、大跨高墩桥梁或者地理位置复杂险峻的桥梁，在梁底板、塔柱、索缆、斜拉索、塔顶避雷针等可及范围外，常规手段难度大、效率低、危险性高、成本高，采用无人机系统进行辅助监测，可以有效解决上述难题。无人机通过挂载摄像机和多种传感器设备，利用无人机高空任意地点悬停的特点，辅以高精度导航系统和避障系统，能够在已知位置和距离对监测对象局部拍照和精确感应。无人机采集的数据，通过后期分析处理，能够分析危害程度，为桥梁检修提供科学和精准的判断，有效弥补传统桥梁监测存在的不足。

（4）交通安全巡逻

基于低空安全走廊运营平台，无人机可以最大限度地帮助运输管理者进行安全巡逻，包括道路周围绿化程度、道路损坏情况、道路周围地质灾害发生频率等，这更有利于使用相关的防护措施，有效地预防危险，确保道路上人员的安全。利用无人机技术，可以提高道路监控的效率，了解每条道路的实际情况，方便运输管理者采取适当的措施进行处理。利用无人机航拍到的公路影像数据，经过处理后可以得到整个拍摄航线的正射影像图，直观、系统地对其进行全面分析，比如道路周边绿化破坏程度、道路裂缝、发生滑坡灾害可能性等，管理部门根据结果可以及时采取相关的措施，做到有效防范。在公路设施受到洪水等自然灾害损毁后，也可以采取无人机航拍影像进行灾害评估，为灾后重建提供可靠的数据保障。利用无人机进行公路的安全巡检，可以大大提高日常检查和维护的效率，能够迅速便捷地观测和检查相关情况，对一些灾害发生前的迹象提前获知，及时采取安全措施，避免重大灾害或者交通事故发生。

除上述外，结合低空安全走廊运营平台，还可将无人机系统引入海事监管、船舶引航、交通管制中。总之，低空安全走廊运营平台在我国交通运输管理中的应用，将有利我国交通运输业的高效化、智能化和现代化发展，从而更好地服务于国民经济基础建设，为我国交通运输和经济发展提供新的动力和活力。

9.4.8 其他领域应用

（1）电力巡线

电力巡线中，架空电力线路覆盖区域广、环境复杂。目前，主流的巡线方法是用望远镜进行人工巡线，效率低，耗时长，受地形限制大。而多旋翼无人机技术的发展，为电力巡线提供了新的研究方向。

在低空安全走廊运营平台下，采用多旋翼无人机进行电力巡线的原理是：以多旋翼无人机为基本平台，加载高清照相机或者红外检测设备，通过通信链路与地面站数据传输系统、图像传输系统相连接；由操作人员操作无人机飞行至杆塔相应位置悬停，从地面站图像传输系统寻找疑似缺陷部位，操作云台照相机进行拍照或者红外检测；待无人机降落后，取出拍摄的照片，进行缺陷确认或分析，从而发现相应的缺陷，制订检修计划，保障线路正常运行。多旋翼无人机在电力巡线中最常见的应用是采用照相机进行精细化巡线。

精细化巡线，即工作人员操作无人机围绕杆塔进行全方位立体的巡检，待工作结束后取出照片进行缺陷查找，可为检修提供资料数据。另外，多旋翼无人机搭载红外设备，在高空进行红外测温，能够发现地面难以发现的发热缺陷，对于高温大负荷期间的红外测温工作具有重要意义。

（2）物流配送

我国的物流行业正处于飞速发展的成长期，物流需求较大。但与发达国家相比，物流的运行效率仍有待提升。传统物流运输主要依靠运输车辆以及快递人员进行配送：在农村，快递投送的范围大，一个地点投送的数量相对较少，效率低的问题比较明显；在城市，物流配送容易受交通状况的影响。因此，构建面向物流配送的低空安全走廊运营平台，以无人机作为空中运输工具，将推动物流配送新业态的发展。

无人机物流是近年迅速发展的新业态、新模式，物流行业基于运输航空和通用航空，正在构建包括"干线大型运输机或通航货机或无人机＋支线大型无人机＋末端轻小型无人机"运输配送的三级物流体系。其中，"末端级"无人机产业在快速发展，逐步应用扩展到"支线级"和"干线级"，是行业研究、发展的焦点。末端无人机配送直线距离一般在十公里以内。支线无人机运输的直线距离一般为上百公里，达到吨级载重量，续航时间可持续数小时。

2020年疫情期间，我国无人机企业和用户积极投入疫情防控，针对各地需求开发出抗击疫情的全新无人机解决方案，无人机防疫服务实现了全自主空中巡检、区域广播宣传、监控喊话疏导、非接触式体温测量、高空消毒防疫、建筑工地提供持续照明、医疗物资投放运输等多种功能，尤其是无人机的应急运输、物流配送新业态在疫情防控中发挥了重要作用。应用无人机物流配送，一方面可以有效消除道路限制和小区封闭等因素的影响，缩短配送时间，将紧急救援物资在最短的时间里送达指定地点；另一方面可以有效避免配送人员与医务人员的面对面接触，避免交叉感染。此次疫情催生了无人机在城市、农村运输医疗物资与生活物资的新场景，实现了无人机物流配送新业态的正式运行作业，促进了智慧物流与无人机的融合发展。

疫情促使"无接触式服务"接受程度越来越高，给无人机物流带来了新机遇。疫情期间实行严格的封闭管理，尽量减少人员接触，避免病毒传染，催生了无接触式物流配送服务，而且普遍得到用户的接受与认可。这种模式为无人机面向用户直接服务创造了有利条件，可以加快实现"最后一百米"配送的目标，甚至"零距离服务"的美好愿景。

无人机产业具有社会化属性，无人机治理体系和治理能力存在短板。商业配送存在空域管理、噪声污染、隐私保护等问题，这些问题不是某个部门或行业所能单独解决的，需要国家相关部委和地方政府及研究机构、社会团体来协同解决。无人机物流产业的迅速发展，对传统的民航运行管理方式带来了新挑战。无人机物流试点主要有农村先行发展和城市优先发展两种模式。农村人口密度低、运行风险低，无人机优先在农村地区运行，可以积累在不同地形、不同气候条件下的运行经验，为将来进入城市运行打下基础，符合无人机物流配送在中国的发展实际，也是必然发展道路。城市需求多、市场大，在城市试点无人机物流配送，旨在有效克服复杂路面情况以及城镇区域交通拥堵带来的问题，极大改善派送效率以及截件时间，满足城市内灵活高频的中短途末端配送客户需求，赢得了城市市场发展空间。

无人机机场是集物流仓储、无人机试飞测试、维修保养、智能终端货柜研发维护等于一体的综合保障基地，是无人机物流配送的中转站，在三级物流体系中起着至关重要的作用。无人机物流产业发展处于起步阶段，需规划研究无人机机场（含起降点）布局，综合考虑建设需求、选址及其与地面交通的衔接问题等，结合空域条件、气象条件、土地利用和噪声敏感区域等多个因素，研究制订无人机机场通行能力、适航性能、环境影响、经济效益等评估指标体系与方法，加快无人机机场等配套基础设施的建设。

无人机物流配送产业的发展还需要依靠地理信息的低空空域精细化分类和三维路网规划构建。根据无人机物流的干线、支线和末端配送三级体系，有必要在中国低空空域内规划设立主干航路、支线航路和末端航线三级架构，通过气候、通信、地形、成本等约束条件形成可有效利用的空域环境，再在此基础上形成距离最短、沿地面路网进行规划的最优航路。2019年底，民航局空管局已发布全国低空目视航图，为通用航空事业发展服务。可在民航专题地理信息地图基础上，研究、规划全国低空三维空中交通航线图，划设农村和城市地区的无人机空中飞行通道，根据物流配送运行场景的需要，开发出更多空中物流配送运输路线和基础设施。

总之，随着人工智能等新技术的进一步发展以及新型业态的出现，低空安全走廊运营平台的应用场景还会不断扩大，并将会推动低空安全走廊产业生态系统的可持续性健康发展。

本 章 小 结

低空安全走廊运营平台具有空地协同任务规划、多机协同任务规划、态势分析研判、飞行应急处置、飞行环境保障、飞行通道保障、监视告警及防控指挥等功能，对于促进低空安全走廊产业发展具有积极的推动作用。本章介绍了低空安全走廊交通管理平台构建技术和移动终端数据处理技术，阐述了基于区块链和大数据的低空安全走廊数据融合策略，探索了低空安全走廊运营平台的主要产业应用，包括空管领域、公安领域、环保领域、应急领域、水利领域、农业领域、交通运输领域、电力巡线及物流配送等。

第 **10** 章
安全保障

10.1　低空安全走廊运营的风险分析

随着我国低空空域的逐步开放，无人机在社会生产、生活等各个领域得到了广泛的应用，但同时也使得低空飞行环境变得更加复杂，不断出现由于飞行器失控、违规飞行造成机场关闭等低空安全问题。近年来，无人机引起的公共安全事件频发，加之反制设备的高额利润，使无人机反制的市场需求大幅增长。

为了控制民用无人机对公共安全的威胁，我国多地警务部门结合实战需要，部署了各类无人机反制系统，发挥了空地一体化的联合执法作用。无人机反制系统是利用无线电、雷达、声波、激光等手段，通过探测跟踪和预警、干扰、伪装欺骗、毁伤等技术，实现对非法无人机的反制。无人机反制系统在反恐怖袭击、维护社会治安，防范和应对非法无人机侵扰，确保警卫目标、重点单位和重大活动安全等方面，已经发挥出越来越重要的作用。近几年，在各类重大活动中，各地都逐步重视对无人机的安全管控，相关部门也十分重视能力提升。例如，2018年的青岛上合峰会、上海进博会期间，青岛、上海都加强了无人机管控；2020年以来，江苏、云南等各地公安机关先后举行了无人机实战应用、无人机反制演练或装备测试活动。

综合上述可知，我国低空安全走廊运营，将会面临无人机集群带来的潜在风险，需要高度重视。传统的无人机反制技术在于被动防御，低空安全走廊的建设应在管理好低空的同时完成对非法无人机的管控，减小不确定性危险的发生概率，避免非法无人机进入安全空域，解决低空安全威胁。这是一个漫长的过程，需要从总体设计上全方位规划。以下将分别从多传感器探测及预警侦察、大数据与低空安全防范、人工智能与无人机集群威胁反制等方面阐述低空安全走廊运营的安全保障措施。

10.2　多传感器探测及预警侦察

10.2.1　多传感器探测网信息融合的概念和意义

随着科学技术的发展，传感器性能获得了很大的提高，各种面向复杂应用背景的多传感器系统大量涌现。特别是进入 21 世纪以后，高技术兵器尤其是精确制导武器和远程打击武器的出现，已使战场范围扩大到陆、海、空、天、电磁五维空间。为了获得最佳的作战效果，在新一代作战系统中依靠单传感器提供信息已无法满足作战需要，必须运用包括微波、毫米波、雷达、红外、激光、电子支援措施，以及电子情报技术等覆盖宽广频段的包括有源和无源探测器在内的多传感器集成，提供多种观测数据，通过优化综合处理，实时获取目标状态估计、目标属性、行为意图、态势评估、威胁分析等信息，为火力控制、作战指挥提供辅助决策，实现从传感器到射手的一体化。在多传感器系统中，由于信息表现形式的多样性，信息数量的巨大性，信息关系的复杂性，以及要求信息处理的实时性，都已大大超出了人脑的信息综合处理能力。因此，一个新兴的学科，即多传感器信息融合便迅速地发展起来，并在各种武器平台上，以及许多民用领域得到了广泛的应用。多传感器信息融合的结构示意图如图 10-1 所示。

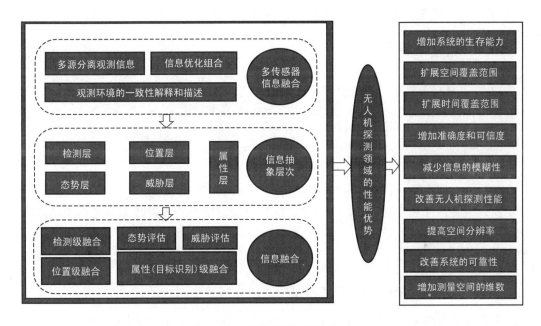

图 10-1　多传感器信息融合

由图 10-1 可知，多传感器信息融合是基于各个传感器采集得到的分离观测信息，通过对多源信息的优化组合，最后得出更多的有效信息，弥补部分信息不精确、不完全或不确定造成的缺陷，使信息处理系统的时间、空间及频率覆盖范围有效扩大，支持信息的共享。合理利用多源信息资源，使系统的可靠性、性能指标、反欺骗能力、稳健性和容错能力都得以提高，实现了利用多个传感器共同或联合操作目的，提高了整个传感器系统的有效性。

信息融合的一般定义：利用计算机技术对按时序获得的若干传感器的观测信息在一定准则下加以自动分析、优化综合以完成所需的决策和估计任务而进行的信息处理过程。按照这一定义，各种传感器是信息融合的基础，多源信息是信息融合的加工对象，协调优化和综合处理是信息融合的核心。

信息融合主要包括检测、互联、关联相关、状态估计、目标识别、态势描述、威胁估计、传感器管理和数据库等。它是一个在多个级别上对传感器数据进行综合处理的过程，每个处理级别都反映了对原始数据不同程度的抽象。它包括从检测到威胁判断、处置分配和通道组织的完整过程，其结果表现为在较低级别对状态和属性的评估和在较高层次上对整个态势、威胁的估计。这一定义强调信息融合的核心是指对来自多个传感器的数据进行多级别、多方面、多层次的处理，从而产生新的有意义的信息，而这种新信息是任何单一传感器所无法获得的。

多传感器信息融合在解决无人机探测、跟踪和目标识别等问题上，具备如下优势。

① 增加了系统的生存能力。在有若干传感器不能利用或受到干扰，或某个目标不在覆盖范围时，总还会有一部分传感器可以提供信息，使系统能够连续运行、弱化故障，并增加探测概率。

② 扩展了空间覆盖范围。通过多个交叠覆盖的传感器作用区域，扩大了空间覆盖范围，进而增加了系统的空间监视范围和探测概率。

③ 扩展了时间覆盖范围。当某些传感器不能探测时，另一些传感器可以检测、测量目标或事件，即多个传感器的协同作用可提高系统的时间监视范围和探测概率。

④ 增加了可信度。通过一种或多种传感器来确认同一目标或事件，可以更加准确地进行探测，增加了系统的准确度和可信度。

⑤ 减少了信息的模糊性。

⑥ 改善了探测性能。

⑦ 提高了空间分辨率。多传感器孔径可以获得比任何单一传感器更高的分辨率，并用改善的目标位置数据支持防御反应能力和攻击方向的选择。

⑧ 改善了系统的可靠性。多传感器相互配合使用具有内在的冗余度。

⑨ 增加了测量空间的维数。使用不同的传感器来测量电磁频谱的各个频段的系统，不易受到对方行动或自然现象的干扰破坏。

与单传感器系统相比，多传感器的复杂性大大增加，由此也会产生一些不利因素，如成本的提高，设备尺寸、重量、功耗等物理参数的增大，以及因辐射增多而使系统风险增加。因此，在执行每项具体任务时，必须将多传感器的性能优势与由此带来的不利因素进行权衡。

10.2.2　多传感器信息融合的基本原理

多传感器信息融合实际上是对人脑综合处理复杂问题的一种功能模拟。在多传感器系统中，各种传感器提供的信息可能具有不同的特征：时变的或者非时变的，实时的或者非实时的，快变的或者缓变的，模糊的或者确定的，精确的或者不完整的，可靠的或者非可靠的，相互支持的或互补的，也可能是相互矛盾或冲突的。多传感器信息融合的基本原理，与人脑综合处理信息的过程类似。它充分地利用多个传感器资源，通过合理支配与使用，将各种传感器在空间和时间上的互补与冗余信息，依据某种优化准则组合起来，产生对观测环境的一致性解释和描述。信息融合的目标是基于各传感器分离观测信息，通过对信息的优化组合导出更多的有效信息，这是最佳协同作用的结果，最终目的是利用多个传感器共同或联合操作的优势，来提高整个传感器系统的有效性。

单传感器信号处理或低层次的多传感器数据处理都是对人脑信息处理过程的一种低水平模仿，而多传感器信息融合系统则是通过有效地利用多传感器资源，最大限度地获取被探测目标和环境的信息量。多传感器信息融合与经典信号处理方法之间存在着本质差别，其关键在于信息融合所处理的多传感器信息具有更复杂的形式，而且通常在不同的信息层次上出现。这些信息抽象层次包括检测层、位置层、属性层、态势层和威胁层。

10.2.3　多传感器信息融合的级别

按照信息抽象的五个层次，融合可分成五级，即检测级融合、位置级融合、属性（目标识别）级融合、态势评估与威胁估计。

（1）检测级融合

检测级融合是直接在多传感器分布检测系统中检测判决或信号层上进行的融合。它最初仅应用在军事指挥、控制和通信中，现在已拓展到气象预报、医疗诊断和组织管理决策等众多领域。它在无人机多雷达系统中的应用可以提高反应速度和生存能力，增加覆盖区域和监视目标数量，并且提高系统的可靠性。

（2）位置级融合

位置级融合是直接在传感器的观测报告或测量点迹和传感器的状态估计上进行的融合，包括时间和空间上的融合，是跟踪级的融合，属于中间层次，也是最重要的融合。对单传感器跟踪系统来说，主要是按时间先后对目标在不同时间的观测值即检测报告的融合，如边扫描边跟踪（TWS）雷达系统、红外和声呐等传感器的多目标跟踪与估计技术都属于这类性质的融合。

（3）目标识别级融合

目标识别也称属性分类或身份估计。在低空安全走廊的无人机监管方面，信息融合的目的是对观测实体进行定位、表征和识别。例如：在一架无人机上装载威胁告警传感器，可以确定监管制导装置何时照射到该飞机，使用雷达截面积数据，可以确定一个实体是不是一个无人机、碎片或其他飞行器。识别设备使用特征波形和有关数据来识别，有时需要进行更详细和耗时的分析以辨别或识别。目前，用于目标识别的技术主要有模板法、聚类分类、自适应神经网络或基于知识的技术等。

（4）态势评估

态势评估是对低空安全走廊中的无人机现场各种力量分配情况的评价过程。它通过综合各方及地理、气象环境等因素，将所观测到的无人机分布与活动和现场周围环境、无人机飞行意图及其机动性能有机地联系起来，分析并确定事件发生的深层原因，得到关于无人机运行情况、使用特点的估计，最终形成低空安全走廊现场综合态势图。在低空安全走廊的安全运用保障中，态势评估的功能是对低空安全走廊的监视区域内所有目标的状态与其先验的可能情况加以比较，以便获得低空安全走廊中的无人机运营、电子保障设备部署情况、非法无人机或破坏活动企图分析，以及低空安全走廊运营平台中的各类低空飞行器的分布、航向、速度等变化趋势的综合文件。

（5）威胁估计

同态势评估的概念一样，"威胁"的定义同样存在差异。通常，威胁判定是通过将对方的威胁能力以及企图进行量化来实现的。威胁估计的任务是在态势评估的基础上，综合对方破坏能力、机动能力、运动模式及行为企图的先验知识，得到对方的战术含义，估计出低空安全走廊中的违法事件出现的程度或严重性，并对低空安全走廊中的无人机飞行意图作出指示与告警。其重点是定量表示对方对低空安全走廊的攻击和破坏能力，并估计对方企图。威胁估计也是一个多层视图的处理过程，该处理用我方保障系统，有效对抗对方的威胁攻击能力来说明致命性与风险估计。威胁估计也包括对低空安全走廊的薄弱环节的估计，以及通过对技术、违法记录数据库的搜索来确定对方意图。

10.2.4　多传感器信息融合的应用场景

多传感器信息融合技术在民用和军事上都有着十分广泛的应用。其中，在民用领域中典型的应用如下所述。

（1）工业过程监视

工业过程监视是一个明显的信息融合应用领域，融合的目的是识别引起系统状态超出正常运行范围的故障条件，并据此触发若干报警器和相应处置机制，保障工业生产安全。核反应堆监视和石油平台监视是这类监视的典型应用例子。

（2）工业机器人

工业机器人使用模式识别和推理技术来识别三维对象，确定它们的方位，并引导机器人的附件去处理这些对象。机器人采用的是较近物理接触的传感器组和与观测目标有较短距离的遥感传感器，如 TV 摄影机等。机器人通过融和来自多个传感器的信息，避开障碍物，使之按照通常的指令行动。随着传感器技术的发展，机器人上的传感器数量将不断增加，以便使它更自由地运动和更灵活地动作。

（3）遥感

遥感应用主要是对地面的监视，以便识别和监视地貌、气象模式、矿产资源、植物生长、环境条件，以及环境污染等威胁情况，使用的传感器如合成孔径雷达。遥感系统信息融合的目的是通过协调所使用的传感器，对物理现象和事件进行定位、识别和解释。

（4）病人照顾系统

病人的状况随时随地在变化，要根据各种数据源，如传感器、病历、本人病史、气候、季节等信息决定其护理、诊断和治疗方案，用信息融合技术综合处理这些数据是一种好方法。

（5）船舶避碰与船舶交通管制系统

在船舶避碰和船舶交通管制系统中，通常依靠雷达、声呐、信标、灯塔、气象水文、全球定位系统等传感器提供的信息以及航道资料数据，采用信息融合技术来实现船舶的安全航行和水域环境保护。

10.2.5　多传感器信息融合与无人机监管流程

低空安全走廊中的无人机监管系统是一个复杂的整体，包括工作人员、管理机构、技术资源和操作程序管理，其目的是为了建立安全、高效而又井然有序的低空无人机飞行交通秩序。低空无人机飞行交通秩序，是为了合理地利用低空空域的空中交通资源，减小飞行风险、延迟和调度等待时间并选用合适航线以节省燃料，从而降低业务费用，改善服务质量。

低空安全走廊的无人机监管系统主要由导航设备、监视和控制设备、通信设备和工作人员等几个部分组成，如图 10-2 所示。

导航设备可使低空飞行器沿着指定航线飞行，运用无线电信息识别出预先精心设置的某些地理位置，飞行操控人员再把每个固定地点的时间和高度信息转送到地面，然后通过融合技术检验与飞行计划是否一致。监视和控制设备的目的是修正低空飞行器对指定航线的偏离，防止相撞并调度低空飞行器流量，通过无线电监测测向设备、探测雷达、光电监测设备等多种传感网络的信息融合，提供有关飞行位置、航向、速度和属性等信息。现在的无人机监管设备是在不同传感器多雷达结构、计算机和操作台之间进行完整的信息融合。调度人员监视低空飞行器的飞行情况，并及时提出处理危险状况的方法。低空安全走廊的无人机监管系统是一个典型的多因素、多层次的信息融合系统。

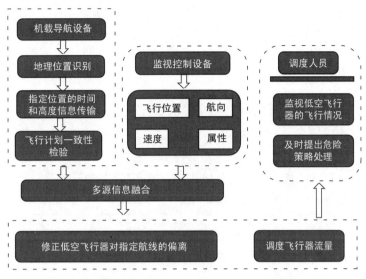

图 10-2 多传感器信息融合与无人机监管

10.2.6 多传感器信息融合与无人机预警侦察

多传感器信息融合技术是科学技术发展的产物，主要任务是对不同源信息进行有效分析处理，使其更准确地表达目标状态信息，它能为无人机的战术决策提供有效的数据支持，也可以充分利用各个传感器自身的优势弥补各自的缺陷，既可以增加无人机系统的目标识别能力，又可以增强无人机的监管能力。信息融合技术已经成低空安全走廊中的无人机预警侦察系统领域内一项至关重要的研究项目。

低空安全走廊中的无人机系统信息融合，是指低空安全走廊中的无人机上搭载不同类型的传感器载荷或同一类型的不同传感器载荷，在同一时间获取到的同一目标的有用信息，在一定的运算规则下，以有效的方式被有机地组合起来。其目的就是为了数据之间能更好地相互补充以得到尽可能多的有用信息，获得对被测目标的一致性描述与解释，以达到准确决策的目的，使融合系统具有比任意组成部分都优越的性能，使之最终能为决策提供依据。无人机上的信息融合技术具有很多不可取代的优势，如对目标较高的测量维数、准确的目标空间分辨率、良好的性能稳定性以及广阔的空间覆盖域等。

近年来，随着国内低空空域的资源逐步开发以及无人机应用领域的不断扩大，信息融合技术在低空安全走廊产业的应用重要性日益凸显。在低空安全走廊的信息融合领域，传感器融合的种类包括同类传感器的融合、不同类传感器的融合、两类传感器的融合、多类传感器的融合、导航过程中的融合、目标识别过程中的融合等，这些信息融合技术在低空安全走廊产业的各个领域都具有的重要应用价值。

信息融合技术是低空安全走廊中无人机应用的关键技术，能够为无人机预警决策提供必要的数据支持，是当代军事领域的一项重要研究内容。无人机预警侦察系统以信息融合算法为主要核心内容，需要获取目标的基本概率分配值，在融合的过程中可采用多种融合算法，选用不确定性推理对两类信息进行融合，并对原始的方法进行有效的改进，使其更有效、更准确地融合，最终完成低空安全走廊中的无人机的预警决策。其中，无人机预警侦察的信息融合的层次结构包括像素级融合、特征级融合和决策级融合三大类，三种融合层次都有自身的优势和缺陷，根据它们自身的优缺点，在不同的融合情况下应选择不同的融合层次。

随着现代技术的发展，特别是无人机应用技术的迅速发展，信息的作用越来越重要。低空安全走廊的预警侦察系统的部署采用的全方位、多层次的天基、空基、地基、舰载侦察探测装备在低空安全走廊中将发挥各自优势，实现战场态势感知，为远程精确打击提供有力保证。

10.2.7　多传感器探测网及典型预警侦察系统

随着预警侦察技术的发展，预警侦察系统的覆盖面已经十分广泛。地面上有由各种电子侦察站组成的地面侦察系统；海上有由各种舰载雷达系统、声呐系统、电子侦察设备、水声侦察仪、磁异探测仪和潜望镜等侦察设备组成由海基预警侦察系统；低空中有由电子侦察飞机、无人侦察飞机等组成的战术侦察系统；高空中有由战略侦察飞机、空中预警指挥机组成的战略侦察系统；太空中有各种类型的卫星侦察系统。这些系统互联互通，构成范围广、立体化、多手段、自动化的多传感器侦察预警网络。

现代预警侦察系统主要包括陆基、海基、空基和天基四大类预警侦察系统。

（1）陆基预警侦察系统

广义的陆基预警侦察系统主要由各种地面固定和机动式雷达、电子侦察装备、光电探测装备和声呐系统等组成，包括地面弹道导弹相控阵雷达、超视距雷达、监视雷达、固定信号情报侦察站、车载无线电侦察/测向系统、战场侦察雷达、战场光学侦察系统、战场传感器侦察系统、装甲侦察车等各种侦察装备，用于侦察探测空中、地面、水上及水下目标。

陆基预警系统最早是为了对付轰炸机而建立起来的，目前可探测洲际弹道导弹、潜射弹道导弹、轰炸机、巡航导弹等多种目标。典型的陆基预警系统有美国的北方弹道导弹预警系统（BMEWS）、北方预警系统（NWS）、潜射弹道导弹预警系统（SLBMDWS）等。相控阵雷达作用距离一般为 3000～7000km，能较精确预报目标的发射点、弹道飞行轨迹及弹着点，可引导反导系统的搜索雷达以捕获目标，能跟踪和处理多批目标，并识别真假目标。超视距雷达分为天波超视距和地波超视距雷达，可探测常规视距雷达无法探测到的地平线以下的远距离目标，如低飞巡航导弹、远程导弹、远海上的舰船和从航母上起飞的飞机等，提供较长的预警时间。但是这种雷达的分辨率较低，虚警率较高，不宜做单独的预警手段。固定情报侦察站主要建立在离边境很近的山头或沿海海岸等特定地区，用于对长波、短波、超短波和微波频段信号的侦察。战场侦察雷达主要装备于陆军，用于侦察和警戒敌方运动中的人员、车辆和坦克等活动目标，先进的战场侦察雷达还能探测低空、超低空飞行的飞机和直升机。战场光学侦察系统主要包括照相侦察设备、手持或车载电视设备、红外侦察设备、激光侦察设备以及各种观察器材，通过成像画面直观掌握敌方的活动。战场传感器侦察系统分为音响传感器、地震传感器、磁传感器、红外传感器、压力传感器和扰动传感器等，可通过空投、火炮发射或人工埋设到交通线上或敌人可能入侵的地段，执行预警、目标搜索、目标监视等任务，探测距离为十几米到上千米。装甲侦察车是陆军重要的情报侦察装备，机动性好，典型的装备有美国的 M3 骑兵战车、英国的"弯刀"侦察车等，车上装有战场监视雷达、热成像观察装置、激光测距仪、地面导航系统及大量通信设备等。

（2）海基预警侦察系统

舰载预警情报侦察系统可远航持续抵近目标侦察，弥补了空中和地面侦察的不足。

舰载雷达又可分为对空警戒雷达和对海警戒雷达，它们与敌我识别系统及声呐系统相配合，用于发现和监视海面、水下及空中目标。通常，舰艇上都装有多种监视雷达、电子侦察与对抗设备、光学侦察设备、声呐系统等。AN/SPY-1相控阵雷达是系统的核心，它能同时自动搜索、检测，跟踪空中、地面以及掠海飞行的上百个目标，从捕获目标到指挥控制各种舰载武器对来袭目标实施攻击的全过程反应时间仅3～6s。探测反舰导弹等低空或掠海目标时，为了有效捕捉攻击目标，还必须有舰载红外系统与雷达系统相配合。

（3）空基预警侦察系统

空基预警侦察系统具有获取侦察探测范围广、灵活机动、信息时效性强、目标影像直观等特点。

预警机是重要的空基预警侦察系统，它一般由大型运输机改装而成，机身上大多装有圆盘形雷达天线和天线罩，机舱内装有预警雷达、敌我识别、情报处理、指挥控制、通信、导航、电子侦察及电子对抗等设备。一架预警机的侦测范围相当于20部平均高度300m或100部平均高度5m的地面雷达。预警机对飞机的最大探测距离可达400～700km，且一般可同时跟踪数百个目标，引导拦截数十批目标。世界各国研制了多种不同用途的预警机和预警直升机。气球吊载雷达是将雷达放在气球上的预警侦察装备，它具有探测覆盖面积大、低空探测性能好、费用低等优点，适于战场监视、海岸和海面警戒等。预警飞艇是获取大范围（1000km直径）低空、地面、海面目标的重要手段。

侦察机有固定翼侦察机、侦察直升机、无人侦察机等。固定翼侦察机一般是专门设计或者由各种侦察机改装而成的，此外，还有一类是兼具侦察与指挥功能的战术侦察指挥机。侦察直升机起降方便，可实施超低空侦察、悬停侦察，特别适用于搜集战场情报。

（4）天基预警侦察系统

天基预警侦察系统侦察范围广、速度快，是战略情报的主要来源。天基预警侦察系统由星载侦察设备和地面信息接收处理系统组成。卫星上载有光电遥感器、雷达/无线电接收机等侦察设备，从轨道上对目标实施侦察、监视、跟踪。侦察设备记录目标反射或辐射的电磁波、可见光、红外信号，用胶卷、磁带将信息通过返回舱回收，或者用无线电传输方式实时或延时传到地面接收站。

卫星上装有高灵敏度的红外探测器、电视摄像机等，可监视、发现和跟踪敌方发射的导弹，对主动飞行段导弹实施早期预警。典型的预警卫星系统由3颗同步轨道卫星、2个大型信息处理站、1个移动地面系统、1个简易处理站、1套多用途设施和1个地面通信网组成。星上装有双色中短波红外、可见光探测器以及核爆炸探测装置。成像侦察卫星装有星载照相机、多光谱扫描仪、电视摄像机和雷达等侦察设备，可获取目标影像信息。电子侦察卫星主要使用星载电子侦察接收机和磁带记录器，一般运行在高500～1000km的近圆轨道上，用于侦察、搜索和截获各种电磁波信号，并以快速通信方式将信息传回，其主要任务是获取雷达的性质和位置、秘密通信、战略武器发射等信息。

10.2.8　发展趋势

未来对信息的时效性、准确性的要求将越来越高，要求预警侦察系统具备全空域监视、快速的反应能力和精细的目标分类和识别能力，不断提高对超低空目标、高空目标和隐身目标的探测能力，以及对目标（特别是对运动目标、隐身目标、伪装目标、地下目标）的识别和分辨能力。预警侦察系统发展趋势主要有以下五个方面。

（1）发展机载与星载大空域、多功能相控阵雷达预警侦察系统

相控阵雷达集探测、跟踪、武器控制等多种功能于一体，与升空平台（飞机、卫星）相结合，具有监视全空域的能力。同时通过增大雷达波的频带宽度和采用合成孔径体制，可进一步提高距离和角度分辨率。

（2）智能化程度不断提高

预警侦察系统搜集的信息量将不断扩大，必须要通过信息融合、处理等技术的发展，改善预警侦察系统的信息处理范围、速度、精度及情报的可信度。特别是人工智能的发展将促进预警侦察系统向智能化方向发展。

（3）发展隐身目标预警系统

隐身武器的不断发展，对预警系统是一种严重的挑战。在现有雷达技术基础上，提高对隐身目标的探测能力主要有以下措施：增大雷达的有效辐射功率，提高雷达接收机的灵敏度；针对现有隐身技术主要是对抗微波雷达的特点，采用频率较低、波长较长的宽频带雷达探测隐身目标；发展多基地雷达，即把雷达发射机与接收机分开，合理设置多个接收站，总有一个接收站能收到隐身目标反射的雷达波。

（4）增强系统的抗干扰和生存能力

在现代环境中，预警侦察系统面临着电子干扰威胁、反辐射导弹及精确制导武器等的攻击，必须提高系统的抗隐身、抗干扰、抗辐射和抗摧毁能力。例如，为了防止反卫星武器的破坏，某卫星就采取了防核效应加固手段和防激光武器保护手段，增加了防碰撞探测器，增强了机动变轨能力。为提高航空情报侦察系统的生存能力，空基侦察系统将向高空或超低空、高速、隐身方向发展。

（5）发展一体化探测系统

一体化探测系统集雷达、激光、红外、毫米波等多种探测器于一体，集有源探测与无源探测于一体，可大大提高对多种目标的探测能力。

综合上述，预警侦察系统既有保障功能又有作战功能，是信息获取、传输、融合与分发的重要手段，是夺取信息优势的关键，同时也是未来陆、海、空、天、电一体化作战的重要武器。随着二十一世纪探测技术和信息技术的发展，世界各国在低空空域的预警侦察系统将进入一个崭新的发展时期。预警侦察系统将对低空安全走廊的安全运营起到重要的安全保障作用。

10.3 大数据分析与低空安全防范

10.3.1 大数据开启无人机低空监管新时代

大数据时代的到来为无人机低空安全走廊监管的数据共享、破解信息壁垒难题，提供了更大动力，在低空安全走廊的无人机侦察、无人机管理、无人机指挥、无人机控制等方面能够实现更有力的信息支撑。由于数据的高度整合与共享，通过建立预测分析模型等方法能够及时发现无人机在低空安全走廊中的运行安全隐患，实现精确打击，在反恐、应急处突方面能够大幅提升工作效能。

目前，世界很多国家地区在低空安全走廊的建设中，都在积极应对大数据时代的挑战。

所谓"情报主导业务工作",从某种意义上而言,就是通过对海量的信息积累和分析处理,进而发现相关规律,并据此指导相关业务工作。无人机的发展,为数据获取提供快速、便捷、灵活的实时传输,采集的样本多,图像清晰直观,这些都大大提高了对现场环境的预测预判,进而提高了辅助决策的精准度。

随着无人机发展的不断深入,各厂家各自为战,信息不共享,数据来源渠道单一,业务系统多、开发周期长、维护成本高、重复建设等问题越来越突出。利用云计算、大数据、人工智能等新兴技术带来的机遇,突破现有瓶颈,使无人机发展水平更上一层楼,是无人机低空空域监管决策者的普遍共识。

初步预测,大数据在无人机低空监管领域的建设中,将使以下几项工作取得长足进步:

① 数据获取能力得到显著提升。在数据全面的情况下,通过数据整理标记、数据视图、数据血缘关联分析、数据比对等各种大数据技术手段,以往在大量数据中被淹没的微观细节和异常情况就能显现出来,为数据获取提供海量数据源。

② 预知预警能力得到显著提升。建立在相关关系分析法基础上的预测是大数据的核心。在大数据时代,有了数据和分析方法,就有可能预测未来。2020年,新冠疫情在世界范围内爆发,我国各地积极运用人工智能、大数据、云计算等数字技术,为疫情监测分析、病毒溯源、防控救治、资源调配提供支撑,发挥出了我国在互联网、大数据应用方面的优势。

③ 指导实战能力得到显著提升。无人机可对未知环境和区域进行侦察,将时空数据、自然环境数据以图片方式回传至指挥中心,结合外部数据进行融合分析,可得到精确情报,对指导实战具有重大意义。

10.3.2　无人机一体化指挥监控

无人机一体化指挥监控一直是低空安全走廊建设的难点。面临低空空域监管难的问题,国家还没有形成统一的标准。由于低空空域情况更为复杂,地面建筑、河流、湖泊、植被、高压线等都加大了低空安全走廊建设的复杂程度,所以在地表到低空这段空域,一直是技术发展的瓶颈。无人机的诞生,填补了这项应用空白。同时,无人机的监管技术也在迅速发展。利用无人机采集的海量数据,结合地图数据、环境数据和其他数据,可以进行地空一体化指挥监控,真正实现对国土空域的全覆盖。无人机在低空安全走廊运营中扮演着重要角色。

将无人机应用在低空安全走廊体系,结合GIS技术,相关人员在作战指挥中心中可以直观地对低空安全走廊网络覆盖范围内的无人机进行监控。同时,结合低空安全走廊中的无人机流量分析,对于敌方的无人机进行网状过滤,发现并全部监控,在必要的条件下可实现精准打击。

（1）无人机动态数据可视化监控

无人机动态数据可视化监控,是指通过一体化监控对低空安全走廊内飞行的无人机进行可视化监控,实时了解无人机运行状态。目前,无人机低空安全走廊监管体系还没有全面建成,其建设可以参考我国的高空空域监管体系及地面监管体系进行综合设计。图10-3所示为模拟高空空域监控画面。未来将会在低空安全走廊实现无人机动态监控,并对无人机所在的低空安全走廊运营范围进行实时监管。

由于现在空域开放有限,无人机尚在发展阶段,开放空域多为无人区。空域管制对无人机的飞行进行限制,所有的飞行数据均为实验数据,无人机面临着广阔的发展空间。如在警用方面,通过远程控制轻小型无人机,实时回传无人机拍摄的画面和视频,可进行现场侦察

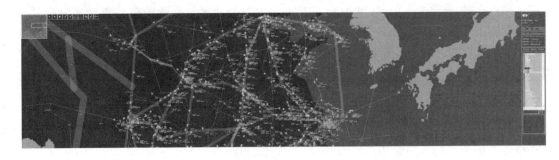

图 10-3　高空空域监控图

敌情。随着技术的进步，无人机环境侦测及自主三维重建能够做到信号屏蔽区的自主导航，对于减少警员伤亡，对打击犯罪带来极大便利。在遥感测绘方面，采用固定翼无人机进行遥感测绘可提高效率，通过无人机对自然地理要素或地表人工设施的形状、大小、空间位置及属性进行测定和采集，采集的数据可以应用到国土资源规划、地质勘探、水利交通等领域。

无人机在航拍、植保、警用、遥感测绘、森林消防等低空空域发挥重要积极作用。在这些领域，无人机发展都遇到了数据融合、数据分析、数据可视化的瓶颈。随着无人机采集的数据越来越多，如何利用这些数据，让数据发挥最大价值，形成数据模型，应用到相同行业或是相似的事件中，是低空安全走廊无人机低空监管面临的问题。

通常，在低空安全走廊运营中，可以采用以下策略进行低空监管：首先，无人机产生的动态数据能够实时回传，在低空安全走廊的数据中心建设统一的一体化指挥监控平台，对无人机进行管理、控制、运维保障，可以实时在线掌握无人机的动态；然后，将无人机回传的内容存储在云平台上，通过大数据、人工智能等技术实现内容数据加工、分析、可视化；最后，实现大数据在无人机低空安全走廊监管领域的创新型应用，让更多的科研机构通过有价值数据的融合分析，反馈到无人机的升级、改良，更好地应用于实战领域。

（2）无人机预警指挥

依据无人机用途不同，通过一体化指挥监控可以远程指挥低空安全走廊中的无人机完成录像、拍照等功能。无人机的起飞、飞行、降落以及按照特定航线飞行状态根据预定的设置完成。若无人机飞行状态偏离运行要求，系统及时发出预警，指挥人员根据预警信息调整无人机状态，使之恢复正常。

通过大数据分析，对无人机可能出现的状况进行事前预警。通过设置推送方式，一旦无人机有异常状态，包括无人机传感器采集到的环境数据、空间数据等，系统会按照定制的推送方式进行信息推送或实时预警。推送方式有 Web 方式、短信方式等。无人机完成前端信息收集工作，依据多源大数据进行实时分析，在无人机低空安全走廊实现动态监管。

（3）无人机多源数据汇集

① 无人机数据整合处理流程　整个处理流程主要包括数据抽取、数据分发和数据处理三部分，整个数据整合处理流程如图 10-4 所示。

数据抽取有拉取和推送两种模式。拉取就是使用 ETL 工具（Extract Transform Load），来描述数据从来源端经过抽取、交互转换、加载至目的端）进行定时增量的过程，这种一般实时性要求不是特别高，比如可以半小时拉取一次；另外一种是源数据库中数据发生变化后，主动进行数据推送，一般采用数据库的触发器实现，由于推送的数据没有经过 ETL 工具，因此转化处理过程需要在程序逻辑中实现，一般可以使用 Storm 实时计算框架来实现这个处理过程。

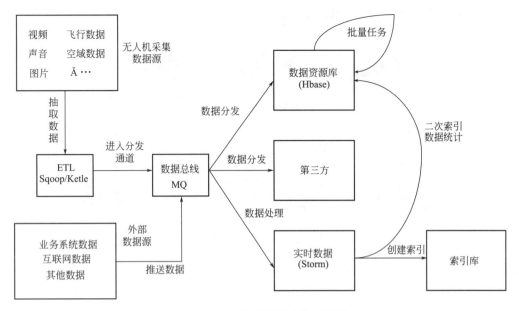

图 10-4　无人机数据整合处理流程

数据分发主要利用消息总线，采用订阅者模式将抽取和分发进行关联。由于消息总线的数据承载比较大，需要使用支持分布式的 MQ，可以采用开源的 Rocket MQ。它是一个开源的支持分布式集群的 MQ 产品，能够支撑海量数据的流转，提供高并发和高性能的消息队列服务。根据不同的业务需求，可以将数据流分发到资源库、索引库以及其他需要数据的第三方库中（统一在资源目录中管理和监控第三方库），达到一份数据流多方使用的目的。通过统一管理平台，建立虚拟的大数据中心，可保证数据的及时、统一和安全。

数据处理可采用 Storm 实时计算技术，添加业务逻辑，例如进行创建索引、数据的实时统计、进行布控和预警监控等，对无人机布控，通过对空域数据、无人机实时轨迹进行监控，为低空监管提供服务。

②　标准代码转换　无人机采集的数据格式不一致，距离标准化还有一定距离。标准代码转化是数据整合的一个难点，原因有很多种，包括：源库中的代码与标准代码之间差异太大，无法进行映射；旧标准和新标准的对接；旧数据和新数据的对接等。例如：一个废弃的标准码，采用该标准码的旧数据是无法进行转化的。如果采用不合适的转化，会破坏数据的原始性，不利于后期的使用分析。

针对标准代码转换这块，建议采取的方案是新增一列，将所有的代码都替换成名称，存放在新增的列中，也就是交换过程中，根据某个阶段的标准代码，将其转化为对应的名称。对于不能映射的，就直接使用原有系统中的代码进行转化。这种做法有两个优点，一个是名称可以增强可读性，利于语义分析；另外一个是可兼容不同时期多种不同标准的代码规范。然而，该方法也存在不足之处，比如多个具有相同含义的代码名称可能不同，不利于传统的统计和分析，需要通过建立同义词库和语义分析等技术，为数据的统计分析使用提供支撑。

③　数据质量管理　无人机数据来源广，种类多。数据质量管理是从数据整合、数据预处理、资源入库、资源监控、资源利用等数据处理环节入手，建立完善的数据生命周期管理与数据质量管控机制，是对数据从获取、清洗、转换、关联、存储、使用等生命周期的每个阶段里可能引发的各类数据质量问题，进行识别、度量、监控、预警等一系列质量管理的活动，如图 10-5 所示。数据质量管理是循环管理过程，其终极目标是通过可靠的数据，提升

数据在低空安全走廊运营中的辅助决策价值。

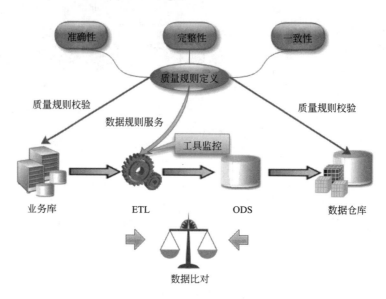

图 10-5　数据质量管理

从图 10-5 看出，数据质量面向的是整个业务流程，从业务库到 ETL 再到数据仓库都可以通过用户自定义的数据质量规则进行管控。校验规则分为准确性、完整性和一致性三种，分别面向三种不同的校验方案。业务库和数据仓库中的已有数据可以直接进行在线质量规则校验。ETL 过程中，可以通过质量规则定义提供的数据清洗服务进行数据的清洗。

同时，两个或者多个数据源之间可以进行数据比对。用户可以通过选择比对数据源，自定义比对规则，进行在线数据比对。比对的结果可以反映出不同库的表与表之间的数据差异，有利于进一步解决数据质量问题。数据质量校验的方式分为全部校验和抽样校验，执行方式分为手动执行和定时执行。

④ 质量规则　质量规则分为两部分：规则列表和对象列表。通过这两部分可以正向和反向地进行数据质量校验。所谓的"正向"指的是先定义规则，在规则上选择数据目录与规则条件后，执行检测。"反向"指的是直接选中某个数据目录，再进行数据质量校验。

规则列表包括各个规则的名称、对象、级别、执行建议、操作等，可以通过规则树进行分类筛选。

质量规则是针对某个表中的某一列或者某几列定制的约束条件，所以每个规则都需要选择规则对象（数据目录），制订规则范围。规则范围包括约束项（列）、约束值、过滤条件等。定制的规则可以选择建议处理方式（人工处理和定时处理），方便以后使用该规则进行质量检测时找到最佳的处理方式。规则的级别可以调整为普通、警告、严重三种级别，从而对不同的质量问题进行相关的报警。

⑤ 自动化监控数据流转　自动化监控数据流转是指通过以上的一系列数据比对及检测后，形成数据质量报告，形象具体地描述数据质量问题所在及处理情况，具体分为业务数据质量报告和技术数据质量报告。定期生成一份全过程的面向业务的数据质量报告，包括业务库的数据质量问题、ETL 中的数据质量问题、数据仓库的数据质量问题等，详细罗列每个过程的数据质量问题的责任人、问题个数、已处理个数、未处理个数等，直观地反映这个阶段的数据质量问题。自动化监控数据流转如图 10-6 所示。

总体示意图

问题数:78个
已处理:67个
未处理:11个

数据质量管理员

业务系统
问题数:31 已处理:21

ETL抽取
问题数:4 已处理:3

ODS中间库

IOP数据仓库
问题数:11 已处理:11

数据比对
问题数:32 已处理:32

图 10-6　自动化监控数据流转

⑥ 数据比对　无人机产生的实时数据与历史数据同步,为了保证同步后的数据库与源库的一致性,需要建立一系列的比对规则,来检验数据是否一致。一般来说都是采用增量比对的方式,这种方式可以减少重复比对的工作量,对于一些比对可以直接进行修复,有些比对可能需要通过发邮件方式告知用户,手动进行数据的修复。比对一般包括以下两种:

a. 数据分条比对。针对源库中的每条数据,将多个需要比对的列的值进行 Hash(一般是那些在 ETL 转化中没有进行处理的列)。比对两个库中数据相应的 Hash 值是否一致,如果不一致,可以选择自动和手动两种模式进行修复,使数据达到一致。

b. 计算统计比对。其主要包括数据条数目的比对或者某列的合计比对,比如可以比对本月新增车辆的数目是否一致,也可以比对本月罚款的总和是否一致。这种比对效率比较高,推荐使用这种方式进行比对,但是这种比对能够查到不一致,但不能够自动进行修复,需要人工手动修复。

⑦ 海量数据存储　无人机整合的数据资源,一般都是上千万的数据量,有些甚至达到几十亿,比如无人机飞行数据、无人机采集数据和社会环境数据等。这些数据的数量都非常大,使用传统的关系数据库(比如 Oracle)已经不能满足日常的性能需求,即使使用了高性能的机器(比如小型机),也不能解决大数据分析和大数据碰撞的问题,可能一次大数据碰撞或者分析就把整个小型机的性能耗完,造成它不能再响应其他正常的请求,严重影响数据的使用。因此,要采用分布式的存储方式来存储这些数据,使用分布式计算来处理大数据的分析和碰撞。目前,可以使用 Hadoop 中的 Hbase 表存储传统关系数据库表中的数据。一方面,Hbase 是一种列式存储技术,根据 rowkey 检索数据非常快,支持几百亿数据的检索;另外一方面,Hive 可以提供 HSQL 的方式查询 Hbase 中的数据,为数据的统计分析提供了简洁快速的通道。

由于 Hbase 的限制,只有使用 rowkey 查询的时候才能有更高的性能。因此,有些时候需要把多个列的值放在 rowkey 中,方便查询过滤,比如无人机飞行信息。在 Hbase 中的 rowkey 可以使用无人机编号＋系统编号(关系库中的主键),这样就能够通过无人机编号进行查询无人机信息。但 rowkey 的模式有一定的局限性,一旦 rowkey 确定后,就只能根据 rowkey 中的规则进行查询。若要打破这种模式,一般有两种方案,一种是在 Hbase 中创建索引表的方式，另外一种是采用搜索引擎中查询的方式，也就是 Hbase＋solr 的模式，这种模式可以支持多条件复杂查询，满足多条件查询的需求。

（4）无人机多源大数据分析

① 无人机大数据分析　结合业务情况，无人机多源大数据分析由两部分组成：数据血缘体系和数据标签体系。数据血缘体系针对无人机采集的数据，如拍摄的图片，通过通信网络回传到低空安全走廊监管中心服务器上。大数据分析工具对图片数据进行技术处理后，按照业务需要提供可视化显示。数据从产生到可视化的过程中经历的环节称为数据血缘。数据标签体系是根据业务应用对无人机采集的数据进行命名，便于系统检索查询。

② 无人机大数据安全管理　无人机大数据安全管理是指在规划、设计、建设过程中，以数据为核心，建立标准规范、安全可靠、高效稳定的数据服务平台；将涉及无人机多源的各类结构化和非结构化的大数据，经过预处理、清洗、转换、关联、比对、标识之后，变为有价值的信息资产，并以服务的方式对外发布；实现横向集成、纵向贯通、全局共享的数据服务平台；为无人机监管、各部门的日常工作、基础查询、综合分析、决策支持、深度挖掘提供服务。

③ 无人机大数据监控与审计　在无人机低空安全走廊监管数据使用方面，除确保数据安全外，还需要对数据使用进行监控审计。通过数据监控审计，可以发现对敏感数据的违规操作，并追查相关人员的责任。作为事后的手段，能够有效保护数据。

a. 在线监控。通过设置各种参数，监控服务器的资源，保障系统运行安全。包括：
- 对一个时间段内的并发会话连接数据进行监控；
- 对一个访问账户或一个请求占用的资源分配最大限额和最小限额进行监控；
- 设定应用报警值，当性能到达或高于报警值时，进行报警；
- 根据安全策略，设定账户或请求进程的优先级，根据优先级分配系统资源。

b. 事务/审计日志。为实施防抵赖，系统对于用户在使用系统期间的关键操作进行审计记录，管理员可以根据需要实时查看审计日志，监控系统资源的使用情况，以防范和化解系统安全风险。

c. 日志分析，根据元数据查询日志，统计访问次数，统计不同信息资源元数据的查询次数。

④ 无人机数据异常预警　设置用户访问低空安全走廊的无人机监管业务数据量的阈值，实时监控某一特定时间范围内用户访问无人机监管业务所获取的数据量。若超过设置的阈值，则大数据进行异常分析，并产生违规告警，根据预设策略进行实时处理，同时提醒低空安全走廊监管人员关注可能的数据异常访问行为，及时进行防御，减少低空安全走廊中无人机监管业务数据泄露风险。

（5）无人机在低空安全走廊中的一体化指挥

无人机要在低空安全走廊运营体系中实现一体化指挥，从技术层面需要实现界面集成、应用集成、数据集成、管理集成、安全集成、基础运行环境集成。为了能够使多应用领域的无人机产品和系统有机地集成到一起，必须在基础运行环境集成的基础上实现另外五个层面的应用集成，并采用基于组件技术的应用构建，基于"SOA"架构保障应用集成的全面性、开放性、标准型、安全性、可靠性和可扩展性，如图 10-7 所示。

① 界面集成　通过搭建无人机信息门户和应用门户可解决访问层集成问题。各个应用系统都有自己的用户界面和界面组织方式，需要使用多个应用系统的用户，不得不反复在多个应用系统的界面间切换，大大降低了工作效率。

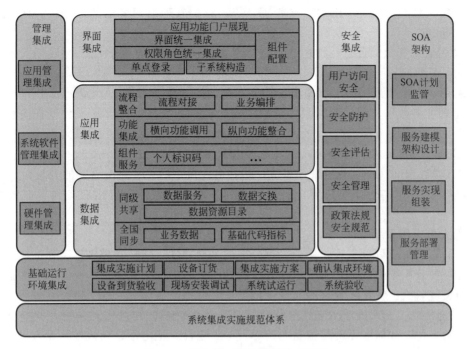

图 10-7 无人机一体化指挥集成管理

界面集成主要内容包括：

a. 对用户访问界面进行规划和设计，确保各应用领域的无人机能有机集成到一起；

b. 对子系统基于 SOA 架构下的组件划分，实现各业务同时使用多个系统中部分功能的需求；

c. 支持单点登录，实现空域监管人员可以跨系统、跨组织漫游访问，要同时满足 B/S 架构和 C/S 架构应用系统单点登录的支持，特别是要满足基于 J2EE 和.NET 开发的应用系统的单点登录的支持；

d. 根据对无人机监管人员角色进行分析设计，要根据业务类型设计业务角色，根据职务类型设计固定角色，权限变化可以跟随职务动态变化；

e. 对界面统一集成重整，对功能的逻辑层次关系、摆放次序甚至注册的名称进行优化，实现对用户操作界面的统一整理。

② 应用集成　应用集成实现无人机应用之间的业务功能交换、流程对接和流程编排，以 SOA 架构为基础，将应用系统提供的业务功能以服务形式提供；利用企业服务总线系统作为系统各部分之间交互的媒介，企业服务总线服务调用代理，自动化透明的交互消息格式、内容转换，避免了应用系统之间的直接耦合；利用 BPM 引擎编排应用系统提供的服务，定制业务流程。

无人机应用集成内容包括：

a. 应用系统进行组件划分和服务规划是应用集成的基础；

b. 对应用系统之间的交互关系进行设计，实现应用系统之间的业务功能调用；

c. 对应用系统中上下级组织之间的基于消息交互的方式进行设计；

d. 对基于流程对接，对并联审批、跨组织的多级审批交互方式进行设计；

e. 利用无人机业务系统服务组件编排业务流程。

③ 数据集成　数据集成的主要内容包括：

a. 利用大数据实现统一组织人员管理，统一维护管理组织人员的数据，并实现无人机调度指挥同步；

b. 利用信息资源编目工具维护业务数据基本编码和基础业务数据，并利用大数据实现全部信息资源数据的同步；

c. 利用大数据实现同一部署节点上应用系统之间的数据交换；

d. 整理业务数据，利用数据服务集成组件封装业务数据，提供标准数据视图和数据服务，形成业务数据服务层。

④ 管理集成　无人机管理集成主要包含以下三类工作：

a. 无人机运行的硬件/网络管理集成，包括对主机、网关、路由器等的管理；

b. 无人机系统软件管理集成，包括对操作系统、数据库、应用服务器等基础软件的管理；

c. 无人机应用系统管理。

良好的管理集成可以实现：集中管理分散的基础软件，减轻管理维护工作的压力；集中监控所有被托管系统的状况，利于迅速定位问题；集中进行系统调优，利于综合考虑全系统各部分的负载，给出优化配置，最大可能地发挥系统的能力。

⑤ 安全集成　无人机低空空域一体化指挥作为大规模的网络信息系统，其安全性处于极其重要的地位。如何保障网络信息系统运行的安全性、稳定性、高效性是无人机监管建设中的一项重要内容。

a. 物理安全建设。物理安全涉及与保护信息系统和敏感信息的实体有关的威胁缺陷和防范措施。这些资源包括人员、数据、设备、支持系统、介质和所需的供给品。物理安全的控制措施主要包括安全设施的选择和建设、设施安全管理、人员管理控制。

b. 网络安全建设。网络安全建设涉及三个方面，包括：采用多层次防火墙实现网络访问控制，部署链路防护系统实现链路防护，部署千兆/万兆级带宽管理设备用以根据需要对网络带宽进行调整和分配。

c. 信息安全建设。信息安全建设涉及三个方面，包括：采用防病毒运营平台和防病毒网关进行病毒防护，部署网络入侵检测系统，防止非法入侵；部署页面防篡改系统，防止Web页面被篡改后提交；建立终端运营平台，对终端区的软硬件使用、端口、进程进行综合管理。

d. 安全管理建设。应用安全主要由应用支撑平台提供，包括：基于单点登录提供一次登录、到处通行的功能；基于角色的授权模型，支持符合中国国情的授权体系；支持数字签名技术、加解密技术，确保数据安全；提供平台级别的日志、行为审核接口；提供完整的日志系统和分析支持工具，方便系统的调度、故障跟踪、运行审计。

⑥ 基础运行环境集成　为无人机提供低空安全走廊飞行监管，实际部署涉及总、分两级主管机构。总主管机构负责调度指挥无人机，负责根据分级主管机构分析的数据进行决策。分级主管机构负责各个应用领域无人机的管理、运行、维护、数据采集等工作。

10.3.3　大数据融合分析

无人机大数据融合分析由数据、平台、展示界面三部分组成。数据指海量多源异构数据，如无人机内部数据、外部数据，不同类型的数据，只要可以数字化的都是数据的组成；平台指数据平台，是管理这些数据的工具，通过云计算、大数据、人工智能技术实现；展示界面可以通过浏览器、大屏幕显示，结合地图数据，将所有数据通过可视化平台直观、清晰地展示。

（1）无人机数据和其他海量数据多维度融合

无人机数据包含内部数据和外部数据，内部数据由无人机在低空安全走廊的行驶轨迹以及无人采集的数据构成，包括时空轨迹数据、传感器数据等、影像资料数据；外部数据包括环境数据、国土数据、互联网数据、产品数据等。将无人机内部数据和外部数据、动态数据和静态数据进行多时空呈现，可以直观地对无人机态势进行分析展现。图 10-8 是无人机多维度数据融合状况。对无人机所包含的数据进行流量统计、数据分析、业务优化，可以对无人机的资源进行动态调配，实现资源利用最大化。

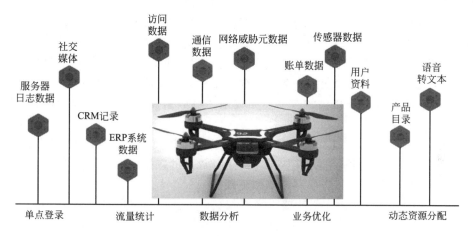

图 10-8 无人机多维度数据融合

① 无人机数据处理 无人机数据处理包括数据分析、数据挖掘、数据可视化、数据图谱展示，数据指数查询五个主要部分。

a. 数据分析分为在线分析与离线分析两种类型。在线分析主要面向关系型数据库，离线分析主要指面向 Hbase 等非关系型数据库的数据分析。数据分析的主要功能包括对数据的筛选、分组、统计、排序等。对于关系型数据库，用户选择分析模型与分析条件后，系统可以在线快速反馈分析结果。对于用户提交的分析结果，经过管理员审核通过后，系统会自动生成一套完整的数据目录、元数据与分析视图。这套完整的数据结构将会作为一个新的数据集补充到数据中心，方便浏览、学习。对于非关系型数据库，系统会记录下对应的数据目录、元数据与分析视图，并自动进入审核流程，审核通过的离线分析请求会通过分布式并行离线计算分析结果，并生成一套完整的数据集。

b. 数据挖掘需要用户具有一定的业务基础与对挖掘算法有最基本的了解，其分布式并行算法可以满足用户对海量数据的分析与预测。数据挖掘支持用户在线选择数据模型与挖掘算法，并自动建模。数据平台提供了多种常用的机器算法可供用户选择使用，比如贝叶斯网络、支持向量机、决策树、隐马尔可夫等，基于这些算法可以建立满足不同业务需求的挖掘模型，实现数据的分析、预测。

c. 数据可视化是对数据分析结果的在线展示。数据平台的数据可视化包括多种当前业界主流的 Web 图形化组件，兼容多种浏览器，支持饼状图、柱状图、曲线图、散点矩阵图、流图等展示方式，丰富易懂的可视化展示形式可以直观地呈现给用户数据分析的结果。

d. 数据图谱展示通过适当的图形界面动态反映出数据与数据之间的关联关系。通过数据图谱，可以看到整个数据平台所有数据之间的关联关系，也可以选中某个标签，查看该标签下所有相关的数据。

e. 数据指数查询是对数据平台的数据进行集中汇总、分类和统计。数据指数可以反映出每个主题的数据量占比、浏览量排名、最新排名等，并提供了丰富的标签云统计模块，通过标签的大小动态展示对应的数据目录的分布情况，让用户直观了解整个数据平台的数据分布。

② 无人机数据监控　对于 ETL 数据采集过程的每一步，提供可视化的在线监控系统。通过监控系统，可以查看所有正在运行的转换任务、故障历史等。监控记录中详细描述了数据采集的成功数目、失败数目、转换时长、日志明细等。

③ 无人机数据权限　无人机数据管理作为大数据的一个有机整体，需要把数据权限中涉及的各种要素纳入一个紧密的统一权限体系中。数据权限从以下几个方面考虑。

a. 定义四种不同的数据访问等级，分别代表了四种不同的数据权限，根据用户类型设置相关的数据访问等级，通过数据访问等级限制用户对相关数据的访问权限。另外，可以根据用户的贡献值和积分设置相关的数据访问权限，将数据优先开放给贡献值和积分较高的用户。

b. 定义数据目录时可以选择"是否可以在线浏览"以及"是否可以下载"。通过这些定义可以保证用户在使用数据时的操作权限，对于开放型的数据可以允许在线浏览、分析和下载，对于相对私密型的数据可以限制浏览和下载。

c. 数据服务采用安全控制多级策略（无授权、应用授权、用户授权、可选用户授权）进行服务的安全权限控制。同时，服务提供者可以在线监控与管理服务的状态、版本、调用次数、服务级别等，并可以设置服务的调用级别、调用次数，控制服务的调用级别等。

（2）多源数据静态分析展现

无人机低空数据经过数据融合后，根据业务需要将静态数据进行分析展现，由于数据量大，并且数据在不断地积累沉淀。在数据展示、数据可视化方面，通常展示最新数据，历史数据存储在数据库中。这个数据库称为数据超市，按照类别将数据进行存储。

① 数据多维展示　数据超市提供了数据的多维展示，可以根据主题分类、资源类型、排行、评分、下载量等不同维度展示数据资源，方便用户根据分类查看数据资源。

② 数据检索　数据超市除了提供主题分类、数据类型的检索之外，同样支持数据资源全文搜索，帮助用户快速定位想要的数据资源。

③ 数据订阅　支持数据资源订阅功能，用户订阅所需数据资源之后，可在相应数据模块中查看。

④ 数据评分、评论　数据资源支持评分、评论等功能，根据数据资源的得分可以进行数据资源排行展示和数据资源推荐。

⑤ 数据可视化　在数据详细页用户可以查看数据列表信息、数据模型以及相关数据等，同时提供了数据可视化的分析，用户可以查看、下载数据分析后的结果，如图 10-9 所示。

⑥ 数据统计　为更好地展现用户对数据资源的使用情况，数据超市提供了对数据资源的下载次数、浏览次数、评分人数、日访问量等统计展现。同时，数据超市提供数据质量得分，保障用户使用高质量的数据资源，数据统计界面如图 10-10 所示。

⑦ 数据反馈　为更好地管理数据资源，需要建立完备的数据反馈机制，帮助持续改进数据质量，形成良好的生态环境，保证数据资源体系的高质量、高健康度。用户可以针对"数据与实际情况不符""资源过时""数据资源无法下载"等方面发表反馈意见，数据超市会将反馈意见整理，并根据反馈意见完善数据资源，保障数据资源的高质量。

图 10-9 无人机数据可视化分析

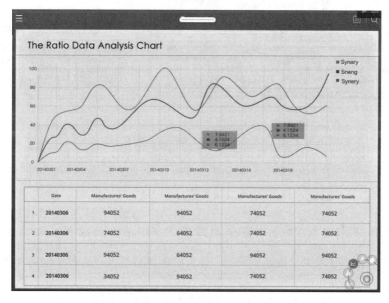

图 10-10 无人机数据统计界面

10.4 人工智能与无人机集群反制

随着集群智能技术和网络信息技术的进步，无人机应用从单架无人机独立作业、多架无人机组合作业，发展到了无人机集群作业。无人机集群作业与多架无人机的组合作业具有显著区别。多架无人机的组合作业，无人机数量较少，空间密度较小，人工干预较多，任务类型较为单一，链路控制采用点对点或星状网。无人机集群作业，无人机数量庞大、空间密度大、人工干预少、任务类型多、链路控制采用无中心自组织网。无人机集群作业，将是今后低空安全走廊运营中的重要作业任务。

为了确保低空安全走廊的安全运营，在无人机反制的警务执法过程中，也从最初针对单架非法无人机反制、多架非法无人机反制，发展到无人机集群反制。无人机集群具备网络化沟通、自适应协同、分布式计算等新型技术特征，使得无人机集群应用领域呈现多样化特点，对给当前无人机反制的警务工作带来了严峻挑战。

无人机集群威胁及其应对策略如图 10-11 所示。

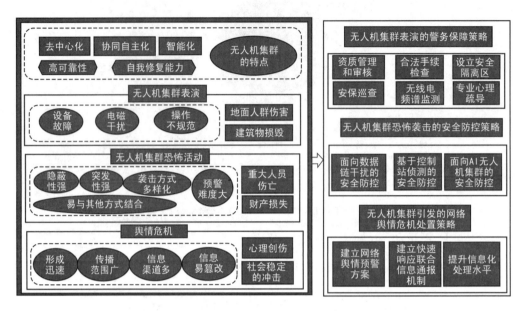

图 10-11 无人机集群威胁及应对策略示意图

本节结合图 10-11 的无人机集群威胁及应对策略示意图，围绕无人机集群表演以及无人机集群恐怖袭击带来的安全威胁，以及由此衍生的网络舆情危机对公共安全管理的挑战，探索相应的警务执法应对策略，提升警务人员面对无人机集群威胁危机处置能力。

10.4.1　无人机集群威胁对公共安全管理带来的挑战

当前，无人机集群技术处于高速发展期，无人机集群的单机产品和系统功能发生了深刻的变化，无人机集群应用多元化增加了无人机集群反制难度，给公共安全管理带来了全新的挑战。

无人机集群设备的微型化，是当前无人机集群探测面临的重要挑战。无人机电子产品微型化推动了多芯片整合的系统级封装技术发展，多个半导体裸芯片和可能的无源元件构成高性能系统集成于一个单元内，形成了一个完整功能性器件的封装形式，实现了较高的性能密度，大大缩减了无人机飞控及载荷电子产品尺寸，使无人机在携带更多任务载荷的同时，呈现出微型化趋势。微型化无人机集群，极大增加了无人机集群反制的探测难度。

无人机集群智能技术的发展，对传统反制方式提出了新的挑战。无人机集群在作业期间，呈现去中心化、协同自主化、智能化等特点。在无人机集群中，所有无人机通过协同航路规划完成集群飞行，利用自组网技术实现集群中的信息高速共享，任何一架无人机被击毁或者失去功能而脱离群体，新的集群结构排列会快速自动形成并保持整个群体稳定。

无人机集群的智能化，使得无人机集群具备高可靠性、自我修复能力，加大了警务执法过程中无人机集群反制的难度。数字中国的安全保障，是公共安全管理肩负的重要使命。在加强无人机集群多元化应用的过程中，如何加强无人机集群风险防控是低空安全走廊运营中公共安全管理面临的重要任务。

以下将讨论无人机集群表演、无人机集群恐怖袭击以及无人机集群引发的网络舆情危机给低空安全走廊运营中的公共安全管理带来的挑战。

（1）无人机集群表演

无人机集群表演，是利用多架无人机，采用分布式人工智能、机器人技术和复杂算法，实现现场娱乐业所需要的强大性能和安全性的先进演出自动化系统，兼具视觉冲击和科技魅力，具有巨大的社会需求。随着国民经济发展的需要，无人机集群表演已经广泛出现在节假日以及各种庆典纪念活动中。

然而，无人机集群表演一旦管理不当，如设备故障、电磁干扰或操作不规范，将对地面人群或建筑物造成伤害，影响公共安全。例如：2018年5月，西安举办的无人机集群灯光表演，曾出现过多架无人机坠落现象。无人机集群表演的设备故障，通常由无人机演出系统功能架构的功能硬件组成部分（螺旋桨、电池、处理器、天线、通信设备传感器等）、软件漏洞、机载飞控模块中的位置控制软件、通信链路以及地面站系统等多种原因所造成。因此，无人机集群表演中，需加强无人机集群的安全管理，避免无人机出现故障而引发人员伤亡。同时也要防止不法分子，在无人机集群表演期间，故意破坏活动。

总之，无人机集群表演在丰富群众文化生活、提升休闲娱乐品质、拉动国民经济发展的同时，更需防范无人机集群表演所引发出的公共安全问题。

（2）无人机集群恐怖袭击

随着无人机集群智能化技术的不断提高，无人机集群中的各架无人机之间、地面和空中设备之间，存在复杂的指挥控制信息、导航制导信息、通信交互信息，能够搭载各种小型化载荷，自主完成各种复杂的作业任务。

无人机集群恐怖袭击，具有隐蔽性强，预警难度大，突发性强，袭击方式多样化，以及易与其他方式相结合等特点，如果是毫无防御能力的民用目标，尤其是大规模人群聚集地，无人机集群恐怖袭击将会造成重大人员伤亡和财产损失。因此对无人机集群恐怖袭击需进行充分预警，从管理层面制订相应的防范和应对策略，从技术层面采取相应的措施和手段，最大限度降低或避免无人机集群恐怖袭击对公共安全形成的安全隐患。

（3）无人机集群引发的网络舆情危机

网络舆情是指在一定的社会空间内，通过网络围绕中介性社会事件的发生、发展和变化，民众对公共问题和社会管理者产生和持有的社会政治态度、信念和价值观，是社会舆情在互联网空间的映射，是社会舆情的直接反映。随着互联网的发展，越来越多的民众倾向在互联网发表观点，加速了网络舆情在互联网的快速传播。

无人机集群表演事故和无人机集群恐怖袭击引发的网络舆情，具有传播速度快、传播范围广、获取信息渠道多、信息易篡改加工等特点。其负面消息的传播将对公众带来持久的心理创伤，同时对无人机集群产业的发展以及社会稳定带来较大的冲击。例如：2018年，西安无人机集群表演出现画面失误以及演出结束回收过程中的无人机坠落现象，曾在网络快速传播，引发公众对无人机集群表演事故的猜测。

出现无人机集群网络舆情危机，一旦处理不当，极易造成公众恐慌。因此，在面对无人机集群威胁的同时，执法部门除了加强无人机集群管控和反制工作，还需要高度重视相关网络舆情危机应对，防止舆情对公众安全感、生活秩序和社会稳定的影响。

10.4.2　无人机集群威胁的警务应对策略

在执法规范化、信息化建设以及智慧警务等现实状况下，对无人机集群安全管控提出了更高要求。将从无人机集群表演的安全管控，无人机集群恐怖袭击的反制，以及无人机集群引发的网络舆情危机处置等方面探索无人机集群威胁的警务应对策略。

（1）无人机集群表演的安全管控策略

无人机集群表演开拓了一个全新的市场和应用落地场景，为艺术创作提供了新的想象空间，在大型庆典活动、舞台表演领域具有广泛的应用前景，无人机集群表演的潜在风险又对低空安全管控工作提出了新要求。

引发无人机集群表演事故的原因主要包括：

① 定向干扰。主要是对无人机集群发射集束电磁波，从而对无人机集群表演中的遥控、图传信号进行干扰。若使用指向性的干扰器，通常会呈现出一个中心区外扩逐渐衰减影响的圆形覆盖。如果是定向干扰，会出现无人机编队中的某个区域的无人机出现类似掉线般的长时间悬停，或集体返航降落。

② 天气、现场风速对无人机集群表演的影响。受天气影响，无人机集群的空间分布通常会呈现随机分布，小部分区域会受到影响。

③ 无人机的 GPS 信号丢失问题，对无人机的空中位置会产生一定影响。

④ RTK 差分定位故障对无人机集群的空间位置影响较大。当只有一个差分参考站，且该差分参考站出现故障时，会导致无人机集群乱码，组成的图案会比较散。

⑤ RTK 差分通信链路故障。在无人机集群表演中，无人机通常被分成多组进行通信。若负责某一组无人机通信的移动基站出现故障，则该组无人机和基站间通信失败，会导致空间图案出现局部分块错乱。

⑥ 现场复杂电磁环境干扰。

根据上述无人机集群表演事故的不同性质以及故障表现形式，笔者建议采用如下安全管控策略：

① 加强对无人机集群表演从业人员和从业单位的资质管理与审核。无人机集群表演的从业人员需具备相关的职业资质和专业技能，从业单位需具备合法经营资质。

② 开展地面起飞区域的合法手续检查。无人机集群表演的地面起飞需要合法化，具备空域使用许可合法手续，避免无人机集群表演对观众和周边低空空域构成潜在威胁。

③ 设立安全隔离区。综合考虑观众和行人的安全，在无人机集群表演区域和观众之间设立物理缓冲隔离区，避免无人机集群表演对观众人群、周围建筑物及设施造成伤害和损坏。

④ 加强集群表演区域的安保巡查。提前布置安保人员在活动现场及周边，结合视频监测、无线电侦测，对闲杂可疑人员、可疑设备，尤其是携带大功率无线电干扰设备的人员，加强管控，防止蓄意破坏。

⑤ 部署无线电频谱监测设备。利用无线电频谱监测设备，对表演区域周边的异常无线电干扰源进行侦测和故障排查，避免无人机集群表演期间的无线电干扰。

⑥ 在活动现场，加强人员管控，增加专业心理疏导人员，确保无人机集群事故发生时，能够及时对现场观众进行疏散、心理干预疏导，并配合安保人员开展人群疏散工作，避免出现人员踩踏等突发事件。

总之，为了确保无人机集群表演活动的安全，相关部门需结合"人、地、事、物"开展相关的安全管控工作，坚持"防风险、防破坏"的原则，对无人机集群表演进行风险预判、安全控制，确保无人机集群表演活动的规范化操作。随着今后警务实战经验的积累和无人机集群风险防范技术的进步，上述安全管控策略也将进一步修正和完善。

（2）无人机集群恐怖袭击的安全防控策略

无人机集群恐怖袭击是一种超视距恐怖袭击，恐怖分子一旦采用无人机集群进行恐怖袭击，各个无人机之间、地面和空中存在随时间变化而变化的指挥控制信息、导航制导信息、通信交互信息的收发交换。参与恐怖袭击的各个无人机集群的成员之间通过数据链路进行通信、协同工作，实现编队内部队形维持，精准攻击等功能。

无人机集群恐怖袭击，对低空安全走廊运营的安全防控工作提出了严峻考验。为了应对无人机集群恐怖袭击，安保人员需开展相关的安全防控策略研究。笔者借鉴常规无人机反制技术与网络安全技术，结合无人机集群的技术特征，提出以下三种无人机集群恐怖袭击类型的安全防控对策。

① 面向无人机集群数据链干扰的安全防控策略　无人机集群技术中的数据链是体现无人机集群智能化，实现其信息化，发挥其规模化的重要因素。在无人机集群内部的各架无人机之间，以及无人机挂载的不同载荷之间进行协同工作时，数据链是进行多信息融合处理、多方位协同探测、高精度定位、实时高速信息传输、装备间协同分配及综合控制的关键技术。无人机集群的数据链对信息的实时性、保密性和自适应性要求较高。

面对无人机集群恐怖袭击时，安保人员可采用对无人机集群的数据链进行攻击的安全防控策略，即安保人员可利用具备数据链攻击功能的无人机集群反制设备，对恐怖分子的无人机集群实施电子对抗，采用对无人机集群的遥测信息进行干扰和欺骗等技术手段，使得恐怖分子的无人机集群无法进行指令传输、信息传递，更无法实现对恐怖袭击目标的情报、指挥控制和装备协同信息的实时分发，破坏无人机集群恐怖活动的任务序列，减少无人机集群恐怖袭击的攻击效能。

② 面向无人机集群恐怖袭击的控制站侦测安全防控策略　无人机集群恐怖袭击，依赖于网络模块、数据链和指挥控制的可靠稳定。无人机集群起飞后的控制采用按预编程序飞行和通过遥测遥控系统实时控制相结合的方式。无人机集群的指挥控制平台，是恐怖袭击任务顺利执行的重要保障。执法部门可以通过警用无人机侦察、无线电通信链路探测等技术手段获取无人机集群的精确目标信息，判断来袭无人机集群的攻击意图，锁定恐怖分子用于无人机集群恐怖袭击的车载式移动地面站、机载式空中控制站或水面控制站，控制并摧毁集群控制站，从而达到对无人机集群恐怖袭击进行反制的目的。

③ 面向人工智能无人机集群恐怖袭击的安全防控策略　人工智能无人机集群恐怖袭击，通常在无人机集群中注入边缘计算等智能计算方法。在恐怖袭击任务执行过程中，无人机集群具备地形匹配、自主飞行等能力。恐怖分子为躲避电子侦察，通常会在无人机集群进行末端攻击时，采取无线电静默等方式，防止被电子侦察设备发现。由此可见，面向人工智能的无人机集群恐怖袭击，预警防范难度大大增加了。

面对人工智能无人机集群攻击，开展相关的安全防控策略研究具有重要意义。低空安全走廊是低空空域资源挖掘和运营的重要基础设施。基于低空安全走廊体系的警务反制策略对于应对人工智能无人机恐怖袭击具有重要的应用价值。低空安全走廊旨在为通用航空与军用航空提供在低空空域范围的可视化综合信息服务，保障低空空域的安全飞行环境，为低空产业的健康有序发展提供智能化、网络化的综合服务支撑。在保证正常低空运营的同时，低空安全走廊能够有效地过滤和识别当前空域的非法无人机，对于无人机集群的合法性判别具有重要意义。

在驻地区域的低空空域开展低空安全走廊建设，采用区块链等技术开展无人机身份识别，结合软件过滤机制，能够快速区分低空空域的合法无人机和用于恐怖袭击的无人机集群。当恐怖分子的无人机集群被正确识别后，结合低空安全走廊的动态更新机制，恐怖分子的无人机集群将充分暴露在低空空域的打击区域，为安保人员提供明确的打击目标、打击范围。最后，安保人员采用无人机集群反制设备，对恐怖分子的无人机集群进行定位、摧毁。

对于低空安全走廊未能覆盖的区域，警务执法人员可以采用基于情感识别的无人机集群威胁安全防控策略。情感识别的无人机集群预警技术，是通过人工智能分析无人机集群的行动轨迹、飞行策略、时间窗口等，实时推演并预判无人机集群是否具有恐怖袭击倾向，为安全防控策略的制订提供参考依据，更大程度地对恐怖分子形成空中压制，使无人机集群反制功能得到最大限度的发挥，从而最大限度减少无人机集群恐怖袭击带来的安全威胁问题。

总之，随着无人机技术的飞速发展，无人机集群的小型化、隐身性、智能化程度将会进一步提高，无人机恐怖袭击对安保部门反恐处突的威胁和挑战也将急剧增加，进一步推动无人机集群的警务反制策略研究是无人机集群反制的重要途径和方向。

（3）无人机集群引发的网络舆情危机处置策略

无人机集群飞行，作为高科技新生事物，很容易成为社会舆论的焦点和热点，一旦发生事故或造成伤害，极易引发网络舆情危机。无人机集群网络舆情危机处置是警务执法人员面临的艰巨任务。随着移动互联网的蓬勃发展和大数据时代的到来，当无人机集群威胁发生时，网民们通常将关注度和讨论聚焦于事件本身或者事件引发的具有一定程度敏感性的焦点问题。无人机集群网络舆情因其关注度高、影响大，更容易导致舆情发酵，诱发公众的不良情绪，引发群众的违规和过激行为。

为了避免无人机集群网络舆情蔓延发酵，需要对网络舆情预警并采取有效应对措施。由于网络产品的特殊性，信息传播的认定、取证难度大，传播速度快，社会影响大，给舆情应对工作带来了巨大的挑战。

面向无人机集群网络舆情危机的警务应对策略研究，需综合考虑信息真实性判别与舆情危害时效性之间的平衡，对无人机集群网络舆情进行实时动态预警，并及时采取防范措施。基于上述讨论，面向无人机集群网络舆情危机，执法部门可以尝试如下应对策略。

① 建立无人机集群网络舆情预警方案。无人机集群网络舆情预警，是从无人机集群威胁事件的征兆出现到危机造成可感知的损失这段时间内，对网络舆情及时发现，妥善控制，对可能产生的现实危机的走向、规模进行判断，及时化解网络舆论危机。安保人员可以提前制订各种判别标准和应急预案，加强网络监测巡查力度，密切关注无人机集群网络舆情的事态发展，预判舆情危机的爆发时间，为网络舆情应对争取宝贵的时间。

② 建立部门联动的快速响应联合信息通报机制，及时对无人机集群危机事件进行披露，提高执法机关在危机处理中的信息透明度。

③ 提升无人机集群网络舆情危机的信息化处理水平。由于网络舆情信息量巨大，可以采用人工处理与智能化舆情分析技术相结合的方式，对无人机集群网络舆情危机进行实时分析、控制和主动引导。

无人机集群在文化娱乐、公共管理、农业植保、应急救援和国防安全等方面，具有广阔应用前景，正因为无人机集群应用领域的多元化，也存在着低空安全走廊运营中的公共安全管理隐患。随着无人机集群技术的进一步发展，相关执法部门需根据不同的应用需求，科学制订无人机集群威胁的应急预案，从无人机集群设备管理、无人机集群专业队伍建设和人员保障、网络舆情应对等多方面对无人机集群飞行带来的威胁进行科学防控，切实保障人民群众的生命财产安全和社会稳定。

10.5 低空安全走廊相关的法律法规保障

在建设低空安全走廊的同时，各国纷纷出台了相应的法律法规保护空域资源。欧洲航空安全局在 2019 年发布了关于无人机管理的最新规定，该无人机通用准则适用范围覆盖整个欧洲。欧盟的无人机通用准则于 2020 年 6 月在欧盟全境正式实施，统一了欧盟内部不同国家关于无人机的管理措施。我国无人机从 2009 年开始出台相关无人机管理规范性文件，对无人机进行管控，例如北京要求禁止无人机飞行，重要的城市上空都禁止无人机飞行，在一定程度上阻碍了低空空域的发展。低空安全走廊规划提出，可以较好地解决无人机管理规范问题，重新开启城市上方低空空域，让无人机按照既定航行起飞、降落，可给城市发展带来活力。在低空安全走廊建设的同时，配套法律法规应及时出台，保障低空空域有秩序、有规划地发展，即保障社会、经济价值的同时，又推动低空空域开放、快速、健康发展。

无人机的广泛普及推动了相关行业的全新变革，但是由于我国相关法律体系、市场体系尚不够健全，以及其他因素的综合影响，无人机扰航、威胁公共安全的事件也时常发生，甚至造成了较为恶劣的影响。为了营造良好的低空空域环境，确保我国低空空域资源的有序开发和利用，国家以强化监管和完善标准为主轴，相继发布了一系列关于无人机管理、规范、应用等方面的法律法规和通知公告。以下列举了一些主要的无人机管理规范相关文件。

① 2009 年 6 月 4 日，中国民用航空局航空器适航审定司发布《关于民用无人机管理有关问题的暂行规定》，并于 2009 年 7 月 9 日发布《民用无人机适航管理工作会议纪要》，以解决无人机的适航管理问题。

② 2009 年 6 月 26 日，中国民用航空局空中交通管理局和中国民用航空局空管行业管理办公室发布《民用无人机空中交通管理办法》，主要解决无人机的空域管理问题。

③ 2013 年 11 月 18 日，中国民用航空局飞行标准司发布《民用无人驾驶航空器系统驾驶员管理暂行规定》，主要解决无人机的驾驶员资质管理，并规定重量小于等于 7kg 的微型无人机，飞行范围在目视视距内半径 500m、相对高度低于 120m 范围内，无需证照管理，但应尽可能避免遥控飞机进入过高空域；重量等指标高于上述标准的无人机以及飞入复杂空域内的，驾驶员需纳入行业协会甚至民航局的监管。

④ 2014 年 4 月 29 日，中国民用航空局发布《关于民用无人驾驶航空器系统驾驶员资质管理有关问题的通知》（民航发〔2014〕27 号），有效期至 2015 年 4 月 30 日，规定无人机驾驶员资质及训练质量管理由中国航空器拥有者及驾驶员协会（中国 AOPA）负责，这也是我国首次对无人机驾驶员的资质培训提出要求。

⑤ 2014 年 7 月，中国民用航空局发布《低空空域使用管理规定（试行）》（征求意见稿），主要针对民用无人机的申报问题。

⑥ 2015 年 4 月 23 日，中国民用航空局发布《关于民用无人驾驶航空器系统驾驶员资质管理有关问题的通知》（民航发〔2015〕34 号），有效期至 2018 年 4 月 30 日。自 2015 年 4 月 30 日起，由中国航空器拥有者及驾驶员协会继续按照相关法律、法规及规范性文件负责在视距内运行的空机重量大于 7kg 以及在隔离空域超视距运行的无人机驾驶员的资质管理，民航局飞行标准司负责对中国航空器拥有者及驾驶员协会的管理工作进行监督和检查。

⑦ 2015 年 12 月 29 日，中国民航局发布《轻小型无人机运行规定（试行）》，规范低空、慢速微轻小型类民用无人机的运行，对适用本规定的无人机进行说明、分类，并对民用无人机机长的职责和权限、驾驶员资格要求、限制区域等作出具体说明。

⑧ 2016 年 7 月 11 日，民航局飞行标准司发布《民用无人机驾驶员管理暂行规定》，对原《民用无人驾驶航空器系统驾驶员管理暂行规定》进行了第一次修订，修订的主要内容包括重新调整无人机分类和定义，新增管理机构管理备案制度，取消部分运行要求。对驾驶员证照管理、运行管理作出明确要求，加强对民用无人机驾驶人员的规范管理，促进民用无人机产业的健康发展。

《民用无人驾驶
航空器系统空
中交通管理办法》

《民用无人驾驶
航空器实名制
登记管理规定》

⑨ 2016 年 9 月 21 日，民航局发布《民用无人驾驶航空器系统空中交通管理办法》，规范了在民用航空使用空域范围内的民用无人驾驶航空器系统活动，2009 年发布的原《民用无人机空中交通管理办法》同时废止。

⑩ 2017 年 5 月 16 日，民航局发布《民用无人驾驶航空器实名制登记管理规定》（以下简称《规定》），要求自 2017 年 6 月 1 日起，民用无人机的拥有者必须进行实名登记，加强了民用无人驾驶航空器（以下简称民用无人机）的管理。《规定》适用于在中华人民共和国境内最大起飞重量为 250g 以上（含 250g）的民用无人机。《规定》要求，自 6 月 1 日起，民用无人机制造商和民用无人机拥有者须在"中国民用航空局民用无人机实名登记系统"上申请账户，民用无人机制造商在系统中填报其所有产品的信息，民用无人机拥有者在该系统中实名登记其个人及其拥有产品的信息，并将系统给定的登记标志粘贴在无人机上。

⑪ 2017 年 8 月，工信部联合国家标准化管理委员会等部门发布了《无人驾驶航空器系统标准体系建设指南（2017～2018 年版）》（以下简称《指南》）。《指南》明确，根据当前无人驾驶航空器行业发展现状，制定了无人驾驶航空器系统标准体系建设目标和发展阶段：

a. 第一阶段（2017～2018 年），满足无人驾驶航空器系统市场需求，支撑行业监管需要，初步建立无人驾驶航空器系统标准体系，并重点制定一批市场急需、支撑监管的关键标准；

b. 第二阶段（2019～2020 年），逐步推进无人驾驶航空器系统标准制定工作，到 2020 年，基本建立健全无人驾驶航空器系统标准体系，制修订 300 项以上无人驾驶航空器系统标准，基本实现基础标准、管理标准和技术标准全覆盖，行业应用标准满足相关行业应用需求。

⑫ 2017 年 10 月 20 日，民航局发布《无人机围栏》和《无人机云系统接口数据规范》两部行业标准，我国也由此成为全球范围内最早出台此类行业标准的国家。《无人机围栏》首次明确了无人机围栏的范围、构型、数据结构、性能要求和测试要求等，并对无人机围栏进行分类。《无人机云系统接口数据规范》首次规定了轻小型民用无人机系统与无人机云系统之间的传输数据要求、数据加密要求、编码规则和性能要求。《无人机云系统接口数据规范》明确，无人机系统和无人机云系统之间应按照要求的数据接口进行双向通信，通信内容应包含注册信息、动态信息、数据类型、差异数据等。

⑬ 2018 年 1 月，国务院、中央军委空中交通管制委员会办公室组织起草的《无人驾驶航空器飞行管理暂行条例（征询意见稿）》通过工信部网站发布。

⑭ 2018 年 9 月，中国民航局空管行业管理办公室印发了《低空飞行服务保障体系建设总体方案》。

⑮ 2019 年 11 月，中国民用航空局空管行业管理办公室印发了《轻小型民用无人机飞行动态数据管理规定》。

⑯ 2020 年 7 月，中华人民共和国交通部颁布《通用航空经营许可管理规定》，自 2021 年 1 月 1 日起正式实施。

《轻小型民用无人机飞行动态数据管理规定》

《通用航空经营许可管理规定》

中国民用无人机法规管理图可以用图 10-12 进行描述。目前，我国已有部分地区发布无人机暂行管理条例，随着低空安全走廊产业的深入应用，其相应的法律法规也会逐步完善。

图 10-12　中国民用无人机法规管理

本 章 小 结

本章从技术层面和法律保障层面，介绍了低空安全走廊产业的安全保障策略。首先，分析了低空安全走廊运营面临的主要风险，然后介绍了多传感器探测及预警侦察，接着阐述了大数据分析与低空安全防范的实现策略，之后探索了人工智能与无人机集群威胁与反制策略，最后介绍了低空安全走廊相关的法律法规。

第**11**章

低空安全走廊产业前景展望

11.1 低空安全走廊产业概述

人类经历了陆地文明、海洋文明后，开始探索空间文明。随着无人机的出现，人类的视角逐步转移到低空空域，开启了低空文明的探索。低空资源开发和利用将成为人类经济活动的新空间。低空安全走廊产业，以低空空域为依托，以通航产业和无人机行业应用为主导，将为我国经济转型发展提供新动能。

低空安全走廊产业发展目前正处于萌芽期，世界各国开始规划低空建设。未来，低空空域建设和发展会进入各行各业，丰富生活，给人类带来极大便利，有效缓解地面交通压力。低空安全走廊产业是国家空中安全的重要组成部分，是低空安全走廊产业生态系统共同作用的结果，低空安全走廊产业建设涉及低空安全走廊体制、法规标准、技术保障及无人机管控等内容，是关系到低空事业发展乃至社会经济发展全局的大事情，是关系到低空用户和社会公众切身利益的大问题，对我国低空空域管理的影响将是全方位的。

低空安全走廊产业发展的快速发展期即将到来，十四五规划的政策支持、城镇化高速发展、日益扩大的社会物质需求和新技术的应用将加快低空安全走廊产业进入快速发展期的步伐。

11.2 低空安全走廊产业总体规划思路

加快推进低空安全走廊体系建设，是适应低空发展需要和满足社会公众需求的必然要求，是当前低空领域面临的重大战略任务。为此，在低空安全走廊建设过程中，需要针对低空改革中面临的主要问题，借鉴欧美低空空域管理的成功经验，结合我国低空空域管理的实际情况，确立我国低空管理的目标，开展低空安全走廊产业建设，明确未来发展路线，更好地促进低空管理。

（1）建设目标

在全国范围内建立空域结构科学、运行机制便捷、法规标准健全、管理保障高效的低空安全走廊管理运行体系，实现低空飞行活动规范有序安全运行、低空空域资源充分合理有效利用，不断满足低空安全走廊产业用户的使用需求，促进低空安全走廊产业发展。低空安全走廊建设目标的标志性成果，主要表现为四个方面：

① 低空空域实现科学分类管理，不同类别空域施行不同的管理模式和保障方式，配套形成相应的法规标准；

② 低空空域管理运行机制高效便捷，低空安全走廊产业用户申请使用空域的程序简化、时限缩短，低空飞行环境得到改善；

③ 低空管理职能与飞行服务保障职能剥离，公安部门主要行使空域管理、飞行监控和行业监督检查的职责；

④ 低空监控管理手段和服务保障设施完备，低空飞行安全和空防安全得到有效保证。

（2）发展路线

低空安全走廊产业生态系统全景图如图 11-1 所示。

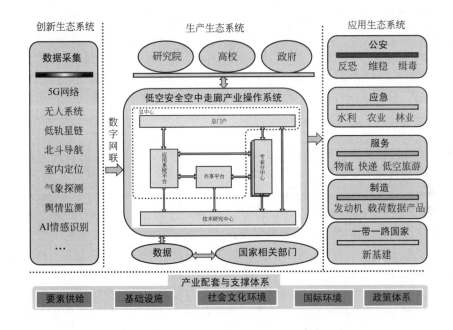

图 11-1　低空安全走廊产业生态系统全景图

由图 11-1 可知，低空安全走廊产业包括创新生态系统、生产生态系统和应用生态系统以及相关的产业配套和支撑体系。

低空安全走廊产业操作系统是低空安全走廊产业生态系统的核心内容，先后经历了从系统、平台、操作系统的迭代和发展的过程。低空安全走廊产业中新技术的发起、引进、改良和传播，都通过该产业操作系统中的"生产要素""需求条件""相关产业和支持产业的表现""企业的战略、结构和竞争对手"四个基本因素和"机会""政府"两个附加因素的活动和互动，实现数字鸿沟添补，从而保障低空安全走廊产业生态系统的健康良性发展。

低空安全走廊产业操作系统的核心技术如图 11-2 所示。

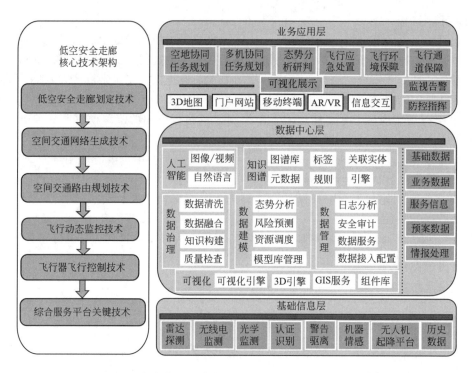

图 11-2　低空安全走廊产业操作系统的核心技术示意图

由图 11-2 可知，低空安全走廊产业操作系统的核心技术包括低空安全走廊划定技术、空间交通网络生成技术、空间交通路由规划技术、飞行动态监控技术、飞行器飞行控制技术和综合服务平台关键技术。低空安全走廊产业操作系统的软件平台体系结构包括基础信息层、数据中心层和业务应用层。

低空安全走廊操作系统的构建是从低空安全走廊业务、行业、产业范畴逐步发展的迭代过程，具有相互依赖、复杂连接、自我修复、共同演化等特征。它不仅依赖于科学技术的突破，也包括企业的发展环境、配套投入与互补性产品等在内的整个产业配套与支撑体系。

围绕实现低空安全走廊产业建设目标，推进低空安全走廊产业发展在具体方法路线上需要把握好以下几点：

首先，在总体筹划上，必须正确处理经济建设与低空安全走廊建设的关系，促进低空产业全面协调可持续发展。公共运输、军事航空和应急救援等，都是国家经济社会发展的组成部分，既有低空空域使用的矛盾性，也有利益目标的一致性。公共运输航空是空中交通运输的主体，军事航空是国家领空主权和空防安全的保证，应急救援是低空产业发展的基础和社会公众航空需求的发展趋势，三者相辅相成、不可偏废。

其次，在目标把握上，必须正确处理局部与全局的关系，确保低空安全走廊建设始终沿着清晰的主线向前推进。低空安全走廊产业是一项全局性、长期性任务，面临许多现实矛盾和突出问题，一些体制性障碍短期内难以得到解决，推进建设不可一蹴而就。筹划和推进低空安全走廊建设，首先应当着眼低空发展大势，紧密结合我国低空管理现状和实际使用，从全国范围、全空域体系管理改革出发，确立一个清晰的、符合低空发展需求的总体目标，围绕实现总体目标划分若干阶段，勾勒出近期、中期、远期发展路线，确保出台的每一项政策、每一项举措，都是为实现总体目标而服务的，防止由于阶段目标、路线设定的前后不一致，导致低空政策的左右摇摆，尽量少走"回头路"。

再次，在发展方向上，必须正确处理借鉴国外与立足国内的关系，走中国特色的低空安全走廊产业之路。每个国家都有各自不同的国情、军情和低空发展特色。低空安全走廊产业必须坚持"有所为有所不为"的思想，选择一条适应国情、顺应时代发展潮流的道路。一方面，要积极借鉴低空发达国家先进理念和科学成果，特别要吸收他们在空域分类及低空安全走廊产业飞行服务保障体系建设上行之有效的经验做法，采取"拿来主义"为我所用；另一方面，必须考虑我国低空产业发展还处于起步阶段的实际情况，考虑"统一管制、分别指挥"的体制基本格局，着力探索构建具有中国特色的低空安全走廊产业运行模式。只有把两者有机地结合起来，低空安全走廊产业才能顺利推进，低空安全走廊产业发展的战略空间才能不断拓展。

最后，在实施步骤上，必须正确处理解决急需与兼顾长远的关系，优先解决低空安全走廊产业用户切身利益的实际困难。国家空管委对全国低空空域管理改革做出了战略部署和统一安排，明确提出了改革目标和阶段步骤，确立了试点先行、逐步推开的基本原则。这样安排，体现了科学发展、安全发展、有序发展的思想，符合事物发展的客观规律，基本能够适应低空产业的发展步伐。研究表明，在具体实施过程中要处理好两个问题：

a. 见效一定要快，要把制约低空安全走廊产业发展的关键问题，比如空域动态信息不透明、飞行申请程序烦琐、审批时限过长等，作为突破点来抓，使低空用户切身体会到实际成效；

b. 无论试点地区还是全国范围，在管制分区试点的基础上，可以考虑在全国范围内先行划设一批报告空域，提供给社会公众使用，以较小的投资、尽量短的时间换取最大的效益，为有序推开低空安全走廊产业发展创造良好的社会环境。

11.3 低空安全走廊理论探索与产业实践

低空安全走廊理论探索对于低空资源挖掘具有重要意义。低空安全走廊理论探索与产业实践，对于开展低空产业顶层设计，推进通航和无人机行业应用的区域试点应用，建立低空标准规范体系，挖掘低空战略资源，孵化低空产业的市场规模，引导低空产业发展生态的合理布局，具有重要意义。

低空安全走廊产业不是一个普通的产业，其特点十分突出。起降位置点多面广，主要分布在经济发达且人口密集的大中城市、旅游景点、交通枢纽、近海岛屿及海上石油平台；作业范围涉及中低空所有空域，任务多样，涉及抢险救灾、医疗卫生、海洋监测、科学实验、遥感测绘、文化体育、旅游观光等各个领域；低空飞行器来源渠道广泛，可通过直销、零售、转卖、租赁等手段获取。

面对我国特定的空防体制及空防建设现状，必须深入分析低空安全走廊产业与我国空防安全的关系。

（1）我国空防建设现状

空防正在经历从国土防空型向空天一体、攻防兼备型转变，在空防体制方面，我国实施空防合一体制，保证国家空防安全是低空发展的主要任务之一，负有保卫重要政治经济军事目标为重点的空防任务，以及应对非传统空中安全威胁任务，负责统一组织实施全国飞行管制。随着装备的改善和转型建设发展，低空超低空训练课目增多，对低空空域资源需求急剧增大。因此，我国的低空空域管理不能简单套用欧美等国家的管理模式，必须立足我国国情创新管理体制机制。

在监控能力方面，我国某地区形成了以地面军用雷达为骨干，民航空管雷达、空中预警机为补充，较为完善的预警探测监控网络，具备了对中高空目标的远程监控能力，在重点地区的低空监控能力也有了质的飞跃，但在大部分低空区域，特别是内陆地区和大中城市低空监控能力还存在较大差距。

在情况处置能力方面，我国在主要方向和重点目标周围构建了高中低、远中近相结合的防空体系，现有武器装备具备处置传统威胁目标的能力，但处置低空慢速小目标的能力还十分有限，在重大活动空中安保任务中，主要采取将其禁飞，在地面进行强制管控措施。

在低空管制能力方面，我国对低空飞行的无人机，特别是对大型民航机场和主要航路航线区域的航空器具有较强的管制能力，对大部分低空、超低空飞行的航空器管制能力很弱，存在看不见、连不上的问题，其指挥和监控通常委托从事低空产业活动的单位和个人自行负责，航管部门只能依靠飞行计划或低空产业单位报告掌握其飞行动态，一旦发生特殊和异常情况无法进行处置。这是目前的难点，也是低空安全走廊建设迫在眉睫的原因之一。

（2）有效管控低空飞行面临的主要困难

① 全面掌握情况难。由于目前监控体系对低空目标监控能力有限，加之低空飞行器的飞行范围广、高度低，飞行区域地理条件差异大，特别是大部分低空飞行器缺乏机载定位设备，难以全面掌握空中动态。

② 有效指挥处置难。一旦发现空中目标出现异常情况，由于缺乏长效通报处置机制，协同查证，识别判明目标性质和企图的环节多、时间紧、难度大，很难及时有效指挥处置。

③ 地面管控难。目前，地方政府对低慢小航空器没有统一的管理部门；各主管部门对分管的低慢小航空器没有强制管理权，对辖区范围内的低慢小航空器基本情况掌握不准确，不能对其实施有效约束与管理，管控手段和措施有限；对低慢小航空器可能危及空中安全的认识不到位，对敌对势力和极端分子利用低慢小航空器从事破坏干扰活动估计不足，特别是气象部门对分管的低慢小航空器缺乏具体有效的管控措施。

（3）低空飞行对空防安全的可能威胁

① 可能造成更多不明空情。由于有的低空飞行器驾乘人员操控水平有限、安全意识淡薄以及受利益驱动，违规、违法飞行，有的甚至误入空中限制区和重要军事目标上空，造成不明空情时有发生，空军指挥警戒系统经常组织战斗转进和兵力起飞进行查证处置，严重扰乱了空防秩序。

② 可能被不法分子利用肇事。当前低空飞行器缺乏有效可靠的地面安全监管，尤其是私人航空器分布点多面广，驾乘人员和装载物资没有严格的安检程序，有可能被不法分子利用肇事，甚至实施恐怖袭击。

③ 可能影响防相撞安全。目前，低空飞行器飞行区域主要集中在大中城市周边和机场密集地区，大部分飞行区域与民航航线及部队训练空域交叉重叠；低空超低空训练课目多，对低空空域的需求相应增加；无人驾驶航空器容易发生失控问题；低空飞行器较少安装空中防相撞系统，容易造成危险接近，甚至空中相撞，特别是可能直接威胁到民航大型机和专机飞行安全。

④ 可能影响军事设施安全保密。随着低空安全走廊产业进一步发展，敌对势力可能利用低空飞行器进行近距离、低高度航拍，甚至利用其自身飞行动态被监控情况，进行电磁信号侦收，分析我国空防能力现状，也不排除采取极端破坏和袭击行动，将严重影响我国军事

设施和空防安全。

低空安全走廊产业的快速发展加剧了空中情况的复杂程度，必须深入研究中国自有的空中治安管理特点。目前，我国低空安全走廊产业的行业资质由地方政府各部门实行分类管理，空域运行按照航路内外分工分别由军地管理，涉及国家安全事宜由军队进行特殊管理，低空起降机场建设和使用由军地共同审批。

在现行体制下，我国的低空空域管理改革工作，通过迁建军用机场、停用靶场、压缩训练空域、凌晨组织演习、重要机场进离场分流等措施，为低空安全走廊产业创造良好的发展空间。在组织实施上采取计划常备、临时调配、随时起飞等方法，有效地促进了低空安全走廊产业的发展。

随着低空安全走廊产业的快速发展，其对空防安全的影响必将加大，需要认真贯彻安全发展理念，坚持积极稳妥、军民兼顾的原则，以确保空防安全为前提，直面低空飞行器管理、防治恐怖分子空中肇事、重要目标防护、新型防空力量建设等问题，从完善法律法规入手，加强防空力量和管控手段建设，完善新的运行管理和防空指挥机制，增强地面管理和空中处置能力，避免出现"一头求快，一头求稳"的现象和"一放就乱，一统就死"的问题。

低空安全走廊产业刚刚兴起，发展空间巨大。围绕产学研先行试点，人才梯队搭建，市场化运作是必然发展方向。在科普活动与大赛方面，2016年，第一届低空安全大赛在河北廊坊成功举办，唤起了大众对低空安全的重视。2017年，第二届低空安全大赛在江苏溧阳成功举办。之后，国内开展了多个低空安全相关的无人机竞赛，唤起了国内很多高校及企业对无人机应用的关注。在人才培养方面，2020年，国家人社部颁布"无人机装调检修工"新职业，将其纳入国家职业分类目录，从此近百万无人机装调检修从业人员有了职业归属。同年，国内312所高职院校开设了无人机应用技术专业，为低空安全走廊产业的应用型人才培养提供了人才保障。在低空安全走廊产业落地方面，很多企业纷纷开展了低空安全走廊的信息化平台建设工作。在学术探索方面，国内涌现出了一系列与低空安全走廊相关的学术会议和高峰论坛，极大地促进了低空安全走廊产业的发展。

11.4 低空安全走廊产业亟待解决的问题

低空安全走廊产业具有鲜明的中国特色与时代特征，与政府职能、管理体制、空防安全和社会公众权益等因素紧密相关。在当前低空安全走廊产业理论、法规、标准和运行操作等层面，有以下五点对策建议可供参考。

（1）低空安全走廊的理论研究创新

要深入分析新形势下我国低空产业发展的特点和规律，从理论上搞清低空空域分类、高度划分、飞行管理、服务规范、准入标准、安全责任等一系列问题，形成完善的低空安全走廊理论体系，为推进改革提供支持。

（2）低空安全走廊的管理模式创新

低空飞行管理涉及军地多个部门，公安系统作为主责单位，要积极探索创新低空空域管理模式。军民航之间、空管与空防部门之间、空管系统与公安执法部门之间要明确界定职责。要研究制定低空安全走廊中的飞行服务标准，保障合理的收费标准和完善的规章制度，杜绝隐性操作等违规行为。

（3）低空安全走廊的运行机制创新

要进一步规范低空飞行管理审批，简化审批程序，缩短审批时限，具备条件的地区要尽可能采取网络申请、异地报备等便捷方式，提高低空飞行效率。要建立低空安全走廊体系的动态信息发布机制，使低空安全走廊产业单位及时了解掌握低空空域使用状况，减少空域资源的闲置浪费。

（4）低空安全走廊运营保障体系创新

低空飞行对空管服务保障有着特殊要求，要积极鼓励地方政府、低空安全走廊产业企业参与建设低空服务站，逐步形成以国家政策为引导、公安系统为主体、社会力量为补充的低空安全走廊服务保障体系，提高综合保障能力。

（5）低空安全走廊的应急机制创新

从目前情况看，多数低空产业单位组织管理不够规范，特别是私人航空器飞行随意性大，加之公安系统低空监视通信手段比较落后，对低空飞行目标发现难、管控难、一旦有事处置难，安全问题非常突出。公安系统要积极协调相关部门，建立联合、责任明确的低空安全走廊应急处置机制。

本 章 小 结

低空安全走廊产业建设，能够更好地发挥低空空域资源价值，拉动产业经济快速发展。本章描述了低空安全走廊产业总体规划思路，对低空安全走廊理论探索进行了展望，介绍了低空安全走廊产业实践以及低空安全走廊产业亟待解决问题。

［1］ Feng D CH，et al. UAS Traffic management in low-altitude airspace based on three dimensional digital aerial corridor［J］. Urban Intelligence and Applications，Springer，2020（1）：179-183.

［2］ 冯登超. 无人机组装调试与检修［M］. 北京：化学工业出版社，2020.

［3］ 车颖，冯登超，齐霞. 对无人机反制系统加强监管的思考［J］. 公安教育，2020（1）：44-47.

［4］ 赵仁昊，朱代武. 基于空中交通流量的贵阳高空扇区优化研究［J］. 中国民航飞行学院学报，2020，31（2）：67-69，73.

［5］ 刘娇，田育灵，陈嫣，等. 基于"动态电子围栏"的即时配送路径优化研究［J］. 商场现代化，2020（15）：68-70.

［6］ 朱俊霏，亢硕，李璞，等. 基于免疫的网络环境威胁变化感知与动态风险控制研究［J］. 网络安全技术与应用，2020（8）：31-32.

［7］ 龙泓宇，刘永刚，郭小杰. 空中防撞与近地告警综合系统的研究［J］. 电子世界，2020（18）：42-43.

［8］ 马金虎. 空中交通管理中的空域规划探讨［J］. 科技视界，2020（8）：214-216.

［9］ 孙锐，季托，丁轶. 空中交通流量管理系统综述［J］. 电子质量，2020（5）：59-62.

［10］ 周宇翔. 空中交通流量控制的现状与策略分析［J］. 中国新通信，2020，22（3）：102.

［11］ 许缦. 区块链技术下基于大数据的共享经济发展研究［J］. 统计与管理，2020，35（12）：63-69.

［12］ 李爱军，李伟. 无人机技术在环境监测中的应用研究［J］. 低碳世界，2020，10（7）：15-17.

［13］ 赵海涛，高士顺，王海军，等. 无人机自主通信和组网能力评估方法［J］. 通信学报，2020，41（8）：87-98.

［14］ 张强. 协同式空中交通流量管理有关探讨［J］. 中国新通信，2020，22（8）：129.

［15］ 王诗年，孙家平，郭琰. 要地防护反无人机系统设计与实现［J/OL］. 测控技术，2020（1）：1-6.

［16］ 郭杰，王磊，王建纲. 一种云环境下分布式应用业务态势感知系统设计方法［J］. 冶金自动化，2020，44（4）：37-42.

［17］ 胡雷地，徐清，李响，等. 智能泛在感知环境下的多维数据融合研究及应用［J］. 警察技术，2020（5）：60-62.

［18］ 陶晓东，盘贻峰，李洋. 中航时无人机系统在应急测绘中的应用探讨［J］. 南方国土

资源，2020（7）：32-33，38.

［19］周胜利，沈寿林，张国宁，等. 人机智能融合的陆军智能化作战指挥模型体系［J］. 火力与指挥控制，2020，45（3）：34-41.

［20］赵民全. 基于改进遗传算法的多无人机协同任务规划［J］. 舰船电子对抗，2020，43（4）：44-47.

［21］王涛. 基于大数据的空中交通管制运行安全预警分析［J］. 电子世界，2020（13）：54-55.

［22］杨磊，张洪海，胡明华. 广义空中交通流建模综述［J］. 科学技术与工程，2020，20（2）：432-444.

［23］王曼. 大数据在农业无人机上的应用研究［J］. 信息记录材料，2020，21（6）：153-154.

［24］陈思，高山. 地图服务引擎中虚拟电子围栏的实现方法［J］. 地理空间信息，2020，18（1）：81-84.

［25］常印，佟强. 电子围栏技术在视觉监控报警系统中的应用［J］. 科技传播，2020（6）：133-134.

［26］段昌淼. 对疫情背景下无人机物流产业发展的构想［J］. 空运商务，2020（6）：27-30.

［27］刘哲成，郭丽娟. 基于分层滤波算法的无人机控制系统故障检测技术［J］. 计算机测量与控制，2020，28（5）：23-26，30.

［28］冯登超. 低空安全与无人机系统导论［M］. 天津：天津大学出版社，2019.

［29］Feng D CH, et al. Client analysis and interface design of mobile meteorological service in low altitude airspace［J］. Journal of Engineering, 2019（23）: 8871-8875.

［30］Qi X, Feng D CH, et al. Construction of integrated land-space loss prevention and crime prevention system of prison［J］. Journal of Engineering, 2019（23）: 8919-8922.

［31］庞峰，冯登超. 警用无人系统与低空安全防范初探［J］. 计算机测量与控制，2019，27（7）：205-208，213.

［32］刘畅，谢文俊，张鹏，等. 多目标群多基地多无人机协同任务规划［J］. 弹箭与制导学报，2019，39（1）：119-124.

［33］郭绍禹，黄伟，李晓芹，等. 光电探测及激光打击技术在无人机探测与反制领域的研究及应用［J］. 警察技术，2019（3）：17-20.

［34］徐晨晨，廖小罕，岳焕印，等. 基于改进蚁群算法的无人机低空公共航路构建方法［J］. 地球信息科学学报，2019，21（4）：570-579.

［35］唐志星，黄山，潘卫军. 灵活使用空域中的空中交通流量分配方法研究［J］. 兵器装备工程学报，2019，40（12）：90-94.

［36］Yuan X, Feng D CH, Zuo Z J. Automatic construction of aerial corridor from discrete Li-DAR point cloud［J］. Quantum Computing: An Environment for Intelligent Large Scale Real Application, 2018（33）: 449-465.

［37］冯登超. 面向低空安全的三维空中走廊可视化研究综述［J］. 电子测量技术，2018，41（9）：2-9.

［38］冯登超. 无人机低空告警监视系统结构设计探索［J］. 电子测量技术，2018，41（9）：141-145.

［39］张兰，冯登超. 低空领域下的异构网络性能研究［J］. 电子测量技术，2018，41

（9）：131-134.

［40］ 冯登超，李奥伟. 浅析 Android 系统在低空安全监管数据移动显示平台的通信方式［J］. 电子测量技术，2018，41（9）：126-130.

［41］ 冯登超，秦焕禹，曾涌，等. 基于三维可视化空中走廊体系的城市低空空域航图绘制研究［J］. 电子测量与仪器学报，2018，32（4）：58-64.

［42］ 冯登超. 基于激光点云数据的无人驾驶航空器系统空中走廊构建［J］. 计算机测量与控制，2018，26（2）：133-141.

［43］ 夏鹏程. 多机协同任务规划与非完备信息下攻击决策技术［D］. 南京：南京航空航天大学，2018.

［44］ 王涛，王维平，李小波，等. 一种多无人机集群持续侦察分层控制框架及关键算法［J］. 系统仿真学报，2018，30（4）：1221-1228.

［45］ 冯凯. 多旋翼无人机在电力巡线中的应用［J］. 机电信息，2018（33）：50-51.

［46］ 宋晓羽. 进场航班空中交通流量控制优化研究［J］. 航空计算技术，2018，48（3）：60-63，67.

［47］ 王铮. 无人机光电探测系统被动目标定位技术研究［J］. 科技资讯，2018，16（23）：81-83.

［48］ 徐建军. 无人机在公安执法工作中的应用与监管［J］. 北京警察学院学报，2018（2）：51-56.

［49］ 乔川龙. 无人机在交通运输行业中的应用［J］. 中国交通信息化，2018（10）：96-99.

［50］ 邵丹阳，张黎，刘丹，等. 无人机自主控制等级及其系统结构研究［J］. 科技视界，2018（8）：85-86.

［51］ 刘伟. 智能与人机融合智能［J］. 指挥信息系统与技术，2018，9（4）：1-7.

［52］ 冯登超. 面向低空安全三维数字化空中走廊体系的飞行器交通管理平台构建［J］. 计算机测量与控制，2017，25（12）：137-140，161.

［53］ 王鑫，冯登超. 路面裂缝检测算法研究与实现［J］. 北华航天工业学院学报，2017，27（5）：9-10，13.

［54］ 石凯. 无人机禁飞区预警技术研究［D］. 成都：电子科技大学，2017.

［55］ 陈洪芳，郑博文，石照耀，等. 基于激光追踪仪多站位测量的 CMM 空域坐标修正方法［J］. 中国激光，2017，44（3）：197-204.

［56］ Yuan X，Kong L，Feng D CH，et al. Automatic feature point detection and tracking of human actions in time-of-flight videos［J］. IEEE/CAA Journal of Automatica Sinica，2017，4（4）：677-685.

［57］ 王鑫，王向军，冯登超，等. 特征一致红外弱小目标匹配与定位研究［J］. 电子测量与仪器学报，2016，30（9）：1405-1410.

［58］ 冯登超，袁晓辉. 低空安全走廊及应急管理可视化研究进展［J］. 电子测量与仪器学报，2016，30（4）：493-505.

［59］ 吴鸿，冯登超. 基于四旋翼飞行器的低空空域智能搜救系统设计［J］. 国外电子测量技术，2016，35（1）：74-79.

［60］ 孙东辉，鞠秀亮，冯登超，等. 基于 FAST 检测器和 SURF 描述子的聚合图像人脸识别［J］. 国外电子测量技术，2016，35（1）：94-98.

［61］ Feng D CH，Yuan X. Digital terrain model extraction in SUAS clearance survey using LiDar data［C］. IEEE International Geoscience and Remote Sensing Symposium，2016（1）：

791-794.

［62］李为毅. 服务区域经济的应用型人才培养模式探索［J］. 产业与科技论坛，2016，15（23）：173-174.

［63］冯登超，秦焕禹，曾湧. 基于3S技术的低空空域告警航图可视化匹配设计初探［J］. 国外电子测量技术，2015，34（6）：50-53.

［64］黄世存，吴海平，冯登超. 高分一号多光谱高分相机全色图像正射精度验证与分析［J］. 遥感信息，2015，30（2）：85-88.

［65］冯登超，秦焕禹，杨晓冬，等. 基于资源三号卫星影像的秸秆焚烧火点监测研究［J］. 电子测量与仪器学报，2015，29（4）：616-621.

［66］冯登超，袁晓辉. 低空空域安全告警航图可视化研究进展［J］. 电子测量与仪器学报，2015，29（3）：305-316.

［67］王永龙，孙东辉，冯登超，等. 移动目标重复轨迹的可视化技术［J］. 电子测量技术，2014，37（9）：53-55，59.

［68］马天宇，杨松林，王涛涛，等. 多USV协同系统研究现状与发展概述［J］. 舰船科学技术，2014，36（6）：7-13.

［69］杜文雅，宋卫平，冯登超，等. 智能压实中的GPS测距技术探讨［J］. 公路，2012（7）：46-48.

［70］冯登超. 遥感图像的几何精校正研究［J］. 国外电子测量技术，2012，31（5）：41-43，73.

［71］冯登超. 纹理特征提取的不变矩探讨［J］. 国外电子测量技术，2012，31（4）：57-59.

［72］李桂毅，隋东. 航空发达国家的空域分类及其对我国的启示［J］. 中国民用航空，2010（6）：21-23.

［73］张进. 光电探测设备的使用现状和发展［J］. 红外与激光工程，2006（增刊1）：121.